JN260052

現代物理学［展開シリーズ］
倉本義夫・江澤潤一 編集

7

超高速分光と光誘起相転移

岩井伸一郎
［著］

朝倉書店

編 集 委 員

倉本義夫（くらもとよしお）　東北大学大学院理学研究科・教授

江澤潤一（えざわじゅんいち）　東北大学名誉教授

まえがき

　本書は，フェムト秒レーザーを用いた固体の光物性に関する教科書である．固体や液体などの凝縮系を対象とする光物性や光化学の研究はきわめて広範に行われているが，その中で，超短パルスレーザーを用いた研究もかなりの数に上る．これは1990年代後半に全固体フェムト秒レーザーが普及したことによる．かつての銅蒸気レーザーや色素レーザーなど，専門家のみが扱えるものから，物性物理，化学や材料科学の研究者が，比較的容易に実験を行えるようになったことで，研究の対象は飛躍的に広がった．

　筆者は，1990年代の前半から半ばにかけて大学院における学生時代を送ったが，それはちょうどフェムト秒レーザーが色素レーザーから固体（チタンサファイア）レーザーへ移行した時期と符合する．フェムト秒レーザーが切り拓いてきた物質科学のこの20年の展開は，光と物質の相互作用のさまざまな側面が時間軸で見えてきた，という意味でまさに驚きの連続であった．100フェムト秒から10フェムト秒へ，さらにより短い時間へ，さまざまな波長領域で進められている短パルス化の流れは，分子や原子の動きはもとより，電子の運動をもスナップショットで捉えることを可能にしたのである．

　しかし，最近，大学院や夏の学校などでの講義を行うにあたって，フェムト秒レーザーを用いた実験，とくに時間分解分光に関する日本語の教科書が意外に少ない，ということを感じる．理由としては，i) 光物性や非線形光学に関しては優れた教科書や入門書は，和洋を問わずすでに数多くあること，ii) 固体に限っても，対象とする物質系や現象はあまりにも幅広く，それらすべてを俯瞰してまとめるのは困難であること，iii) 解明されたこと以上に解明されていないことが多いこと，などが考えられる．本書では，思い切ってそのような面倒な諸事情を考慮するのをやめ，これまでに行われた実験と，それによって得られる物理の中で，"ある側面"を筆者の独断と偏見で，つまり個人的な事情で切り出した．

　具体的な構成として，まず第1章「線形分極と光学定数」と第2章「凝縮系に

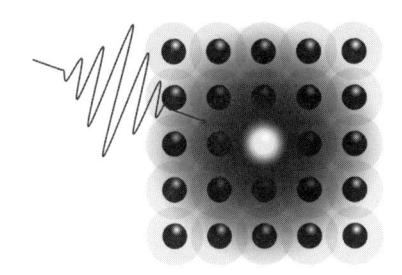

おける電子状態と光学ギャップ」では，物質の色とその起源としての電子状態について述べた．第3章「非線形光学と波長変換」では，強いレーザー光と物質との相互作用の基礎について概説し，第4章「極短光パルスの発生と伝搬」と第5章「超短パルス光を用いた時間分解測定」においては，フェムト秒パルス光，テラヘルツ光の発生，伝搬やそれらを用いた時間分解分光法（第4章），とその適用例（量子井戸半導体やイオン結晶の超高速キャリアダイナミクス：第5章）について紹介する．最終章である第6章「光誘起相転移の超高速ダイナミクス」では，最近の研究から，光誘起相転移について，筆者らのグループによる研究結果を中心に少し詳しく述べている．大学院の教科書としての程度はそれほど高いわけではないが，タイトルからも容易に想像できるようにやや偏ったものではあるかもしれない．

　第6章で紹介した光誘起相転移は，光キャリアや励起子の生成といった微視的な物質の変化が，相転移という巨視的な現象へとつながるきわめて劇的な光と物質の相互作用である．この現象をここで取り上げる理由は，超高速レーザー分光によって飛躍的な発展を遂げた分野の1つであり，筆者の研究分野だからでもあるが，とくに強調したいことは，光誘起相転移のレーザー分光に関しては，日本国内における研究が世界をリードしてきた，ということである．このことは，第6章の参考文献をご覧いただければおわかりいただけると思う．5〜10フェムト秒クラスの可視，赤外波長可変光源や，サブピコ秒のテラヘルツ光源など，光の電場振動の1周期に迫る極超短パルスによって，光と物質の相互作用の研究は大きな転換点を迎えているなか，多くの学生諸氏がこの分野に興味を持たれることを期待したい．

　本書は，東北大学大学院理学研究科における大学院の講義，「第56回物性夏の学校」，「第52回分子科学若手の会　夏の学校」ほか，いくつかの大学で行わせていただいた集中講義をまとめたものである．本書の執筆にあたり，東北大学大学

まえがき

院理学研究科の筆者の研究室に在籍した大学院生の川上洋平，中屋秀貴の博士論文，および深津猛，柏崎暁光，平松扶季子ほかの修士論文に多くを依った．彼らとともに研究に取り組んだ日々を（わずか数年前のことだが）懐かしく思い出すこととなった．さらに現在研究室に在籍中の大学院生の伊藤桂介，石川貴悠，山田健太郎，寒河江悠途，後藤和紀，内藤陽太の各氏には，計算や図面の製作など多くの助力をいただいた．これらすべての学生諸氏に深く感謝したい．

また，第6章で紹介した研究は，筆者が数多くの共同研究者とともに行ったもの，および現在行っているものである．有機伝導体に関する研究は，筆者の研究グループの伊藤弘毅博士および，石原純夫教授（東北大学理学研究科），佐々木孝彦教授（東北大学金属材料研究所），山本 薫博士（分子科学研究所，現岡山理科大学），米満賢治教授（分子科学研究所，現中央大学理工学部），薬師久弥教授（分子科学研究所，現豊田理化学研究所），の各氏との共同研究によって行われた．また，TTF-CA とニッケル錯体に関する研究は，筆者が産業技術総合研究所・強相関電子技術研究センターに在籍時，岡本 博教授（東京大学新領域創成科学研究科），十倉好紀教授（東京大学工学系研究科）らとともに行ったものである．岸田英夫教授（名古屋大学工学研究科），有馬孝尚教授（東京大学新領域創成科学研究科），高橋 聡教授（名古屋工業大学），妹尾仁嗣博士（理化学研究所），岩野 薫博士（物質構造科学研究所），堀田知佐准教授（京都産業大学），下位幸弘博士（産業技術総合研究所），松枝宏明博士（仙台高等専門学校），西尾豊教授（東邦大学）ほか諸先生方の研究協力と示唆に富む議論に心より感謝いたします．

多忙の中，本書の草稿をお読みいただき，適切なご指摘，ご助言を頂いた，米満賢治教授，吉澤雅幸教授（東北大学理学研究科），石原純夫教授，岸田英夫教授に心より感謝いたします．

2014年2月

岩井伸一郎

目　　次

1. 線形分極と光学定数 …………………………………………………… 1
   1.1 色や光沢とは何か ………………………………………………… 1
   1.2 線形応答理論 ……………………………………………………… 4
   1.3 誘電率と光学定数 ………………………………………………… 10
   1.4 クラマース–クローニッヒの関係 ………………………………… 12

2. 凝縮系における電子状態と光学ギャップ …………………………… 17
   2.1 断熱近似 …………………………………………………………… 18
   2.2 分子軌道法 ………………………………………………………… 19
   2.3 固体のバンド理論（ほとんど自由な電子の近似） …………… 28
   2.4 強束縛近似 ………………………………………………………… 31
   2.5 励起子（エキシトン） …………………………………………… 34
   2.6 パイエルス絶縁体, モット絶縁体, 電荷秩序 …………………… 38

3. 非線形光学と波長変換 ………………………………………………… 47
   3.1 非線形分極 ………………………………………………………… 47
   3.2 2次の非線形光学効果 …………………………………………… 48
   3.3 複屈折による位相整合 …………………………………………… 53
   3.4 2次, 3次非線形分極の理論 ……………………………………… 59

4. 超短光パルスの発生と伝搬 …………………………………………… 75
   4.1 パルス幅とスペクトル幅 ………………………………………… 75
   4.2 媒質中でのパルス伝搬 …………………………………………… 78
   4.3 超短パルスの発生：モード同期 ………………………………… 84
   4.4 光パルスの波長変換 ……………………………………………… 87

4.5　パルス圧縮とパルス幅の測定 ………………………………… 98

5. 超短パルス光を用いた時間分解測定 ………………………………… 107
　5.1　超高速時間分解分光 …………………………………………… 107
　5.2　テラヘルツ時間領域分光 ……………………………………… 141

6. 光誘起相転移の超高速ダイナミクス ………………………………… 153
　6.1　相　転　移 ……………………………………………………… 154
　6.2　歴史的背景 ……………………………………………………… 161
　6.3　光誘起相転移とは何か ………………………………………… 163
　6.4　フェムト秒分光による研究のはじまり ……………………… 166
　6.5　強相関電子系における光誘起相転移 ………………………… 172
　6.6　光モット転移 …………………………………………………… 174
　6.7　有機物質の金属化 ……………………………………………… 182
　6.8　光誘起相転移の初期過程 ……………………………………… 196
　6.9　まとめ …………………………………………………………… 201

参 考 文 献 …………………………………………………………………… 204
索　　　引 …………………………………………………………………… 212

1 線形分極と光学定数

　われわれの世界は色（色彩）や光沢に満ちている．空の青さや赤い夕焼けは誰もが思い浮かべることができる．夜空を見上げれば，恒星はさまざまな色で輝いており，都会の夜景は色とりどりに飾られている．このような色の起源には，もちろんそれぞれに理由がある．青い空や真っ赤な夕焼けは，太陽光のうち短波長の（青っぽい）光が大気中の分子に散乱される効果によって説明できる．恒星の色は，その表面温度で決まっている．プランクの黒体輻射の式によれば，30000℃以上の物質は青色，5000〜10000℃は黄色から白色，5000℃以下は，赤色の光を放出する．夜の街を彩るのは，かつてはネオンサイン（放電管），現在は発光ダイオードであるが，これらは電場下におかれた原子や分子，あるいは半導体が，物質によって異なる特定の波長の光を放出するためである．

　そのような物質の色について，もう少し身近な例を対象にして考えてみたい．いま，筆者がこの拙文を書いている部屋から外の景色を眺められるのは，窓ガラスが透明だからである．一方，手元にある金属（アルミ）製のマグカップは銀色の金属光沢を放っており，温かい紅茶で満たされている．紅茶は透明だが，ガラスとは異なり茶褐色を帯びている．このガラス（透明），紅茶（茶色），金属のマグカップ（銀色の光沢）の違いはどこから来るのだろう．違うものだから色が違うのは当たり前などと，身も蓋もないことは言わずに，その理由を考えてみることにしよう．

1.1　色や光沢とは何か

1.1.1　色からわかる電子の動きやすさ

　図1.1（a）に，ガラスと紅茶の透過率スペクトル [1-1, 1-2] を示す．ガラスの主成分はケイ素酸（SiO_2）だが，通常の窓ガラスには，加工しやすくするために

Na などの添加物を入れたソーダガラスが使われている．この添加物のために，ソーダガラスはほのかに青緑に着色している．しかし，話を簡単にするために，ここでは，ほぼ純粋なケイ素酸からなる石英ガラス（溶融石英）のスペクトルを示す．石英ガラスは，可視光領域の光に対してわずかな（直入射条件下で <10%）反射損失を示すものの，吸収はなくほぼフラットな透過特性を示す．一方，紅茶は，短波長側（400～600 nm）にブロードな吸収を持つ．紅茶の茶褐色は，光の短波長部（青っぽい部分）が弱くなるために，紅茶を透かして見ると長波長部分（赤っぽい部分）が目立つことに由来している．この短波長側の吸収は，紅茶のカテキンの重合体（テアフラビン，テアルビジン）によるものである．一方，金属（アルミ）は光を通さないので，今度は反射率（reflectance：図 1.1 (b)）[1-1] を見てみると，可視光領域の光は 90% 以上が反射されており，このことが金属光沢の理由であることがわかる．

このような色や光沢の違いは，実は，物質の中の電子の"動きやすさ"によって説明できる．石英ガラスでは，電子は原子核（格子）のポテンシャルに強く束縛されており，たかだか原子数個の領域（～数オングストローム）に広がっているに過ぎない．電子を束縛から解き放つためには，6 eV の光子エネルギーに匹敵する波長 200 nm の紫外線を用いる必要がある．可視光（波長 450～750 nm）の光子エネルギー（1.65～2.75 eV）は，この解離エネルギーに満たないので吸収されない．したがって，ガラスは透明なのである．それに対し，紅茶の色の起源であるカテキンの重合体の中では，電子はもう少し広い領域（有機分子数個程度，およそ数 nm）に緩く束縛されている．この電子の束縛を解くためのエネル

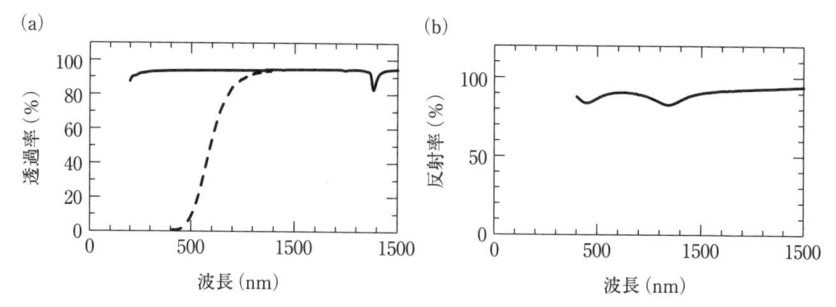

図 1.1　(a) 10 mm 厚の溶融石英ガラス（実線）と紅茶（破線）の透過スペクトル [1-1, 1-2] と，(b) アルミニウムの反射スペクトル [1-1]．紅茶のスペクトルは岸田英夫教授（名古屋大学）の好意による．

ギーは，石英ガラスの場合に比べて半分以下（2～3 eV，波長 400～600 nm）である．この波長領域が，ちょうど可視光領域の短波長部分にあたるために，短波長の（青っぽい）光のみが吸収され，紅茶は茶褐色に色づいている．しかし，いずれの場合も，10000℃以上もの高温に匹敵する高いエネルギーが電子の束縛を解くために必要となることは，石英やカテキンの重合体が絶縁体であることに対応している．一方，金属中の自由電子は，（導電性があることからもただちにわかるように）それらに比べてはるかに動きやすい．つまり，電子は，マグカップ（アルミ），紅茶（カテキン重合体），ガラス（溶融石英）の順に動きやすい，ということが，それぞれの色や光沢から理解できる．

1.1.2 岩塩と有機色素

このような色と電子の動きやすさの対応は，他の物質でも見られるので，もう少し例を挙げておこう．たとえば，岩塩（塩化ナトリウム）を代表例とするアルカリハライドの結晶は，ガラスと同じように無色透明[1]で，電子を動かすためには，多くの場合真空紫外光領域（光子エネルギー 12 eV 程度，波長 100 nm に相当）の光が必要な絶縁性物質 [1-3] である．また，蛍光ペンや入浴剤などに使われる有機色素 [1-4] は，図 1.2 に示すように，分子が大きくなるほど（あるいは置換基が多くかつ複雑なものほど），吸収ピークの位置は長波長側にシフトする（(a) p-Terphenyl（吸収ピーク 276 nm）→ (b) Coumarin 440（354 nm）→ (c) Fluorescein 548（512 nm）→ (d) Rhodamine 610（552 nm）→ (e) IR 144（752 nm））[1-4]．ピークの短波長側には吸収の裾があるため，結局ピークよりも短波長側の光は吸収されることになり，(a)→(e) で，色素の色は，(a) 透明 → (b) 黄緑 → (c) 黄色 → (d) 赤 → (e) 黒，と変化する．つまり，赤，黄色，緑とカラフルな蛍光ペンの色は，電子の運動に関係しているのである．これらのことは，電子が動き回ることのできる範囲（分子の大きさ）が大きくなるほど，吸収ピークが長波長側に位置することを明確に示している（第 2 章参照）．金属において，光沢が見られることと，自由電子が動きやすいことは改めて例を挙げるまでもないだろう．

---

1) 透明であるという意味で同じであるだけで，もちろん両者はいろいろな意味で異なる物質系に属する．石英は共有結合性が強い物質であるのに対し，アルカリハライドはイオン結合性物質の代表例である．また，よく知られているようにガラスは非晶質である，という意味でも結晶のアルカリハライドとは異なっている．

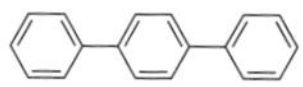

(a) p - Terphenyl

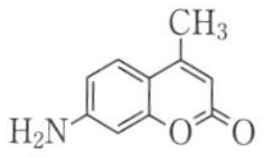

(b) Coumarin 440

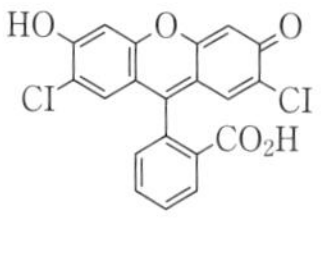

(c) Fluorescein 548

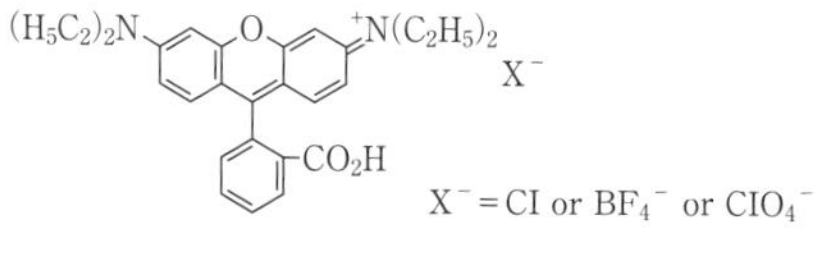

(d) Rhodamine 610

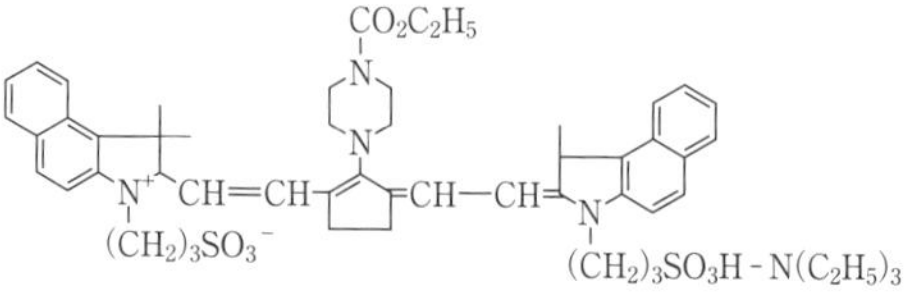

(e) IR144

図 1.2　有機色素の分子構造.

本書の前半部（第 1 章～第 2 章）では，まずこのような，電子の運動と色の関係についてその起源をたどっていくことにしよう．第 1 章では，まず古典的な調和振動子モデルに基づいた光学定数の表式について学び，続く第 2 章では，（第 1 章では，古典振動子で扱っていた）物質系の性質を，量子論的に記述する方法について述べる．この量子論的な物質の取り扱いに基づく，光との相互作用（半古典論：光は古典的，物質は量子論的）に関しては，ごく簡単な例（2 準位系）についてのみ 3.4 節で概説する．

1.2　線形応答理論

光が物質にあたると，振動電磁場である光と，物質のなかの電子の相互作用が始まる．速度 v の電荷（$-e$）に働く電磁場（電場 E，磁場 B）の作用は，ローレンツ力 $\boldsymbol{F}=-e(\boldsymbol{E}+\boldsymbol{v}\times\boldsymbol{B})$ で与えられる．マクスウェル方程式から $|\boldsymbol{E}|/|\boldsymbol{B}|=\omega/|\boldsymbol{k}|$（＝物質中の光速）なので，磁場の効果は電場の効果に比べてはるかに小さい．したがって，ここでは電場のみを考えることにしよう．可視光領域の光の振動数に対応する高周波（$\sim 10^{15}$ Hz）の振動電場 $E(\omega)$ によって揺り動かされ

た電子は，双極子放射によって分極波 $P(\omega)$ を生じる．周波数 ω で振動する電気双極子は，十分遠方の距離 r において，

$$E = -\frac{\ddot{P}}{4\pi\varepsilon_0}\frac{1}{c^2 r}$$

の電場を与える [1-5]．$P = P_0 \cos(\omega t - kr)$ とすると，この双極子放射の強度は，

$$I(\theta) = c\varepsilon_0 \langle E^2 \rangle_T = \frac{P_0^2 \omega^4}{32\pi^2 c^3 \varepsilon_0}\frac{\sin^2\theta}{r^2}$$

と与えられる．θ は双極子の分極の向きからの角度を表す．本章の冒頭で述べた空が青い理由，すなわち短波長の光が大気中の分子に散乱されやすいことは，この式の分子にある ω^4 に由来している．一般に，分極波が，光電場に対して時間遅れを生じたり，減衰していく様子は，電子の性質によってさまざまに異なる．ここでは，光電場によって物質中にできる分極が，その物質の光学的な性質にどのように反映されるのかを概説する．多くの優れた教科書があるので詳細はそちらを参照されたい [1-6〜1-15]．

本章では，分極 P が電場 E に比例するような弱い光電場を考える．一般に，応答関数は，ある時刻，ある空間の応答を足し合わせる必要がある．今，電場 E に対する応答として P は，

$$\boldsymbol{P}(t, r) = \varepsilon_0 \int dt' \int dr' \chi(t', r') \boldsymbol{E}(t-t', r-r') \tag{1.1}$$

で与えられる．つまり，時刻 t，位置 r で観測される，t 以外の時刻 $(t-t')$，r 以外の位置 $(r-r')$ の電場の影響 $E(t-t', r-r')$ を重み $\chi(t', r')$ として足し合わせている．未来の電場の影響はないから，$t' < 0$ では，$\chi(t', r') = 0$ のはずである．ε_0 は真空の誘電率，χ は応答関数（電気感受率）を表す．しかし，$\boldsymbol{P}$ や $\boldsymbol{E}$ は空間平均された巨視的な量なので，空間に関しては改めて足し合わせる意味はなく，

$$\boldsymbol{P}(t, r) = \varepsilon_0 \int_{-\infty}^{+\infty} dt' \chi(t') \boldsymbol{E}(t-t', r) \quad \text{ただし，} \chi = 0 \quad (t < 0) \tag{1.2}$$

と書ける．したがって，

$$\tilde{\boldsymbol{P}}(\omega) = \varepsilon_0 \tilde{\chi}(\omega) \tilde{\boldsymbol{E}} \quad \text{ただし，} \tilde{\chi}(\omega) = \int_{-\infty}^{+\infty} \chi(t) e^{i\omega t} dt \tag{1.3}$$

なお「~」（チルダ）は時間軸上の応答関数をフーリエ変換することによって求めた周波数応答関数であることを示す．

物質中の電束密度は，この周波数応答関数を用いて，

$$\tilde{D}(\omega)=\varepsilon_0\tilde{E}(\omega)+\tilde{P}(\omega)=\tilde{\varepsilon}(\omega)\tilde{E}(\omega)$$
$$=\varepsilon_0(1+\tilde{\chi}(\omega))\tilde{E}(\omega) \tag{1.4}$$

で与えられるから，

$$\tilde{\varepsilon}_r(\omega)=\frac{\varepsilon}{\varepsilon_0}=1+\tilde{\chi}(\omega). \tag{1.5}$$

$\tilde{\varepsilon}_r$ と $\tilde{\chi}$ の実部を ε_1 および χ_1 と表し，虚部を ε_2 および χ_2 とすると，この周波数応答関数 $\tilde{\chi}$ は，以下の式 (1.6) を用いてただちに誘電関数に書き換えることができる．

$$\varepsilon_1=1+\chi_1, \quad \varepsilon_2=\chi_2. \tag{1.6}$$

ただし，添え字の1, 2 はそれぞれ実部と虚部を表す．

1.2.1 デバイモデルとローレンツモデル

応答関数として具体的な関数を使い分極を求めてみよう．図1.3に示すデバイモデル (Debye model) は，指数関数型の減衰を示す応答関数である．誘電体における電気双極子の電場応答の記述などにしばしば用いられている [1.15]．

$$\chi(t)=0 \quad (t<0), \tag{1.7}$$

$$\chi(t)=\frac{\chi_0}{\tau}e^{-t/\tau} \quad (t\geq 0). \tag{1.8}$$

χ のフーリエ変換によって得られる周波数応答関数は，以下の式 (1.9) で与えられる．

$$\tilde{\chi}(\omega)=\int_{-\infty}^{+\infty}\chi(t)e^{i\omega t}dt=\frac{\chi_0}{1+\omega^2\tau^2}+i\frac{\chi_0\omega\tau}{1+\omega^2\tau^2}. \tag{1.9}$$

図1.3では，$\tau=30\times 10^{-12}$ s とした．一方，ローレンツモデル (Lorentz model) では，原子核のポテンシャルに束縛された電子を，調和振動子の強制減衰振動（図1.4 (a)）によって記述する．光電場の振動方向（＝偏光方向）と振動子の変位 x を同一方向とすると，運動方程式は式 (1.10) で与えられる．

$$m\left(\frac{d^2x}{dt^2}+2\gamma\frac{dx}{dt}+\omega_0^2 x\right)=-eE_0e^{-i\omega t}. \tag{1.10}$$

ただし，ω_0，m と 2γ はそれぞれ，振動子の固有振動数，実効的な質量と減衰定数を表す．$\omega_0=10^{15}$ Hz, $\gamma=0.02\times 10^{15}$ Hz とした．

変位 x によって生じる分極 P は，$-N_0 ex$ で与えられるから，式 (1.10) は

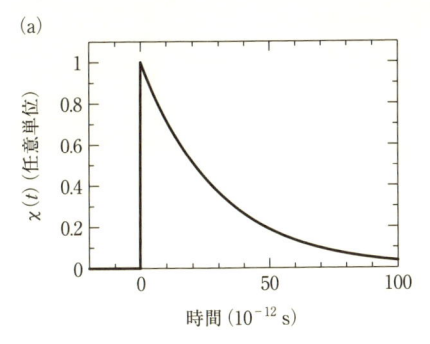

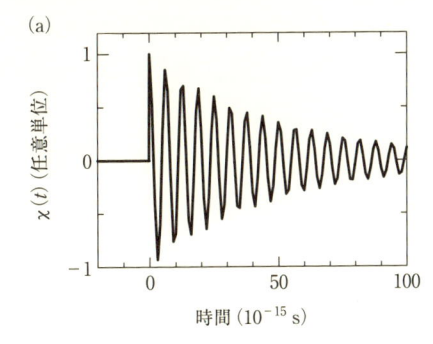

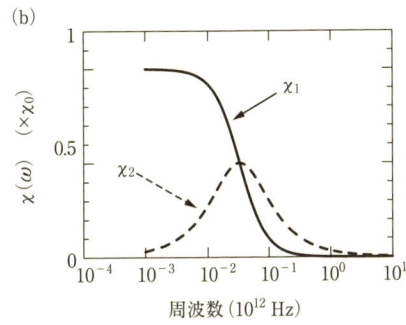

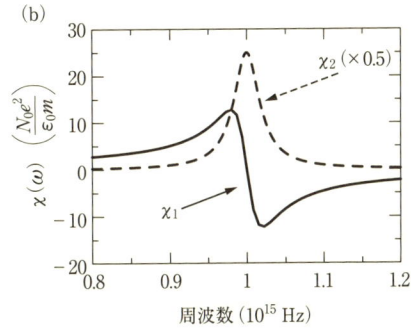

図 1.3 デバイモデルの (a) 時間応答と (b) 周波数応答 ($\tau = 30$ ps)．

図 1.4 ローレンツモデルにおける χ の時間応答と周波数応答 ($\omega_0 = 10^{15}$ Hz, $1/\gamma = 50$ fs)．

$$\left(\frac{d^2}{dt^2} + 2\gamma \frac{d}{dt} + \omega_0^2\right) \boldsymbol{P} = \frac{N_0 e^2}{m} \boldsymbol{E} \tag{1.11}$$

と書き換えられ，さらにフーリエ変換すると，

$$\tilde{\boldsymbol{P}}(\omega) = -\frac{N_0 e^2}{m} \frac{1}{\omega_0^2 - \omega^2 - 2i\omega\gamma} \tilde{\boldsymbol{E}}(\omega) \tag{1.12}$$

なので，

$$\tilde{\chi}(\omega) = \frac{N_0 e^2}{\varepsilon_0 m} \frac{1}{\omega_0^2 - \omega^2 - 2i\omega\gamma} \tag{1.13}$$

と表せる．式 (1.13) の実部と虚部を，図 1.4 (b) に示す．

図 1.3 (b) および図 1.4 (b) からわかるように，χ_2 は，緩和時間の逆数 ($1/\tau$) に相当する振動数（デバイモデル），あるいは，固有振動数 ω_0（ローレンツモデル）にピークを持つ．図 1.3 (b) の横軸は対数表示であり，デバイモデルによって与えられる χ_2 のピークはきわめてブロードであることがわかる．一方，χ_1

は，$1/\tau$よりも低周波数側では有限の正の値，高周波側では0になる（デバイモデル，図1.3 (b)），あるいは，ω_0を境に，正（低周波）から負（高周波）へと変化する（ローレンツモデル，図1.4 (b)）．このような，$1/\tau$やω_0におけるχ_1の減少は，緩和系や振動子が，外場の高周波振動に追随できなくなることによって起こる現象である（3.4節では，この古典的なモデルに基づくχに対応する表式を，半古典論（光は古典，物質は量子論）を用いてもう一度導く）．

ところで，ω_0は，電場によって力を受けた電子の，原子核からの復元力を反映するものである．では，ω_0が0の場合はどのような状況なのだろうか．式(1.13)で$\omega_0=0$として見ると，

$$\tilde{\chi}(\omega) = \frac{N_0 e^2}{\varepsilon_0 m} \frac{1}{-\omega^2 - 2i\omega\gamma} \tag{1.14}$$

となる．この$\omega_0=0$は，原子核による復元力が働かないということ，すなわち自由電子に対応する．このモデルを，ドルーデモデル（Drude model）と呼び，金属の伝導電子に対する応答関数を表す．

ドルーデモデルにおける$\chi(\omega)$の虚部は，図1.5に示すように，$\omega=0$に向かって増大し，実部は負の値をとる．ドルーデモデルから，反射率を

$$R = \left| \frac{\sqrt{1+\chi}-1}{\sqrt{1+\chi}+1} \right|^2 \tag{1.15}$$

によって計算すると，$\gamma=0$では，図1.6に示すように，$\omega_\mathrm{p}=\sqrt{N_0 e^2/(\varepsilon_0 m)}$において反射率が，高周波から低周波に向けて急激に増加し，高周波側では$R=1$となる．このω_pはプラズマ振動数と呼ばれる．図1.6に，$\omega_\mathrm{p}=10^{15}\,\mathrm{Hz}$に対する反

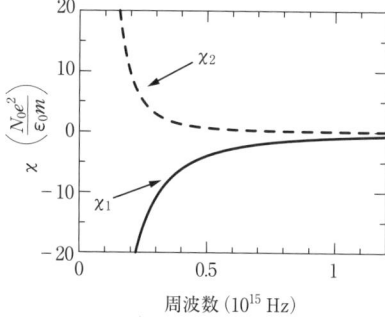

図1.5 ドルーデモデルによって計算した$\chi(\omega)$の実部$\chi_1(\omega)$と虚部$\chi_1(\omega)$（$\omega_\mathrm{p}=10^{15}\,\mathrm{Hz}$, $1/\gamma=50\,\mathrm{fs}$）．

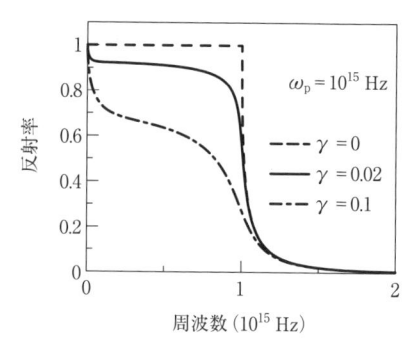

図1.6 ドルーデモデルによって計算した反射率スペクトル（$\omega_\mathrm{p}=10^{15}\,\mathrm{Hz}$）．

射率スペクトルを示す.

　光の電場によって金属表面に生じた分極, すなわち電荷の偏りは, 反電場を誘起する. この反電場の大きさは, 電荷の集団運動の変位 x を用いて, $E = -N_0 e x / \varepsilon_0$ と表される. プラズマ振動はこの反電場による調和振動であり, 以下の運動方程式

$$m\frac{d^2 x}{dt^2} = neE = -\frac{N_0 e^2 x}{\varepsilon_0} \tag{1.16}$$

の固有振動として記述できる. 図 1.2 で示した金属の反射は, この $\omega < \omega_p$ における全反射帯, すなわちプラズマ反射に対応する. アルミでは $\omega_p \sim 9\,\mathrm{eV}$ なので, 可視光領域全体で全反射帯が観測される (高エネルギー側ではバンド間遷移による吸収が含まれる).

1.2.2 χ の実部と虚部の意味

　次に, 感受率 $\chi(\omega)$ の実部と虚部の意味を考えてみよう. 電場の時間波形は, 電場の周波数成分 $\tilde{E}(\omega)$ (複素数) を用いて,

$$\boldsymbol{E}(t) = \frac{1}{2\pi}\int_{-\infty}^{+\infty} \tilde{\boldsymbol{E}}(\omega) e^{-i\omega t} d\omega \tag{1.17}$$

と表すことができる. このとき,

$$\tilde{\boldsymbol{E}}(\omega) = \int_{-\infty}^{+\infty} \boldsymbol{E}(t) e^{i\omega t} d\omega \tag{1.18}$$

はフーリエ成分と呼ばれる. $E(t)$ を書き換えると,

$$\begin{aligned}\boldsymbol{E}(t) &= \frac{1}{2\pi}\int_{0}^{+\infty} \tilde{\boldsymbol{E}}(\omega) e^{-i\omega t} d\omega + \frac{1}{2\pi}\int_{-\infty}^{0} \tilde{\boldsymbol{E}}(\omega) e^{-i\omega t} d\omega \\ &= \frac{1}{2\pi}\int_{0}^{+\infty} \tilde{\boldsymbol{E}}(\omega) e^{-i\omega t} d\omega + \frac{1}{2\pi}\int_{0}^{\infty} \tilde{\boldsymbol{E}}(-\omega) e^{i\omega t} d\omega.\end{aligned} \tag{1.19}$$

また, $E(t)$ は実関数だから,

$$\tilde{E}^*(\omega) = \tilde{E}(-\omega). \tag{1.20}$$

したがって, 式 (1.19) は,

$$\boldsymbol{E}(t) = \frac{1}{2\pi}\int_{0}^{+\infty} \tilde{\boldsymbol{E}}(\omega) e^{-i\omega t} d\omega + \mathrm{c.c} = \mathrm{Re}\,\frac{1}{\pi}\int_{0}^{+\infty} \tilde{\boldsymbol{E}}(\omega) e^{-i\omega t} d\omega. \tag{1.21}$$

式 (1.17) は，負の周波数のフーリエ成分も含んでいて物理的なイメージを得るのが難しいが，式 (1.21) のように書き換えると，いろいろな（正の）周波数のフーリエ成分を足し合わせたものと考えることができる[2]．

いま，$\boldsymbol{E}(t)=\boldsymbol{E}_0\cos\omega_0 t$ とすると，フーリエ成分は，

$$\tilde{\boldsymbol{E}}(\omega)=\pi\boldsymbol{E}_0\delta(\omega-\omega_0)+\pi\boldsymbol{E}_0\delta(\omega+\omega_0) \tag{1.22}$$

で表されるので，正の周波数成分だけをとると，

$$\tilde{\boldsymbol{E}}(\omega)=\varepsilon_0\tilde{\chi}(\omega)\tilde{\boldsymbol{E}}=\varepsilon_0[\chi_1(\omega)+i\chi_2(\omega)]\pi\boldsymbol{E}_0\delta(\omega-\omega_0) \tag{1.23}$$

したがって，時間応答関数は，

$$\begin{aligned}P(t)&=\frac{1}{2\pi}\mathrm{Re}\Big[\int\tilde{\boldsymbol{P}}(\omega)e^{-i\omega t}d\omega\Big]=\mathrm{Re}\frac{1}{2}\varepsilon_0[\chi_1(\omega_0)+i\chi_2(\omega_0)]\boldsymbol{E}_0 e^{-i\omega_0 t}\\ &=\varepsilon_0[\chi_1(\omega_0)\boldsymbol{E}_0\cos\omega_0 t+\chi_2(\omega_0)\boldsymbol{E}_0\sin\omega_0 t]\\ &=\varepsilon_0\sqrt{\chi_1^2+\chi_2^2}\,\boldsymbol{E}_0\cos(\omega_0 t+\phi)\end{aligned}$$

$$\sin\phi=-\frac{\chi_2}{\sqrt{\chi_1^2+\chi_2^2}},\quad\cos\phi=\frac{\chi_1}{\sqrt{\chi_1^2+\chi_2^2}} \tag{1.24}$$

すなわち，χ_1 は光電場と同じ位相で振動する成分であり，χ_2 によって位相の遅れが生じると考えることができる．

1.3　誘電率と光学定数

前節では，線形応答の範囲内で，P と E の関係がどのようなものかを学んだ．χ や ε の実部と虚部は，物質系の（電子状態やフォノンの）性質を現す固有振動数（ローレンツモデル）や緩和時定数の逆数（デバイモデル）の近傍で特徴的な構造を持つ．しかし，そのような χ や ε の特徴が，屈折率や吸収係数などの観測量としての光学定数とどのように結びつくのかを考えるためには，物質中における電場や分極波の伝搬を考慮する必要がある．光と物質の相互作用を考えるもっとも基本的な枠組みは，物質中のマクスウェル方程式から導かれる E と P の伝搬方程式

---

[2]　本来は，$E(t)$ のフーリエ成分を用いた計算を行う場合，式 (1.19) に含まれる負の振動数成分も考慮する必要がある．たとえば，第3章で示すように，非線形分極を求める際は，負の振動数成分を含む $E(t)$ のフーリエ成分を複数回乗じるので，負の周波数成分を含む，光整流（$\omega-\omega\to 0$）や差周波発生（$\omega_1-\omega_2$）などの効果が現れる．しかし，本章（線形分極）の範囲内では，正の周波数成分だけを考えても問題は生じない．

1.3 誘電率と光学定数

$$\left(\frac{\partial^2}{\partial z^2}-\frac{1}{c^2}\frac{\partial^2}{\partial t^2}\right)\boldsymbol{E}=\frac{1}{c^2\varepsilon_0}\frac{\partial^2 \boldsymbol{P}}{\partial t^2} \tag{1.25}$$

で与えられる．この式をフーリエ変換すると，$\frac{d^n}{dt^n}f(t)$ のフーリエ変換は，$(i\omega)^n \tilde{F}(\omega)$ だから

$$-\left(\frac{\partial^2}{\partial z^2}+\frac{\omega^2}{c^2}\right)\tilde{E}(\omega, z)=\frac{\omega^2}{c^2\varepsilon_0}\tilde{P}(\omega, z) \tag{1.26}$$

電気感受率 χ と誘電率 ε を用いて，

$$-\frac{\partial^2}{\partial z^2}\tilde{E}(\omega, z)=\frac{\omega^2}{c^2}(1+\tilde{\chi}(\omega))\tilde{E}(\omega, z)=\frac{\omega^2}{c^2}\tilde{\varepsilon}_r\tilde{E}(\omega, z) \tag{1.27}$$

と表せる．この式は，

$$\tilde{E}(\omega, z)=\tilde{E}_0(\omega)\exp(i\tilde{k}(\omega)\cdot z)$$

$$\tilde{k}(\omega)=\frac{\omega}{c}\sqrt{1+\tilde{\chi}(\omega)}=\frac{\omega}{c}\sqrt{\tilde{\varepsilon}_r(\omega)}=\frac{\omega}{c}(n+i\kappa) \tag{1.28}$$

を解とする．ここで，複素屈折率

$$\tilde{n}(\omega)=\sqrt{\tilde{\varepsilon}_r(\omega)}=n+i\kappa \tag{1.29}$$

を定義すると，式 (1.22) は，

$$\tilde{E}(\omega, z)=\tilde{E}_0(\omega)\exp\left(i\frac{\omega}{c/n}z\right)\exp\left(-\frac{\kappa\omega}{c}z\right) \tag{1.30}$$

と書ける．κ を消衰係数，

$$\alpha=\frac{2\kappa\omega}{c} \tag{1.31}$$

を吸収係数と呼ぶ．式 (1.28)，(1.29)，(1.31) から吸収係数は，電気感受率の虚部 (χ_2) によって決まることがわかる．

一方，オームの法則 $\tilde{J}=\tilde{\sigma}\tilde{E}$ を用いると，

$$-\frac{\partial^2}{\partial z^2}\tilde{E}(\omega, z)=\frac{\omega^2}{c^2}\left(1+i\frac{\tilde{\sigma}(\omega)}{\varepsilon_0}\right)\tilde{E}(\omega, z) \tag{1.32}$$

ただし，J は電流密度，σ は光学伝導度である．

$$\tilde{\sigma}(\omega)=\sigma_1+i\sigma_2 \tag{1.33}$$

と表せば，誘電率との関係式

$$\varepsilon_1=1-\frac{\sigma_2}{\varepsilon_0\omega}, \qquad \varepsilon_2=\frac{\sigma_1}{\varepsilon_0\omega} \tag{1.34}$$

が得られる．

1.4 クラマース-クローニッヒの関係

1.4.1 因果律とクラマース-クローニッヒの関係

応答関数の性質について確認しておく．原因より先に結果は生じない，という因果律の要請から，

$$\chi(t)=0 \quad (t<0) \tag{1.35}$$

である．また，無限の未来において χ は，現在の影響を受けないと仮定すると

$$\chi(t)=0 \quad (t\to\infty) \tag{1.36}$$

である（さもないと，$t\to\infty$ で $\bm{P}$ は発散する）．E と P は実数だから，χ も実数である．そのフーリエ変換は，

$$\tilde{\chi}^*(\omega)=\tilde{\chi}(-\omega) \tag{1.37}$$

である．

$$\tilde{\chi}(\omega)=\chi_1(\omega)+i\chi_2(\omega) \tag{1.38}$$

と書けば，

$$\chi_1(-\omega)=\chi_1(\omega), \qquad \chi_2(-\omega)=-\chi_2(\omega). \tag{1.39}$$

すなわち，χ の実部は偶関数，虚部は奇関数である．

因果律にしたがう応答関数の実部と虚部の間に以下のようなクラマース-クローニッヒ（Kramers-Kronig）の関係が成り立つことが知られている．

$$\chi_1(\omega)=\chi_1(\infty)+\frac{1}{\pi}P\int_{-\infty}^{\infty}\frac{\chi_2(\omega')}{\omega'-\omega}d\omega'=\chi_1(\infty)+\frac{2}{\pi}P\int_{0}^{\infty}\frac{\omega'\chi_2(\omega')}{\omega'^2-\omega^2}d\omega', \tag{1.40}$$

$$\chi_2(\omega)=-\frac{1}{\pi}P\int_{-\infty}^{\infty}\frac{\chi_1(\omega')}{\omega'-\omega}d\omega'=-\frac{2\omega}{\pi}P\int_{0}^{\infty}\frac{\chi_1(\omega')}{\omega'^2-\omega^2}d\omega'. \tag{1.41}$$

1.4.2 クラマース-クローニッヒの関係の導出

電場は，時間の関数として，

$$\bm{E}(t)=\frac{1}{2\pi}\int_{-\infty}^{\infty}\tilde{\bm{E}}(\omega)e^{-i\omega t}d\omega$$

と書けることはすでに述べた（式 (1.17)）．このとき分極は，応答関数 $R(t)$ を用いて，

$$\bm{P}(t)=\varepsilon_0\int_{-\infty}^{\infty}\bm{E}(t-\tau)R(\tau)d\tau. \tag{1.42}$$

したがって，

1.4 クラマース-クローニッヒの関係

$$P(t)=\varepsilon_0\int_0^\infty E(t-\tau)\chi(\tau)d\tau=\frac{\varepsilon_0}{2\pi}\varepsilon_0\int_0^\infty\int_{-\infty}^\infty \tilde{E}(\omega)e^{-i\omega(t-\tau)}\chi(\tau)d\tau d\omega \tag{1.43}$$

またフーリエ変換によって

$$P(t)=\frac{1}{2\pi}\int_{-\infty}^\infty \tilde{P}(\omega)e^{-i\omega t}d\omega \tag{1.44}$$

両者を比較して，

$$\tilde{P}(\omega)=\varepsilon_0\tilde{E}(\omega)\int_0^\infty \chi(\tau)e^{i\omega\tau}d\tau \tag{1.45}$$

電気感受率は，

$$\tilde{\chi}(\omega)=\int_0^\infty \chi(\tau)e^{i\omega\tau}d\tau \tag{1.46}$$

クラマース-クローニッヒの関係を導くにあたり，この$\chi(\omega)$において

$$\int_{-\infty}^\infty \frac{\tilde{\chi}(\omega')}{\omega'-\omega}d\omega' \tag{1.47}$$

という積分を考える．まず，以下で述べるようなコーシー（Cauchy）の積分定理を用いるために，$\chi(\omega)$が，図 1.7 に示す ω 平面上で正則であることを確認する．それには，以下の定理を用いると便利である．

定 理

$f(z)=u(x,y)+iv(x,y)$ が，点 $z=x+iy$ のまわりで正則であるための必要条件は，コーシー-リーマン（Cauchy-Riemann）の方程式

$$\frac{\partial u}{\partial x}=\frac{\partial v}{\partial y}, \qquad \frac{\partial u}{\partial y}=-\frac{\partial v}{\partial x}$$

が成り立つことである．

$$\omega=\mathrm{Re}\,\omega+i\mathrm{Im}\,\omega \quad (\mathrm{Im}\,\omega\geq 0) \tag{1.48}$$

とすると，

$$e^{i\omega\tau}=e^{i(\mathrm{Re}\,\omega)\tau}e^{-(\mathrm{Im}\,\omega)\tau}$$
$$=e^{-(\mathrm{Im}\,\omega)\tau}\cos(\mathrm{Re}\,\omega)\tau+ie^{-(\mathrm{Im}\,\omega)\tau}\sin(\mathrm{Re}\,\omega)\tau \tag{1.49}$$

この式が正則ならば，式 (1.45) より $\chi(\omega)$ も正則となる．ただし，$\tau\to$無限大のとき，$\mathrm{Im}\,\omega<0$ だと式 (1.49) は発散してしまうから，$\mathrm{Im}\,\omega>0$（ω 平面状の上

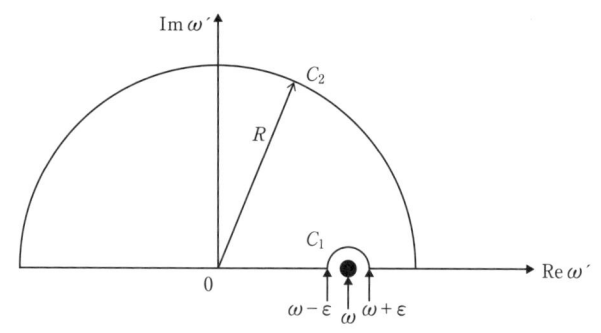

図1.7 式（1.54）の積分の ω 平面上の複素積分の模式図.

半分）を考えればよい.

$$x = \text{Re}\,\omega, \quad y = \text{Im}\,\omega, \tag{1.50}$$

$$\begin{aligned} u &= e^{-(\text{Im}\,\omega)\tau}\cos(\text{Re}\,\omega)\tau = e^{-y\tau}\cos(x\tau), \\ v &= e^{-(\text{Im}\,\omega)\tau}\sin(\text{Re}\,\omega)\tau = e^{-y\tau}\sin(x\tau) \end{aligned} \tag{1.51}$$

とおくと，$f(z)=e^{i\omega t}=u+iv$ の形になるので，これがコーシー–リーマンの方程式を満たせば，$f(z)$ は正則である.

$$\begin{aligned} \frac{\partial u}{\partial x} &= -\tau e^{-(\text{Im}\,\omega)\tau}\sin(\text{Re}\,\omega)\tau = -\tau e^{-y\tau}\sin(x\tau), \\ \frac{\partial v}{\partial y} &= -\tau e^{-(\text{Im}\,\omega)\tau}\sin(\text{Re}\,\omega)\tau = -\tau e^{-y\tau}\sin(x\tau), \\ \frac{\partial u}{\partial y} &= -\tau e^{-(\text{Im}\,\omega)\tau}\cos(\text{Re}\,\omega)\tau = -\tau e^{-y\tau}\cos(x\tau), \\ \frac{\partial v}{\partial x} &= \tau e^{-(\text{Im}\,\omega)\tau}\cos(\text{Re}\,\omega)\tau = \tau e^{-y\tau}\cos(x\tau). \end{aligned} \tag{1.52}$$

だから

$$\frac{\partial u}{\partial x} = \frac{\partial v}{\partial y}, \quad \frac{\partial u}{\partial y} = -\frac{\partial v}{\partial x}$$

は満たされ，$f(z)$ の正則は示される．したがって，$\text{Im}\,\omega>0$ だから $\chi(\omega)$ は，ω 平面状の上半分で正則である．

さて，目的の積分をコーシーの主値積分を用いて書き直すと，

$$\lim_{\varepsilon\to 0}\left\{\int_{-\infty}^{\omega-\varepsilon}\frac{\tilde{\chi}(\omega')}{\omega'-\omega}d\omega' + \int_{\omega+\varepsilon}^{\infty}\frac{\tilde{\chi}(\omega')}{\omega'-\omega}d\omega'\right\} = P\int_{-\infty}^{\infty}\frac{\tilde{\chi}(\omega')}{\omega'-\omega}d\omega'. \tag{1.53}$$

また，χ が，ω 平面状の上半分で正則であることから，コーシーの積分定理を用

いて,
$$\oint_C \frac{\tilde{\chi}(\omega')}{\omega'-\omega}d\omega' = \left\{\int_{C1}+\int_{C2}+\int_{-\infty}^{\omega-\varepsilon}+\int_{\omega+\varepsilon}^{\infty}\right\}\frac{\tilde{\chi}(\omega')}{\omega'-\omega}d\omega = 0 \quad (1.54)$$
である.

ω 平面状で図示すると,図1.5のように積分は,半円 C_1, C_2 と ω の実軸上で反時計回りの方向に行うと考えることができる.
$$\left\{\int_{C1}+\int_{C2}\right\}\frac{\tilde{\chi}(\omega')}{\omega'-\omega}d\omega' = i\pi\{\tilde{\chi}(\infty)-\tilde{\chi}(\omega)\}. \quad (1.55)$$
式 (1.52)〜(1.55) から,
$$\tilde{\chi}(\omega) = \frac{1}{i\pi}P\int_{-\infty}^{\infty}\frac{\tilde{\chi}(\omega')}{\omega'-\omega}d\omega'. \quad (1.56)$$
すなわち,
$$\chi_1(\omega) = \chi_1(\infty) + \frac{1}{\pi}P\int_{-\infty}^{\infty}\frac{\chi_2(\omega')}{\omega'-\omega}d\omega' = \chi_1(\infty) + \frac{2}{\pi}P\int_0^{\infty}\frac{\chi_2(\omega')\omega'}{\omega'^2-\omega^2}d\omega', \quad (1.57)$$
$$\chi_2(\omega) = -\frac{1}{\pi}P\int_{-\infty}^{\infty}\frac{\chi_1(\omega')}{\omega'-\omega}d\omega' = -\frac{2\omega}{\pi}P\int_0^{\infty}\frac{\chi_1(\omega')}{\omega'^2-\omega^2}d\omega' \quad (1.58)$$
が示される.これらの式はまた,複素反射率 $\tilde{r}$ と強度反射率 R を
$$\tilde{r} = r(\omega)e^{i\theta}, \quad (1.59)$$
$$r = \sqrt{R} \quad (1.60)$$
と定義し,
$$\chi_1 = \ln r(\omega), \quad \chi_2 = \theta \quad (1.61)$$
とおけば,複素反射率の振幅と位相の間にも同様の関係式が成り立つ.
$$\ln R(\omega) = \ln R(\infty) + \frac{4}{\pi}P\int_0^{\infty}\frac{\theta(\omega')\omega'}{\omega'^2-\omega^2}d\omega', \quad (1.62)$$
$$\theta(\omega) = -\frac{\omega}{\pi}P\int_0^{\infty}\frac{\ln R(\omega')}{\omega'^2-\omega^2}d\omega'. \quad (1.63)$$
式 (1.63) の意味は,強度反射率 $R(\omega)$ を測定することによって位相スペクトル $\theta(\omega)$ のスペクトルを導くことができる,ということである.R と θ が決まっていることは,χ_1 と χ_2 が決まっていることと等価であり,誘電関数や光学定数を求めることができる [1-16].
$$r = \frac{\sqrt{1+\chi}-1}{\sqrt{1+\chi}+1} = \frac{n-1+ik}{n+1+ik} = r_0 e^{i\theta} \quad (1.64)$$
から,光学定数(屈折率と消衰係数)を求めると,

$$n = \frac{1-R}{1+R-2\sqrt{R}\cos\theta},\qquad(1.65)$$

$$\kappa = \frac{2\sqrt{R}\sin\theta}{1+R-2\sqrt{R}\cos\theta}\qquad(1.66)$$

となる.ただし,反射率であれ何であれ,$-\infty \leq \omega \leq \infty$ という範囲のスペクトルを測定するのは不可能であるため,この式を厳密に適用することはできない.実際には,物理的な考察によって,低エネルギー側と高エネルギー側のスペクトルを外挿し,"それらしい"スペクトル形状を得ることができる.図1.8に,近赤外光領域に光学ギャップを持つ1次元モット絶縁体(1次元ハロゲン架橋ニッケル錯体)の例を示す.(a)は反射率,(b)はクラマース-クローニッヒ変換を用いて得られた光学伝導度(σ_1)スペクトルである[1-17].有限のエネルギーのピークと低エネルギー側に平坦な裾を持った,絶縁体特有の反射構造は,クラマース-クローニッヒ変換により図1.8下図のように,1eVにギャップを持った光学伝導度スペクトルに変換される.

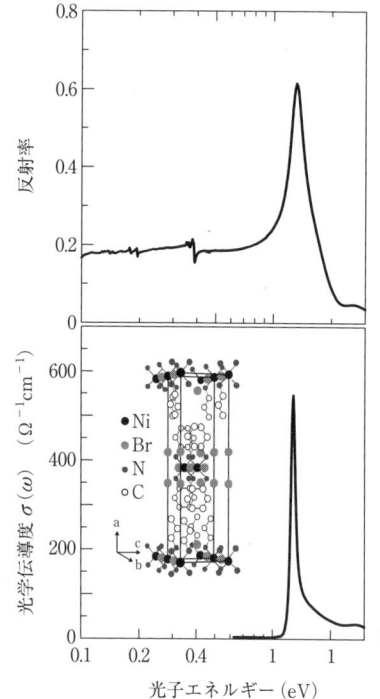

図1.8 絶縁体(1次元ニッケル錯体)の反射スペクトル(上)と光学伝導度スペクトル(下).[1-17] より改変の上転載.

2 凝縮系における電子状態と光学ギャップ

 前章では，デバイモデルやローレンツモデルを用いて分極 $P(\omega)$ と光学定数の表式を求められることを学んだ．それらのモデルの中では，固有振動数 ω_0 や減衰定数 γ が，物質固有の色合いや光沢を決めている．では，古典振動子の ω_0（図2.1（a））は，どのように物質中の電子の性質を反映しているのだろうか．

 一般に，物質の色や電気伝導性などの電子的性質を支配するもっとも低い光励起エネルギーを光学ギャップと呼ぶ．理想的な金属では，光学ギャップは存在しない．ここでは，「光学ギャップの起源としての電子の性質」を理解するために分子軌道法 [2-1〜2-3] とバンド理論（強束縛近似）[2-4, 2-5] の基礎を学ぶ．これらの方法を用いることによって，分子の結合軌道と反結合軌道（図2.1（b））や，固体のバンド構造（図2.1（c））を導くことができる．

 分子軌道法と強束縛近似は，それぞれ，おもに量子化学と固体物理学でそれぞれ用いられるものである．量子化学の方法（分子軌道法）では，孤立原子の電子軌道から，より広がった電子雲（動きやすい電子）を記述することができる．逆に固体物理学の方法（強束縛近似）では，ブロッホ（Bloch）状態（広がった電子）から出発して，局在性の強い電子状態へと向かう．両者は，いわば逆の生い立ちを経ているといってもよいだろう．これらを並べて眺めることによって，物質の色の起源について考察していこう．

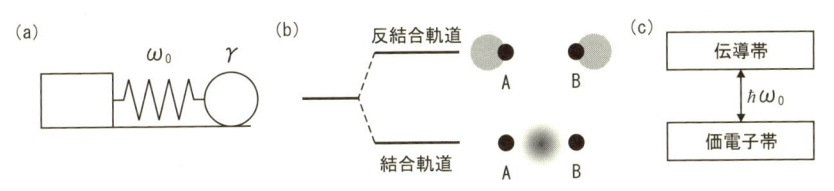

図2.1 （a）古典的振動子．（b）分子の結合・反結合軌道．（c）絶縁体のバンド構造．

2.1　断熱近似

分子や固体の電子状態は，以下のハミルトニアンから考えることができる．

$$H = -\sum_e \frac{1}{2m_e}\nabla^2_e - \sum_N \frac{1}{2m_N}\nabla^2_N + V_{eN} + V_{ee} + V_{NN} \qquad (2.1)$$
$$\psi(r_1, r_2, ..., R_1, R_2, ...)$$

第1項から順番に，電子と原子核の運動エネルギー，電子-原子核間，電子間，原子核間に働くクーロンエネルギーをそれぞれ表す．$r_1, r_2, \cdots$ と $R_1, R_2, \cdots$ は電子と原子核の座標である．（相互作用し合っている）多数の電子と核の運動をまともに解くことはできないので，いろいろな近似が必要になる．まず始めに行うのは，ボルン-オッペンハイマー(Born-Oppenheimer)の断熱近似である．原子核は電子に比べて約千倍重いので，電子の運動に対して，原子核は静止していると考えることができる．そうすると，R を固定して r について解くことが可能になる．こうして得られるのがいわゆる断熱ポテンシャルである．実際に，固有エネルギーと波動関数を求めるには，さらに原子価結合法や分子軌道法などの近似を用いる必要がある．原子価結合法は，複数の電子からなる分子軌道を，孤立原子の電子軌道の重ね合わせによって記述する方法である．たとえば，原子核 A に電子 1 が，原子核 B に電子 2 が属している状態を，$\psi = A(1)B(2)$ と書くことにしよう．A と B が近づくと，電子 1 と 2 は区別ができないので，$\psi = A(1)B(2) \pm A(2)B(1)$ と書かなくてはならない．原子価結合法では，このような軌道の線形結合によって電子がもとの孤立原子軌道からほかの原子の軌道へと移ることを表している．よく知られた炭素の sp^3 混成軌道は，この原子価結合法によって記述される電子状態である．しかし，原子価結合法では，もとの孤立原子の電子軌道をそのまま使っているため，複数の電子がいる場合は良いが 1 つの電子の分子軌道を考えることはできない（その場合は，電子間相互作用という別の問題が生じるが，ここではそれは考えないことにしよう．この効果（V_{ee}）に関しては，本書では取り扱わないが，2.2 節の最後に少しだけ言及してある）．たとえば，水素分子の軌道を記述することはできるが水素分子イオン H^+ の軌道は記述できないという状況が生じてしまう．また，孤立原子の軌道から大きく逸脱した（非局在化した）軌道を記述するには向いていない．次節では，より大きな分子や固体中の電子軌道を記述する方法である分子軌道法について述べる．

2.2 分子軌道法

2.2.1 変分原理と永年方程式

本節では，2原子分子，鎖状分子や環状分子の電子状態を，分子軌道法を使って記述してみる．まず，孤立原子に局在した電子軌道 A と B から出発しよう．求めたい分子軌道の試行関数を，

$$\phi = c_A A + c_B B \tag{2.2}$$

と書いてみる．c_A と c_B は未知の係数である．このとき，「任意の波動関数（試行関数）を使ってエネルギーを計算すると，その値は，真の値より決して小さくならない．」という変分原理を用いて c_A と c_B を求めることができる．エネルギーの期待値は以下の式

$$E = \frac{\int \phi^* H \phi d\tau}{\int \phi^* \phi d\tau} \tag{2.3}$$

で表せるから，E が最小値をとる条件は，

$$\frac{\partial E}{\partial c_A} = 0, \qquad \frac{\partial E}{\partial c_B} = 0 \tag{2.4}$$

である．実際に計算してみると，

$$E = \frac{c_A^2 \alpha_A + c_B^2 \alpha_B + 2 c_A c_B \beta}{c_A^2 + c_B^2 + 2 c_A c_B S} \tag{2.5}$$

$$\alpha_A = \int A H A d\tau, \qquad \alpha_B = \int B H B d\tau,$$
$$\beta = \int A H B d\tau = \int B H A d\tau, \tag{2.6}$$
$$S = \int A B d\tau.$$

だから，

$$(\alpha_A - E) c_A + (\beta - ES) c_B = 0,$$
$$(\beta - ES) c_A + (\alpha_B - E) c_B = 0. \tag{2.7}$$

$c_A = c_B$ を以外の解を持つための条件は，永年方程式と呼ばれる．

$$\begin{vmatrix} \alpha_A - E & \beta - ES \\ \beta - ES & \alpha_B - E \end{vmatrix} = 0 \tag{2.8}$$

である．ただし，ここで α_A, α_B と β は，それぞれ，孤立原子の電子軌道 A，B の

固有エネルギー (α_A, α_B) と，電子の非局在化による利得エネルギー (β) を表す．β は共鳴積分とも言われる．また S は重なり積分である．分子軌道法において，この共鳴積分 β が重要な役割を果たすことに注目してほしい．簡単に解ける例として，等核2原子分子の場合，$\alpha_A = \alpha_B = \alpha$ とすれば

$$E_+ = \frac{\alpha+\beta}{1+S}, \quad c_A = \frac{1}{\sqrt{2(1+S)}}, \quad c_B = c_A,$$
$$E_- = \frac{\alpha-\beta}{1-S}, \quad c_A = \frac{1}{\sqrt{2(1-S)}}, \quad c_B = -c_A. \tag{2.9}$$

＋符号は $c_A = c_B$（結合軌道），－符号は，$c_A = -c_B$（反結合軌道）に対応する．異核の場合も，$S=0$ と近似すれば比較的簡単に解ける．

$$\begin{vmatrix} \alpha_A - E & \beta \\ \beta & \alpha_B - E \end{vmatrix} = (\alpha_A - E)(\alpha_B - E) - \beta^2 = 0, \tag{2.10}$$

$$E_\pm = \frac{1}{2}(\alpha_A + \alpha_B) \pm \frac{1}{2}(\alpha_A - \alpha_B)\sqrt{1 + \left(\frac{2\beta}{\alpha_A - \alpha_B}\right)^2}$$
$$E_+ \sim \alpha_A + \frac{\beta^2}{\alpha_A - \alpha_B}, \quad E_- \sim \alpha_B - \frac{\beta^2}{\alpha_A - \alpha_B} \quad (|\alpha_A - \alpha_B| \gg 2\beta). \tag{2.11}$$

図2.2のようにもとの孤立軌道 α_A と α_B のエネルギー差が大きくなると，それぞれの軌道からの分子軌道のずれは小さくなることがわかる．つまり結合軌道の

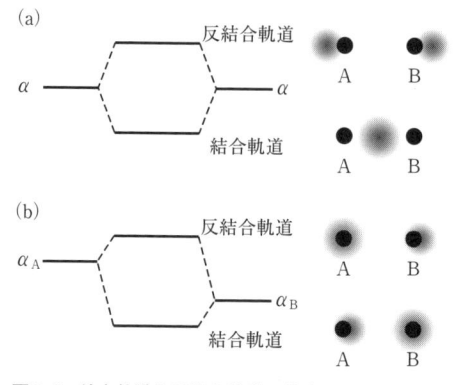

図2.2 結合軌道と反結合軌道の模式図．(a) 等核二原子分子，(b) 異核二原子分子．

エネルギー利得，反結合軌道の損失は，分子を形成する電子軌道のエネルギーが共鳴している場合（図 2.2 (a)）がもっとも大きく，エネルギー差が増すにつれて（図 2.2 (b)）減少する．図 2.2 (b) のように α_A と α_B のエネルギー差が大きい場合，結合軌道は α_B に近く，反結合軌道は α_A に類似している．したがって，この場合，結合軌道から反結合軌道への励起は，B から A への電荷移動励起に似た性質を持っている．以上のように，結合-反結合軌道間の光学遷移は，分子の代表的な光吸収，つまり"分子の色"を決めているとも言える．

2.2.2 ヒュッケル近似（経験的分子軌道法）

上記の例では各原子に 1 つの軌道しか存在しないが，実際には，複数の電子軌道が存在し，永年方程式は簡単には解けない．本節では，π 共役分子の電子構造を理解するために用いられているヒュッケル（Hückel）近似について紹介する．この近似では，σ 軌道の電子は分子の基本骨格として固定化されており，π 電子のみが共役鎖状に広がっていると考える．たとえば，エチレン分子（$H_2C=CH_2$）では，原子 A と原子 B それぞれの $2p$ 軌道から結合，反結合が形成される．基底関数の固有エネルギーをすべて同じ（α）とし，$S=0$ とすると，永年方程式は，

$$\begin{vmatrix} \alpha-E & \beta-ES \\ \beta-ES & \alpha-E \end{vmatrix} = (\alpha-E)(\alpha-E)-\beta^2=0 \quad (2.12)$$

となり，結合軌道と反結合軌道のエネルギーは，

$$E_{\pm} = \alpha \pm \beta \quad (2.13)$$

である（図 2.3）．基底状態の電子配置は，$(1\pi)^2$ であり，全電子エネルギーは，$2(\alpha+\beta)$ だから，電子の非局在化による利得エネルギーは，$2(\alpha+\beta)-2\alpha=2\beta(<0)$ である．また，結合軌道から反結合軌道への励起エネルギーは，$-2\beta(\beta<0)$ である．すなわち，結合軌道とは，電子が（孤立軌道間を飛び移ることによって得る）運動エネルギーの利得によって安定化した状態と考えることができる．波動関数の係数の関係 $c_B=c_A$ からわかるように結合軌道の電子は 2 つの原子を結びつけるように分布（原子と原子の真中に分布）しているのに対し，反結合軌道では，分子を解離させるように分布している．

同様にブタジエン（$H_2C=H_2C-CH_2=CH_2$：図 2.4）の波動関数は，4 つの $2p$ 軌道から

$$\psi = c_A A + c_B B + c_C C + c_D D \quad (2.14)$$

なので，永年方程式は，

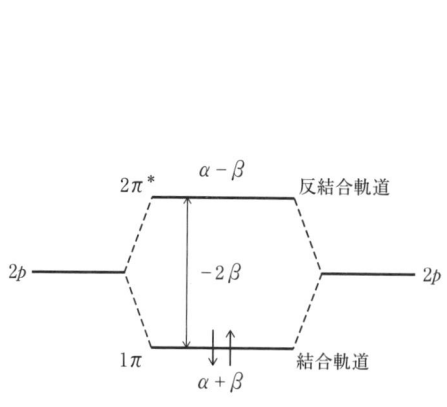

図 2.3 エチレン分子の結合軌道と反結合軌道.

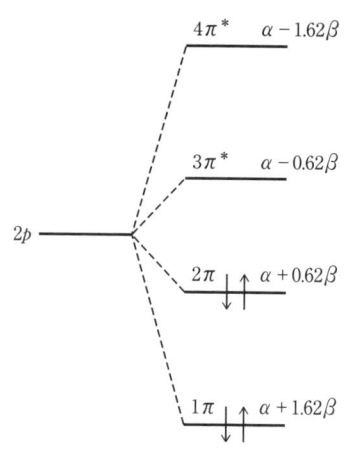

図 2.4 ブタジエンの電子構造.

$$\begin{vmatrix} \alpha-E & \beta_{AB}-ES_{AB} & \beta_{AC}-ES_{AC} & \beta_{AD}-ES_{AD} \\ \beta_{BA}-ES_{BA} & \alpha-E & \beta_{BC}-ES_{BC} & \beta_{BD}-ES_{BD} \\ \beta_{CA}-ES_{CA} & \beta_{CB}-ES_{CB} & \alpha-E & \beta_{CD}-ES_{CD} \\ \beta_{DA}-ES_{DA} & \beta_{DB}-ES_{DB} & \beta_{DC}-ES_{DC} & \alpha-E \end{vmatrix} = 0 \quad (2.15)$$

である.ヒュッケル分子軌道法（経験的分子軌道法）では,ここで,α や β の積分をまともに計算せずに実験データから決めてしまう.さらに,ⅰ）すべての重なり積分 S を 0 とする,ⅱ）隣接しない原子間の共鳴積分 β を 0 とする,という近似を行うと以下のように簡単な式になる.

$$\begin{vmatrix} \alpha-E & \beta & 0 & 0 \\ \beta & \alpha-E & \beta & 0 \\ 0 & \beta & \alpha-E & \beta \\ 0 & 0 & \beta & \alpha-E \end{vmatrix} = (\alpha-E)^4 - 3(\alpha-E)^2\beta^2 + \beta^4 = 0 \quad (2.16)$$

$$E = \alpha \pm 1.62\beta, \quad \alpha \pm 0.62\beta \quad (2.17)$$

であり,α よりもエネルギーの低い 2 つの準位が結合軌道,高い 2 つの準位が反結合軌道である.p 軌道の電子は 4 個なので,電子配置は,$(1\pi)^2(2\pi)^2$ となる.このとき,全電子エネルギーは,

$$E_{\pi 2} = 2(\alpha+1.62\beta) + 2(\alpha+0.62\beta) = 4\alpha + 4.48\beta \quad (2.18)$$

非局在化による利得エネルギーは,$4\alpha+4.48\beta-4(\alpha+\beta)=0.48\beta\,(<0)$ である.

2.2　分子軌道法

———— $\alpha - 2\beta$

===== $\alpha - \beta$

2β

↑↓↑↓ ===== $\alpha + \beta$

↑↓ ———— $\alpha + 2\beta$

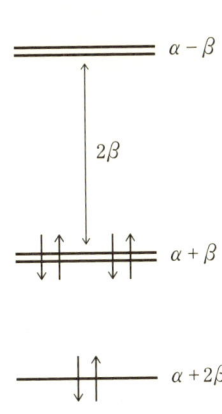

図 2.5　ベンゼンの電子状態．

2.2.3　環状分子（ベンゼン）

次に環状分子を考える．もっともよく知られた環状分子はベンゼン（図2.5）である．ベンゼンは6つの$2p$軌道が正六角形を形成するきわめて安定な分子であり，より複雑な分子のビルディングブロックとして知られている．ベンゼン分子が安定な理由は，第一に六角形を形成するσ骨格（sp^2軌道）のなす角が，ちょうど歪みなく六角形を形成できる120度だからである．もう1つの理由は，これから述べるπ電子の分子軌道によって理解することができる．ベンゼンについて議論する前に，まず試しに前節で扱ったブタジエンを環状分子にすることが可能かどうかを調べてみよう．そのためには，分子の端と端を結ぶ共鳴積分（行列の右上と左下）をβにすればよい．

$$\begin{vmatrix} \alpha-E & \beta & 0 & \beta \\ \beta & \alpha-E & \beta & 0 \\ 0 & \beta & \alpha-E & \beta \\ \beta & 0 & \beta & \alpha-E \end{vmatrix} = \left(\frac{\alpha-E}{\beta}\right)^2 \left\{\left(\frac{\alpha-E}{\beta}\right)^2 - 4\right\} = 0. \quad (2.19)$$

解は$E=\alpha+2\beta,\ \alpha,\ \alpha,\ \alpha-2\beta$となるので，全電子エネルギーは，

$$2(\alpha+2\beta)+2\alpha = 4\alpha+4\beta = 2(2\alpha+2\beta) \quad (2.20)$$

これは，ちょうどエチレン2個分の電子エネルギーに等しいので，非局在化による利得はない．実際に，ブタジエン分子は環状にはならない．次に，ベンゼンの

分子軌道のエネルギーを解いてみよう．永年方程式は以下のように書ける．

$$\begin{vmatrix} \alpha-E & \beta & 0 & 0 & 0 & \beta \\ \beta & \alpha-E & \beta & 0 & 0 & 0 \\ 0 & \beta & \alpha-E & \beta & 0 & 0 \\ 0 & 0 & \beta & \alpha-E & \beta & 0 \\ 0 & 0 & 0 & \beta & \alpha-E & \beta \\ \beta & 0 & 0 & 0 & \beta & \alpha-E \end{vmatrix} = 0, \quad (2.21)$$

$$E = \alpha \pm 2\beta, \quad \alpha \pm \beta, \quad \alpha \pm \beta, \quad (2.22)$$

$$E_\pi = 2(\alpha+2\beta) + 4(\alpha+\beta) = 6\alpha + 8\beta < 3(2\alpha+2\beta). \quad (2.23)$$

ベンゼンの結合-反結合の励起エネルギーは，-2βである．すなわち，ベンゼンは，結合軌道が6つのπ電子によってちょうど占領されており，分子を不安定化する反結合軌道へ励起するためには，-2βのエネルギーが必要となる．この後述べるように，N個の軌道からなる1次元系では，励起エネルギーは，$N=2$（等核2原子分子）がもっとも（-2β）大きく，Nが大きいほど小さくなる．ベンゼンの励起エネルギーは，この2原子分子の場合に匹敵する．このことがベンゼン分子が安定なもう1つの理由である．

2.2.4　1次元固体への拡張

鎖状分子に戻って，さらに大きな分子の電子状態を考えてみよう．N個の原子からなる1次元鎖の電子状態は，以下の$N \times N$の永年方程式で表されるはずである．

$$\begin{vmatrix} \alpha-E & \beta & 0 & 0 & 0 & \cdots & 0 \\ \beta & \alpha-E & \beta & 0 & 0 & \cdots & 0 \\ 0 & \beta & \alpha-E & \beta & 0 & \cdots & 0 \\ 0 & 0 & \beta & \alpha-E & \beta & \cdots & 0 \\ 0 & 0 & 0 & \beta & \alpha-E & \cdots & 0 \\ \vdots & \vdots & \vdots & \vdots & \beta & \ddots & 0 \\ 0 & 0 & 0 & 0 & 0 & \cdots & \alpha-E \end{vmatrix} = 0 \quad (2.24)$$

試行関数の係数$c_0, c_1 \cdots c_N$に関する連立方程式（行列形式）に戻ってみると，

$$\begin{pmatrix} \alpha-E & \beta & \cdots \\ \beta & & \\ \vdots & & \end{pmatrix} \begin{pmatrix} c_1 \\ c_2 \\ \\ c_N \end{pmatrix} = \lambda \begin{pmatrix} c_1 \\ c_2 \\ \\ c_N \end{pmatrix}, \quad (2.25)$$

$$c_{i-1} - \lambda c_i + c_{i+1} = 0 \quad \left(\lambda = -\frac{\alpha - E}{\beta}\right),$$
$$\sum_{i=1}^{N} c_i^2 = 1, \quad c_0 = c_{N+1} = 0. \tag{2.26}$$

であるから,波動関数が仮想的なサイト0とサイト$N+1$で0となる境界条件の下で,この永年方程式を解くと,

$$E_k = \alpha + 2\beta \cos\left(\frac{j\pi}{N+1}\right) \quad j = 1, 2, \cdots, N \tag{2.27}$$

である.

Nは,軌道の数(サイト数)を表す任意の数である.$j=1,2,\cdots$は,永年方程式を満たす$c_i(i=1\sim N)$の組み合わせが,複数あることを示している.それぞれのjは,その組み合わせを表し,c_iを変位とする1次元鎖状の波の節の数に対応している.図2.6に各々のjに対するE_jを$j\pi/(N+1)$の関数として示す.$j\pi/(N+1)$が$-\pi$からπまで変化する間に,E_jは,$\alpha+2\beta$と$\alpha-2\beta$間を変動する.1次元鎖の長さに対応するNを大きくすれば,解の間隔が狭くなり,$N\to\infty$では,連続的な$j\pi/(N+1)$とE_jの関係が与えられる.このようないろいろなjに依存して変化するエネルギーの範囲をエネルギーバンドと呼ぶ.バンドの形成は,2原子分子における,結合-反結合軌道の形成から,原子の数を連続的に増やすことによって理解できる.電子がバンドを形成することによる利得エネルギー($\beta<0$の場合)は,孤立軌道の固有エネルギーαと最小値の差$2|\beta|$で表され,E_kの最大値と最小値の幅$4|\beta|$は電子のバンド幅と呼ばれる.

2.2.5 光学ギャップ

分子軌道法から得られた電子状態の表式から,励起エネルギーを求めてみよう.絶縁体の光学ギャップを与えるもっとも低い励起エネルギーは,最高占有分子軌道(highest occupied molecular orbital:HOMO あるいは,価電子帯:valence band)と最低非占有分子軌道(lowest unoccupied molecular orbital:LUMO あるいは,伝導帯:conduction band)とのエネルギーの差として得られる.この光学ギャップが可視光の領域エネルギー(1.6〜2.5 eV)にあるとき,物質は色づいて見える.今,図2.7のようにs軌道とp軌道からそれぞれバンドができると考えよう(たとえば,岩塩(NaCl)結晶ではHOMOバンドはClの3p軌道から,LUMOバンドは,Naの2s軌道からできている.ただし光学ギャ

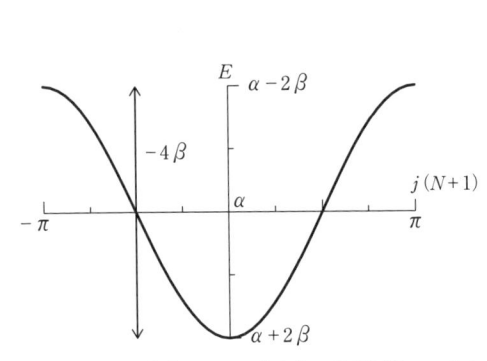

図 2.6 分子軌道法によって求めた 1 次元固体のエネルギー．

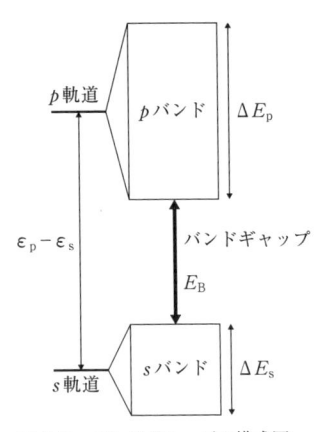

図 2.7 バンドギャップの模式図．

ップは $>10\,\mathrm{eV}$ と大きいので岩塩の結晶は無色透明である）．孤立軌道のエネルギーを ε_s, ε_p とすると，バンドギャップは，それぞれのバンドのバンド幅 ΔE_s と ΔE_p を用いて，

$$E_B = \varepsilon_p - \varepsilon_s - \left(\frac{1}{2}\Delta E_s + \frac{1}{2}\Delta E_p\right) \quad (2.28)$$

で与えられる．

原子数 N に対し，分子軌道法で求められた各軌道の最高エネルギーと最低エネルギーはそれぞれ，E_N と E_1 であるから，バンド幅は

$$\Delta E = E_N - E_1 = 2|\beta|\left(\cos\frac{\pi}{N+1} - \cos\frac{N\pi}{N+1}\right) \quad (2.29)$$

で表される．図 2.8 に示すように，バンド幅 ΔE は，$N=2$（2 原子分子）では，$\Delta E = 2|\beta|$，$N=3$ では，$2\sqrt{2}|\beta|$，$N=5$ では $2\sqrt{3}|\beta|$ とだんだん大きくなり，$N \to \infty$ では，$4|\beta|$ になる．したがって，式（2.29）によれば ΔE_s と ΔE_p は，N の増加とともに増加し，バンドギャップ式（2.28）は減少する．つまり，電子が働き回れる領域が広いほど，バンド間の励起エネルギーは低くなるのである．

このことは，さまざまな有機分子の色の違いを説明することができる．先に述べたベンゼンを基本単位として数多くの色素分子が合成されているが，たとえば，ベンゼン環 2～3 個程度から構成される比較的小さな分子では，光学ギャップが紫外光領域にあるのに対し，より大きな（4 個以上の）分子では，可視光あるいは赤外領域へと移動する．身近な例としては，入浴剤や蛍光ペンの黄色や黄

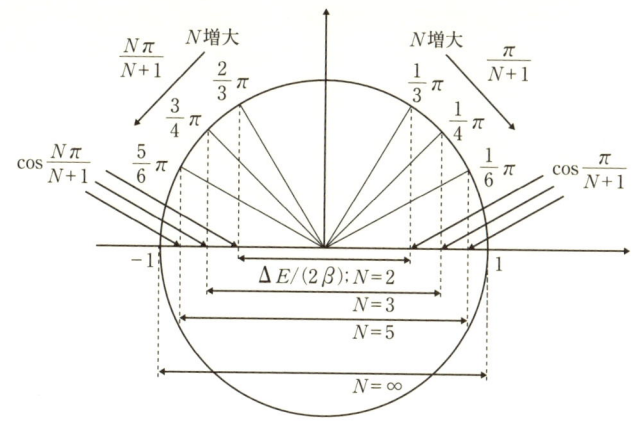

図 2.8 式（2.29）における N と ΔE の関係を示す模式図．N の増加に伴って ΔE は増加する．

緑色の色素に用いられる，フローレセインやクマリン系の色素などがある．

最後にもう一度式（2.1）に戻ってみよう．ここでは，電子間相互作用を考慮しなかったが，実際には，同一原子の別の軌道や隣の原子にはたくさんの電子が存在する．いま電子間相互作用として，$V_{\text{ee}} \propto \sum_{i<j}^{N} 1/r_{ij}$ という形の 2 電子が関係する演算子を含んだハミルトニアンを考える．このとき，スレーター行列式と呼ばれる電子とスピン部分からなる波動関数 $\psi_i(x) = \phi_i(r)\sigma(s)$ の反対称積

$$\Psi_{\text{HF}} = \frac{1}{\sqrt{N}} \begin{vmatrix} \phi_1(x_1) & \phi_2(x_1) & \cdots & \phi_N(x_1) \\ \phi_1(x_2) & \phi_2(x_2) & \cdots & \phi_N(x_2) \\ \vdots & \vdots & \cdots & \vdots \\ \phi_1(x_N) & \phi_2(x_N) & & \phi_N(x_N) \end{vmatrix}$$

の形をした波動関数に対してエネルギー期待値を最小化するような $\psi_i(x)$ を見つけることが必要となる．これがハートリー-フォック（Hartree-Fock：HF）近似と呼ばれる方法である．そこでは，本稿では取り扱わなかった電子がほかの電子から平均場として受ける相互作用や，交換相互作用によるポテンシャルの効果を表すクーロン積分や交換積分などの積分が重要となる．これらを解くには（解くべき $\psi_i(x)$ が演算子のなかに入ってしまっているので），あらかじめ仮定した波動関数や固有エネルギーが，新たに計算されたものと一致するまで，SCF（self-consistent field）法と呼ばれる反復計算を行うことになる．「ガウシアン（Gaussian）」と呼ばれる市販パッケージプログラムでは，この SCF-HF 法のな

かで出てくる，1電子波動関数（基底関数）の積分を，非経験的（ab initio）に計算しているが，実験データに基づいて半経験的に求める方法もある．

2.3 固体のバンド理論（ほとんど自由な電子の近似）

2.3.1 空格子

前節では，分子軌道法によって分子や，1次元固体の電子状態を学んだ．原子の数を増やしていくことによって，すなわち，電子の動ける領域が拡がっていくことによって，電子のバンドという描像が可能になることがわかった．本節では，固体物理学の方法を用いて，逆に固体全体に広がった電子状態から出発してみよう．いま，多数の原子が散乱体として存在する周期ポテンシャルの中を電子が運動する状況を考える．分子軌道法では，ヒュッケル近似によって，π電子軌道の広がりのみを考慮したが，同じように，ここでもとりあえずは価電子の運動のみを考えよう．周期ポテンシャル（v）中の電子の運動は

$$H = -\frac{\hbar^2}{2m}\Delta + v(r), \qquad v(r) = \sum_G v(G)e^{-iGr} \tag{2.30}$$

で表される．ただし，Gは，逆格子ベクトルである．すなわち，並進対称性

$$v(r+t_i) = v(r) \tag{2.31}$$

を仮定すると，

$$v = \sum_G v(G_m)e^{-iG_m \cdot r} \tag{2.32}$$

と展開できる．ただし，G_mは，ブラベー（Bravais）格子に対する，基本並進ベクトルtに対して，$G_m \cdot t = 2\pi n$（nは整数）が成り立つような，逆格子ベクトルである．このとき，

$$v(r)\phi_k(r) = \sum_m v(G_m)\phi_{k-G_m}(r) \tag{2.33}$$

であることに注目する．平面波の波動関数ϕ_kの添え字kは，波数kの固有モードであることに対応する．式(2.33)は，kの状態に$k-G_m$の状態が混ざることを意味する．したがって，

$$\begin{aligned}\left\{-\frac{\hbar^2}{2m}\Delta + v(r)\right\}\psi_k(r) &= \varepsilon(k)\psi_k(r) \\ \psi_k(r) &= \sum_m a_m(k)\phi_{k-G_m}(r)\end{aligned} \tag{2.34}$$

であり，任意の並進ベクトルT_nに対して，ブロッホの定理

2.3 固体のバンド理論（ほとんど自由な電子の近似）

$$\psi_r(r+T_n) = e^{ikT_n}\psi_k(r) \tag{2.35}$$

が成り立つ．

まず，原子の与えるポテンシャルが無限小の場合を考えてみよう．並進対称性のみを考慮すると，電子のエネルギーは自由電子と同じ $\hbar^2k^2/2m$ で表される．しかし，結晶の周期性から，図2.9の1次元格子のエネルギー分散において，k が第1ブリルアン（Brillouin）域（$-\pi/a \sim \pi/a$）から出ると，$k-G$ が第1ブリルアン域に戻るように平行移動できる．このような結晶の周期性のみを考慮し，ポテンシャルを無限小にした格子を空格子と呼ぶ．

2.3.2 弱いポテンシャルの効果

次に，原子のポテンシャルを有限にしてみよう．簡単のため，1次元格子を考える．式(2.34)の左から φ_{k-G_m} をかけて積分すると，

$$\sum_{m'}\left[\left\{\varepsilon_k(k) - \frac{\hbar^2}{2m}(k-G_m)^2\right\}\delta_{mm'} - v_{mm'}\right]a_{m'}(k) = 0 \tag{2.36}$$
$$v_{mm'} = \int \phi^*_{k-G_m}(r)v(r)\phi_{k-G_{m'}}(r)d^3r$$

この式が成り立つ条件は，

$$\begin{vmatrix} \varepsilon - \varepsilon_0^0(k) - v_{00} & -v_{01} & -v_{02} & \cdots \\ -v_{10} & \varepsilon - \varepsilon_1^0(k) - v_{11} & -v_{12} & \cdots \\ -v_{20} & -v_{12} & \varepsilon - \varepsilon_2^0(k) - v_{22} & \cdots \\ \vdots & \vdots & \vdots & \end{vmatrix} = 0 \tag{2.37}$$

となるが，これは以下のように考えることができる．電子の分散関係は，周期的境界条件によって，第1ブリルアン域と呼ばれる $-\pi/a < k < \pi/a$（a は格子定数）の外の領域は図2.9のように折り返すことができる．このとき，第1ブリルアン域とその他の領域との相互作用 v_{01} によって電子のエネルギーは変調を受ける（図2.10）．第1ブリルアン域への寄与は v_{01} のみと仮定すると，上の式は，

$$\begin{vmatrix} \varepsilon - \varepsilon_0^0(k) - v_{00} & -v_{01} \\ -v_{10} & \varepsilon - \varepsilon_1^0(k) - v_{11} \end{vmatrix} = 0 \tag{2.38}$$

のように簡単になる．

$$\varepsilon_0^0(k) + v_{00} \to \varepsilon_0^0(k), \qquad \varepsilon_1^0(k) + v_{11} \to \varepsilon_1^0(k) \tag{2.39}$$

と書きなおすと，

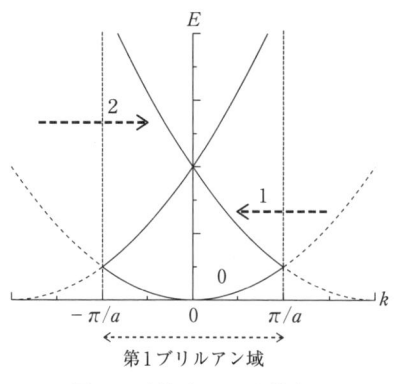

図 2.9 空格子のバンド構造.

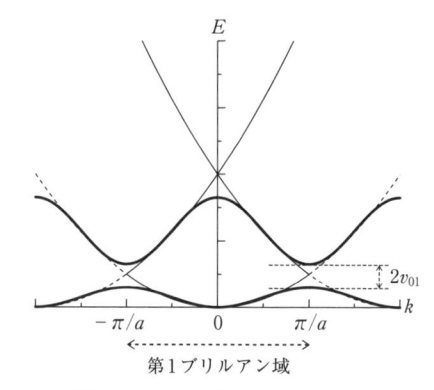

図 2.10 ゾーン境界でのギャップ.

$$\varepsilon_\pm = \left[\varepsilon_0^0(k) + \varepsilon_1^0(k) \pm \sqrt{\{\varepsilon_0^0(k) + \varepsilon_1^0(k)\}^2 + 4|v_{01}|^2}\right]/2. \quad (2.40)$$

$k \sim \pi/a$ のとき $|v_{0n}|, |v_{1n}|(n \geq 2) \ll \varepsilon_{n1}, \varepsilon_{n0}$ とすると, $2v_{01}$ のギャップが開く.

このように, 自由電子の周期ポテンシャル中での散乱を考慮することによって, エネルギーバンドの存在を導き出すことができる. Na 金属など, 電子の局在性（価電子の感じる原子核のポテンシャル）が弱い物質では, このような近似が比較的よいことが知られている. ただし, その理由には, ここで考慮していない以下のような事情も関係している. すなわち, ⅰ) 内殻電子が原子核のポテンシャルを遮蔽する効果と, ⅱ) 内殻電子と価電子の波動関数の直交性に起因する斥力によって価電子が感じる原子核の正味のポテンシャルが弱くなる効果である. Na 金属の例では, 3s 電子と内殻の 1s, 2s, および 3p 電子と 2p 電子の間に働く直交性による斥力のため, 3s 電子や 3p 電子の局在性が弱くなっている. ここでは詳しく述べないが, このような場合の扱いとしては, 式 (2.34) において, 平面波 ϕ_k の代わりに, 内殻の波動関数との直交化条件を考慮した平面波を用いる OPW 近似が知られている. いずれにしても, より局在性の強いイオン結合性の絶縁体などでは, 電子バンド構造は, 孤立原子の軌道の性質をより強く持つため, うまく電子状態を記述することができなくなる. 次節では, そのような場合により適切な近似を与える, 強束縛近似と呼ばれる方法について紹介する.

2.4 強束縛近似

2.4.1 結晶場のエネルギーと移動積分

ブロッホ状態から出発している固体物理学の方法においても，構成原子の性質をより具体的に取り入れるためには，各原子の孤立電子軌道を考慮する必要がある．ここでは，孤立電子軌道からいったんブロッホ状態を作り，さらにそのブロッホ状態から固体の電子バンドを記述するという方法をとる．固体を構成する原子ひとつひとつの電子軌道 $\varphi_\xi(r)$ について，

$$H_a = -\frac{\hbar^2}{2m}\nabla^2 + V_a(r), \qquad \varepsilon_\xi = \int \varphi_\xi^*(r) H_a \varphi_\xi(r) dr, \tag{2.41}$$

$$H_a \varphi_\xi(r) = \varepsilon_\xi \varphi_\xi(r) \tag{2.42}$$

と書けるとする．全系のハミルトニアンは，

$$H = -\frac{\hbar^2}{2m}\nabla^2 + v(r), \qquad v(r) = \sum_n v_a(r - R_n) \tag{2.43}$$

と表す．R_n は n 番目の原子の座標を表す．このとき結晶中に広がった電子の波動関数（ブロッホ状態）は，以下のように，孤立電子軌道を用いてフーリエ展開できる．

$$\Phi_{\xi k}(r) = \frac{1}{\sqrt{N}} \sum_n e^{ikR_n} \varphi_\xi(r - R_n) \tag{2.44}$$

ここで規格直交条件

$$\int_r \varphi_\xi^*(r - R_n) \varphi_{\xi'}(r - R_{n'}) d^3 r = \delta_{\xi\xi'} \xi_{nn'} \tag{2.45}$$

が成り立っていれば，

$$\int_r \Phi_{\xi k}^*(r) \Phi_{\xi' k'}(r) d^3 r = \delta_{kk'} \delta_{\xi\xi'} \tag{2.46}$$

である．分子軌道法と異なるのは，孤立電子軌道の線形結合によって直接非局在状態を記述するのではなく，孤立電子軌道からいったんブロッホ状態式 (2.44) を作り，その重ね合わせによって任意の電子状態を表す点である．

$$\Psi_{\alpha k}(r) = \sum_\xi a_{\alpha \xi}(k) \Phi_{\xi k}(r). \tag{2.47}$$

この波動関数が，以下のハミルトニアン式 (2.48) を満たすとすれば，

$$H \Psi_{\alpha k}(r) = \varepsilon_\alpha \Psi_{\alpha k}(r) \tag{2.48}$$

$$\sum_\xi a_{\alpha\xi}(k) \sum_n e^{-ik\cdot(R_{n'}-R_n)} \int \varphi_\xi^*(r-R_{n'}) H \varphi_\xi(r-R_n) dr^3 = \varepsilon_\alpha(k) a_{\alpha\xi} \tag{2.49}$$

が成り立つ．並進対称性から，$R_{n'}=0$ としてよいから，

$$\sum_{\xi} a_{\alpha\xi}(k) \sum_{n} e^{ik \cdot R_n} \int \varphi_{\xi}^*(r) H\varphi_{\xi}(r-R_n) dr^3 = \varepsilon_{\alpha}(k) a_{\alpha\xi} \tag{2.50}$$

である．さてここで，

$$t_{\xi\xi} \equiv \int \varphi_{\xi}^*(r) H\varphi_{\xi}(r-R_n) dr^3 \tag{2.51}$$

とおくと，まず $R_n=0$ のとき，

$$\begin{aligned} t_{\xi\xi} &\equiv \int \varphi_{\xi}^*(r) H\varphi_{\xi}(r) dr^3 + \sum_{n \neq 0} \int \varphi_{\xi}^*(r) v_a(r-R_n) \varphi_{\xi}(r) d^3r \\ &= \varepsilon_{\xi} \delta_{\xi\xi} + \Delta\varepsilon_{\xi\xi} \end{aligned} \tag{2.52}$$

式 (2.52) の第1項は，孤立電子軌道の固有エネルギー，第2項は，電子がほかのサイトの原子のポテンシャルから受けるエネルギー変調であり結晶場の効果と呼ばれる．

次に R_n が 0 でないとき，

$$t_{\xi\xi} \equiv \int \varphi_{\xi}^*(r) H\varphi_{\xi}(r-R_n) dr^3$$

は，別のサイトの電子軌道間の移動積分（transfer integral）を表す．式 (2.45) を代入して書き下すと，

$$\begin{aligned} t_{\xi\xi} &\equiv \int \varphi_{\xi}^*(r) \left\{ -\frac{\hbar^2}{2m} \nabla^2 + v_a(r-R_n) \right\} \varphi_{\xi}(r-R_n) dr^3 + \int \varphi_{\xi}^*(r) v_a(r) \varphi_{\xi}(r-R_n) d^3r \\ &+ \sum_{n' \neq 0, n} \int \varphi_{\xi}^*(r) v_a(r-R_{n'}) \varphi_{\xi}(r-R_n) d^3r \end{aligned} \tag{2.53}$$

第1項は，式 (2.42)，式 (2.45) から 0 になる．また，第3項を無視すると，

$$t_{\xi\xi} \equiv \int \varphi_{\xi}^*(r) v_a(r) \varphi_{\xi}(r-R_n) d^3r \tag{2.54}$$

が得られる．ここで無視した第3項は，3中心積分と呼ばれる．$R_n=0$ の場合に現れた結晶場の効果よりもさらに高次の項であり，ここでは考えない．

$$T_{\xi\xi}(k) \equiv \sum_{n \neq 0} e^{ik \cdot R_n} t_{\xi\xi}(R_n) \tag{2.55}$$

とおくと，

$$\sum_{\xi} [\{\varepsilon_{\xi} - \varepsilon_{\alpha}(k)\} \delta_{\xi\xi} + \{\Delta\varepsilon_{\xi\xi} + T_{\xi\xi}(k)\}] a_{\alpha\xi}(k) = 0. \tag{2.56}$$

したがって，ε_{α} は，以下の固有値として求められる．

$$H_{\xi\xi} = \varepsilon_{\xi} \delta_{\xi\xi} + \Delta\varepsilon_{\xi\xi} + T_{\xi\xi}(k) \tag{2.57}$$

2.4 強束縛近似

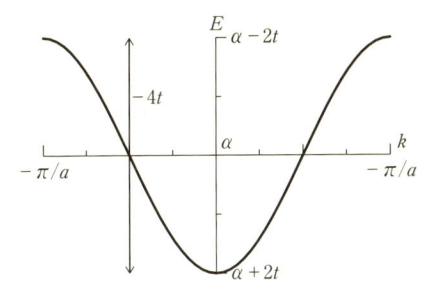

図2.11 強束縛近似によって求めた1次元電子系のエネルギー.

第1項は,孤立原子の電子軌道の固有エネルギー,第2項は,結晶場のエネルギー,第3項が移動積分を示す(図2.11).

2.4.2 1次元電子系のエネルギー

実際に,1次元系における電子状態のエネルギーを強束縛近似で求めてみよう.結晶場のエネルギーを無視すると,式(2.57)は,$H_{\xi\xi}=\varepsilon_\xi\delta_{\xi\xi}+T_{\xi\xi}(k)$だから,

$$\begin{aligned} E_k &= \varepsilon_0 + \int \varphi_k^*(x) H \varphi_k(x) dx \\ &= \varepsilon_0 \sum_n e^{-ikna} \int \phi_a^*(x-na) H \phi_a(x) dx. \end{aligned} \quad (2.58)$$

ただし,ε_0 は,孤立軌道の固有エネルギー,a は1次元格子の格子定数を表す.$n=\pm 1$ 以外を無視すれば,

$$E_k = \varepsilon_0 + \int \phi_a^*(x-a) V(x) \phi_a(x) dx (e^{ika}+e^{-ika}), \quad (2.59)$$

$$\begin{aligned} E_k &= \varepsilon_0 - 2t \cos ka, \\ t &= -\int \phi_a^*(x-a) V(x) \phi_a(x) dx. \end{aligned} \quad (2.60)$$

となる.

n に対する和をとる際に $n=\pm 1$ のみを考慮する理由は,1次元格子において,あるサイトにいる電子が直接飛び移ることができるのは,両隣の最近接サイトのみと仮定しているからである.最後に,分子軌道法との関係について簡単に触れておこう.式(2.60)は,分子軌道法で求めた式(2.27)

$$E_j = \alpha + 2\beta \cos\left(\frac{j\pi}{N+1}\right) \quad (j=1,2,\cdots,N)$$

の α を ε_0 に，共鳴積分 β を遷移積分 $-t$ に置き換えたものであり，まったく同じ形をしている．分子軌道法では，式（2.26）から式（2.27）を導く際に，基底関数の線形結合の係数（c）の周期性を仮定したが，これは式（2.44）でブロッホの定理を用いたことに対応する．式（2.60）は，波数 k を用いて表されているが，1次元では，周期的境界条件から

$$ka = \pm l \frac{2\pi}{N+1} \qquad l = 0, 1, 2, \cdots$$

であるので両者は一致する．

2.5　励起子（エキシトン）

本節では，2.2節（分子軌道法）や，2.4節（強束縛近似）で述べた電子のバンド構造において，光励起はどのように記述されるのかを考えたい．古典論のローレンツモデル（1.2節）では，図2.7に示したような，s 軌道からなる価電子バンド（s バンド）と p 軌道からなる伝導バンド（p バンド）の性質を反映させることはできない．量子力学では，複数の固有状態に電場を作用させると，波動関数が混ざり合うことが知られており，光の電場が十分に弱い場合，この効果は摂動として取り扱うことができる．ここでも，光の振動電場が s バンドと p バンドの波動関数をわずかに混ぜ合わせる，と考えることによって分極を説明してみよう．

図2.12（a）に示すように，原子が1次元的に並んでいる場合を考える．今，原子間の相互作用がそれほど強くないとすれば，光の照射によって，1つの原子が励起され，その励起のエネルギーが原子間の相互作用を介して，ほかの原子へと伝わっていくと考えることができるだろう．このような結晶中を伝搬する電子励起エネルギーの量子を励起子（エキシトン）という [2-5]．励起子は，固体の光励起を考える上では不可欠な概念である．光合成系における光エネルギー輸送の機構としても重要な役割を果たしているほか，強い光学非線形性を示すことから光スイッチへの応用も期待されている．励起子は，固体の中で，原子内の局所的な励起が原子間相互作用を介して伝搬していくフレンケル（Frenkel）型励起子と，励起自体が，より広い領域に広がったモット-ワニエ（Mott-Wannier）型励起子に区別される．まず，フレンケル型励起子から述べることにしよう．

2.5 励起子 (エキシトン)

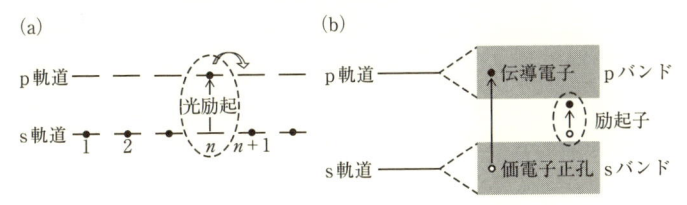

図 2.12 (a) フレンケル型励起子，(b) モット-ワニエ型励起子の模式図．

2.5.1 フレンケル型励起子

電子基底状態と1電子励起状態の波動関数をそれぞれ

$$\Psi^{(g)}(r_1,\cdots,r_n) = \prod_m \phi_s(r_m - R_m), \tag{2.61}$$

$$\Phi_n(r_1,\cdots,r_n) = \phi_p(r_n - R_n) \prod_{m(\neq n)} \phi_s(r_m - R_m) \tag{2.62}$$

と書くことにしよう．r と R は前節と同様に電子と原子の位置を表す．$\phi_p(r)$, $\phi_s(r)$ はそれぞれ，s 軌道と p 軌道の波動関数を示す．式(2.62)の1電子励起状態では，r_n の電子のみ p 軌道に励起され，そのほかの電子は s 軌道にいる状態を表している．全体のハミルトニアン H を，各原子のハミルトニアン H_n と，原子間の相互作用 v_{nm} を用いて書くと

$$H = \sum_n H_n + \sum_n \sum_{<m} v_{nm} \tag{2.63}$$

と表される．ここで，行列要素の対角項は，

$$H_{nn} = \langle \Phi_n | H | \Phi_n \rangle = \varepsilon \tag{2.64}$$

であり，ε は各原子の励起エネルギー $\varepsilon_p - \varepsilon_s$ である．一方，非対角要素

$$\begin{aligned}H_{nm} = \langle \Phi_n | H | \Phi_m \rangle = \int dr_n \int dr_m \phi_p^*(r_n - R_n) \phi_s(r_m - R_m) \\ \times v_{nm} \phi_s^*(r_n - R_n) \phi_p(r_m - R_m)\end{aligned} \tag{2.65}$$

は，s 軌道と p 軌道の直交性から，結局 r_n と r_m にいる電子間のクーロン相互作用 $e^2/|r_n - r_m|$ のみが問題であることがわかる．
いま，$\mu \equiv \int \phi_p^*(r)(-er)\phi_s(r)dr$ は，選択則より 0 ではないから，$r_n = R_n$, $r_m = R_m$ の周りで展開したときの主要項は，双極子-双極子相互作用

$$H_{nm} \sim \frac{\mu^2}{R_{nm}^3} - \frac{3(\mu \cdot R_{nm})^2}{R_{nm}^5} \tag{2.66}$$

で与えられる．ただし，$R_{nm} \equiv R_n - R_m$ と定義した[1]．

式 (2.66) は，隣り合う波動関数の重なりが小さい場合でも，$1/R^3$ に比例する緩やかに減衰する相互作用を通じて励起エネルギーは移動できることを示している．このような場合，前節（強束縛近似）の式 (2.47) で示されるように，1 電子励起の波動関数とエネルギーは，式 (2.62) を用いて，

$$\Psi_K^{(e)} = \frac{1}{\sqrt{N}} \sum_n \exp(iK \cdot R_n) \Phi_n, \tag{2.67}$$

$$E_K = \varepsilon + \sum_{n(\neq 0)} H_{nm} \exp(-iK \cdot R_n) \tag{2.68}$$

と表すことができる．式 (2.66) の近似の下で，励起エネルギーの移動が，双極子間相互作用によって起こることが確認できる．このような原子の励起が双極子間相互作用によって原子間を伝搬するような励起子（図 2.12 (a)）を，フレンケル型励起子と呼ぶ．

2.5.2 モット-ワニエ型励起子

前節のフレンケル型励起子では，原子間の相互作用がそれほど大きくないため，光励起を原子内で考えることができた．今度は，s 軌道間，あるいは p 軌道間の相互作用が大きく，s バンド，p バンドの間で光励起が起こるとみなさなくてはいけない場合について考えよう．つまり，$\phi_s(r - R_m) \rightarrow \phi_p(r - R_m)$ 以外にも $\phi_s(r - R_m) \rightarrow \phi_p(r - R_n)$ の場合も考慮に入れることになる．この場合は，図 2.12

---

1) $\delta_n = r_n - R_n$, $\delta_m = r_m - R_m$ とおくと，

$$H_{nm} = \langle \Phi_n | H | \Phi_m \rangle = \int d\delta_n \int d\delta_m \phi_p^*(\delta_n) \phi_s(\delta_m) \cdot v_{nm} \phi_s^*(\delta_n) \phi_p(\delta_m), \tag{1}$$

$$\begin{aligned}
\gamma_{nm} &= \frac{e^2}{|R_n - R_m + \delta_n - \delta_m|} = \frac{e^2}{\sqrt{(R_n - R_m + \delta_n - \delta_m)(R_n - R_m + \delta_n - \delta_m)}} \\
&= \frac{e^2}{|R_n - R_m|} \frac{1}{\sqrt{1 + \frac{2(R_n - R_m)(\delta_n - \delta_m)}{|R_n - R_m|^2} + \frac{(\delta_n - \delta_m)(\delta_n - \delta_m)}{|R_n - R_m|^2}}} \\
&= \frac{e^2}{|R_n - R_m|} \left[1 - \frac{(R_n - R_m)(\delta_n - \delta_m)}{|R_n - R_m|^2} - \frac{1}{2} \frac{(\delta_n - \delta_m)(\delta_n - \delta_m)}{|R_n - R_m|^2} + \frac{3}{8} \left\{ \frac{(R_n - R_m)(\delta_n - \delta_m)}{|R_n - R_m|^2} \right\}^2 \cdots \right].
\end{aligned} \tag{2}$$

式 (1) の積分が 0 にならないためには，γ_{nm} が δ_n と δ_m の奇数次の項を持つ必要がある．式 (2) の中で，δ_n と δ_m の奇数次の項は，

$$\frac{e^2}{|R_n - R_m|} \left[\frac{\delta_n \delta_m}{|R_n - R_m|^2} - 3 \frac{(R_n - R_m)^2 \delta_n \delta_m}{|R_n - R_m|^4} + \cdots \right]. \tag{3}$$

δ_n と $\delta = r - R$ を使って $\mu \equiv \int \phi_p^*(r)(-er)\phi_s(r)dr$ を書き直すと，

$$\mu = -e \int \phi_p^*(\delta) \phi_s(\delta) d\delta. \tag{4}$$

式 (1), (3), (4) から，式 (2.66) が示される．

(b) に示すように，s バンドに電子の抜け穴として正の電荷を持った正孔が1つでき，p バンドに電子が1つできることになる．これらの正孔と電子は，十分な運動エネルギーを持っていれば，それぞれ，s バンド，p バンド内を，つまり各軌道間を自由に渡り歩くことができる．ただし，座標 r_e と r_h にいる電子と正孔の間には，クーロンポテンシャル

$$V(r_e - r_h) = \frac{-e^2}{\varepsilon |r_e - r_h|} \tag{2.69}$$

が働く．電子や正孔の運動の仕方を決める移動積分の効果を，質量として繰り込んだ有効質量近似と呼ばれる近似を用いると，並進対称性を持つ結晶中での有効質量 m_e と m_h の電子と正孔の運動は，（水素原子の場合と同様に）波数 K を持つ重心運動と相対運動に分離できる．

ε は結晶の誘電率である．電子と正孔の相対運動の量子数を，λ と書くと，

$$E_{\lambda K} = \varepsilon_g + \frac{\hbar^2 K^2}{2M} + E_\lambda \tag{2.70}$$

と表すことができる．相対運動のエネルギー E_λ は，離散的な束縛状態

$$E_n = -\frac{R}{n^2} \tag{2.71}$$

を持つが，R 以上のエネルギーを与えると，イオン化して自由な電子と正孔として運動できる．この場合は連続的なエネルギー

$$E_k = \frac{\hbar^2 k^2}{2\mu} \tag{2.72}$$

を持つ．$M \equiv m_e + m_h$，$\mu \equiv m_e^{-1} + m_h^{-1}$ はそれぞれ，電子正孔対の重心質量と，換算質量である．最低エネルギーの励起子（$1s$ 励起子）の結合エネルギー R_{ex} と軌道半径 a_{ex} を以下に示す．

$$R_{ex} = \frac{\mu e^4}{2 e^2 \hbar^2} = \frac{e^2}{2\varepsilon a} = \frac{1}{\varepsilon^2}\left(\frac{\mu}{m_0}\right) R_H, \tag{2.73}$$

$$a_{ex} = \frac{\varepsilon \hbar^2}{\mu e^2} = \varepsilon\left(\frac{m_0}{\mu}\right) a_H. \tag{2.74}$$

これらは，モット-ワニエ励起子の性質を表す重要なパラメータであり，水素原子のリュードベルグ（Rydberg）定数 R_H および，ボーア（Bohr）半径 a_H に対応する．たとえば，典型的な直接遷移型半導体の GaAs では，$R_{ex} = 4.6$ meV，$a_{ex} = 12$ nm である．すなわち，GaAs の $1s$ 励起子の結合エネルギーは，水素原子の $R_H = 13.6$ eV に比べて 2000 倍以上も小さく，軌道半径は，$a_H = 0.053$ nm

に比べて 200 倍以上も大きい．また，$a_{ex} = 12$ nm は，格子定数 0.565 nm よりも十分大きい．このように，結合エネルギーが大きく，軌道半径が格子定数に比べて十分に大きい励起子は，GaAs のほか，Ge（4.15 meV），GaP（3.5 meV），CdS（29 meV），CdSe（12 meV）などの種々の半導体において観測される．一方，KI（480 meV），KCl（400 meV），LiF（1000 meV）など，はるかに大きな励起子結合エネルギーを持つアルカリハライド結晶では，励起子の軌道半径は，格子定数程度になり，フレンケル型の励起子に近づく．もちろん以上のようなフレンケル型とモット–ワニエ型の励起子の分類は，原子間の相互作用が弱い場合（フレンケル型）と強い場合（モット–ワニエ型）の極限であり，多くの物質では，その中間の性質を持つ．たとえば，電荷移動（CT）励起子と呼ばれるものもその代表例である．共役ポリマーや有機分子性結晶では，フレンケル型や CT 型の励起子が観測されることが多い．また，励起子の結合エネルギーは，低次元系では増大する．上の例に挙げたように，多くの半導体では，励起子の結合エネルギーは熱エネルギーよりも小さいため，室温では存在できない．しかし，量子細線（1 次元），半導体量子井戸（2 次元）や微粒子（0 次元）の半導体では，室温励起子が観測されており，室温で動作する励起子デバイスへの応用が期待されている．

2.6 パイエルス絶縁体，モット絶縁体，電荷秩序

ここまでに述べてきた光学ギャップの起源は，バンド絶縁体と呼ばれる電子構造によるものであった．この電子構造は，分子や固体を構成する孤立電子軌道の性質と，その軌道の電子占有数によってほぼ理解できる．しかし，このようないわゆるバンド理論では説明できない光学ギャップが存在する [2-6〜2-9]．本節ではそのような例として，パイエルス絶縁体とモット絶縁体（および電荷秩序絶縁体）について簡単に述べる．これらの絶縁体は，構成原子の軌道とその占有数からバンド理論を用いて考察しただけでは，金属にしかならないはずのものである．パイエルス絶縁体では 1 次元性に起因する効果，モット絶縁体（電荷秩序絶縁体）では電子間相互作用（電子間クーロン反発）による効果が，それぞれ光学ギャップを与える．

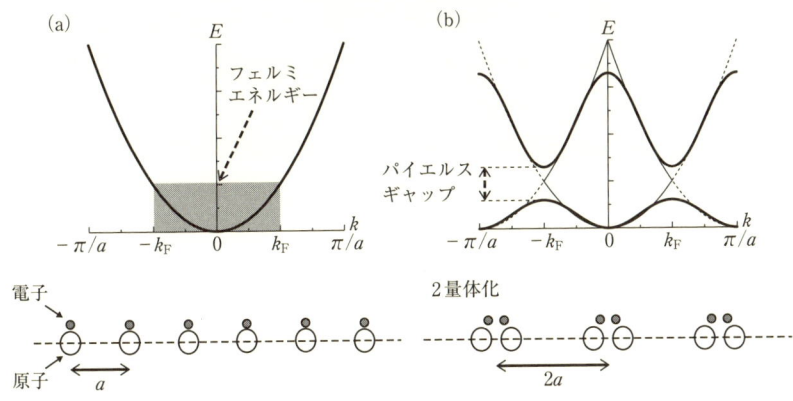

図 2.13 パイエルス絶縁体の模式図. (a) 1/2フィリングの1次元金属, (b) パイエルス絶縁体.

2.6.1 パイエルス絶縁体

図 2.12 (a) のような1次元格子（格子定数 a）を考える．各原子の電子軌道は，1/2フィリング，つまり半分だけ詰まっているとしよう．この系の電子状態は金属であり，ギャップはない．このときフェルミエネルギー E_F を与える波数（フェルミ波数）k_F は，$k_F = \pi/2a$ である．つまり，図 2.13 (a) に示す分散関係の図ように，電子は，第1ブリルアン域のちょうど半分（$-\pi/(2a)(=-k_F)$ 〜 $\pi/(2a)(=k_F)$) のところまで詰まっている（図 2.13 (a) の灰色の部分）．このとき，1次元電子は，後で述べるような不安定性を感じ，自発的に図 2.13 (b) のように，電子の対をつくろうとする．電子の対をつくるためには，原子ごと動かなければいけないので，（もし，2量体化による利得エネルギーが，原子を動かすのに必要なエネルギーを超えれば）2量体を形成することになる．このような，1次元電子の不安定化による2量体化をパイエルス転移と呼ぶ [2-7]．2量体化した原子の対を一サイトとしてとり直すと，この2量体化サイトは，元の格子に対して倍周期化（格子定数 $=2a$）している．また，各サイトの電子占有数は，2量体格子では 1/2+1/2=1 となる．したがって，HOMO軌道からなる価電子バンドは完全に電子で満たされており，もはや金属ではない．このような1次元金属の不安定性によってできた絶縁体をパイエルス絶縁体という [2-7]．

パイエルス絶縁体の分散関係を図 2.13 (b) に示す．倍周期化（2量体化）するということは，波数空間では，第1ブリルアン域が半分になることを意味する．すなわち，2量体化構造では，$-\pi/(2a)$ 〜 $\pi/(2a)$ が第一ブリルアン域にな

る．ここで，$k_F=\pi/(2a)$ であることを思い出してほしい．電子は，ちょうどこのバンドを完全に満たし，隣接するブリルアン域との相互作用によって，k_F のところにギャップ（パイエルスギャップ）が開く．

ところで，このパイエルスギャップが開く（2量体化が起こる）理由は，1次元金属という電子状態にある．詳細は教科書を参照されたいが，摂動論によって，1次元電子に対して，波数 Q のポテンシャル変調 V_Q を加えると，電子密度変調 ρ_Q は，

$$\rho_Q = -\chi(Q)V_Q \tag{2.75}$$

で与えられる．$\chi(Q)$ は，感受率である．この $\chi(Q)$ は，リンドハート(Lindhard) 関数と呼ばれ，2次元，3次元の場合は，若干の計算を要するが，1次元の場合は比較的簡単に求めることができ，

$$\chi(Q) = \frac{2m}{\pi\hbar^2 Q} \ln\left|\frac{Q+2k_F}{Q-2k_F}\right| \tag{2.76}$$

である．$Q=2k_F$ で $\chi(Q)$ は発散する．つまり，1次元電子系は，自発的に $Q=2k_F$ のポテンシャル変調を生むのである．$Q=2k_F$ の変調とは，上に述べたように2量体化（倍周期化）に他ならない．

実は，このパイエルス転移に対する不安定性は，厳密な1次元のみに現れるわけではない．$\chi(Q)$ が発散する理由は式 (2.76) の分母が0になることであるが，この分母=0 の条件は，いわゆるフェルミ面のネスティング，すなわちフェルミ面を $2k_F$ ずらしたときにどれだけうまく重なるかということに関係している．1次元系では，フェルミ面は平面なので，完全に（すべての波数で）重なるが，次元性が増大することによってフェルミ面の形状は複雑になるため，重なりが悪くなる．したがって，2次元，3次元の場合よりも1次元系の方がより顕著に現れる．しかし，3次元でもフェルミ面の形が平坦であればパイエルスの不安定性は生じる．また，パイエルス転移は低温で現れる効果である．その理由は，高温はフェルミ面がぼけるために，重なりが悪くなるためである．パイエルス転移を示す物質としては，ブルーブロンズ（$K_{0.3}MoO_3$），遷移金属カルコゲナイド（$NbSe_3$, TaS_3）などの無機物質や，tetrathiafulvalene-tetracyanoquinodimthane (TTF-TCNQ) などの擬1次元の有機分子結晶などが知られている．

パイエルス転移と類似の現象として，スピンパイエルス転移という磁気転移も存在する．1/2フィリングにおいて，スピンが反強磁性的に並んでいるとき，スピンが，1重項（↑↓）の対を形成して磁気的なエネルギーの利得を得る場合，

この利得が2量体化の際の格子変位による損失のエネルギーを上回れば，自発的にスピン一重項が形成されて磁化は失われる．スピンパイエルス相は，bis-tetramethyl-tetraselenafulvalene-hexafluorophosphate 塩（Bechgaard 塩）と呼ばれる $(TMTSF)_2PF_6$ や $(TMTSF)_2AsF_6$ などの1次元有機伝導体のほか，中性-イオン性転移を示す tetrathiafulvelene-p-Chrolanil（TTF-CA）において存在すると考えられている．

2.6.2 モット絶縁体と電荷秩序

本書では，電子間相互作用は（まともには）考えてこなかった．また，分子軌道法の節（2.2節）で少しだけ触れたハートリー-フォック（HF）法では，注目した電子に対する静電的な相互作用をポテンシャルとして置き換えた，いわゆる平均場として扱っている．しかし，一部の遷移金属酸化物や有機物質では，電子間相互作用をよりダイナミックな形で取り入れる必要がある [2-4, 2-6〜2-8]．電子の多体効果に関する記述はより高度な扱いが必要になるので（あるいは，著者の能力を超えるので），ここでは，簡単に触れるにとどめる．

ふたたび，各サイトには電子が1つずついる，1/2 フィリングの1次元電子系（1次元の金属）を考えよう（図 2.14）．前節で述べた強束縛近似のもとでは，電子は近接サイトに飛び移ることによって安定化し，そのエネルギーは1次元系では，式（2.60）の移動積分 t で与えられる．ここで，電子が隣のサイトに飛び移ったとすると，電子の二重占有サイトと非占有サイトが生じる．二重占有サイトの電子間にはクーロン相互作用が働く．いま，1つの軌道に電子が2個いるときの損失エネルギー（オンサイトクーロンエネルギー）を U と書くことにする．この2サイトの基底電子状態のエネルギーを，孤立サイトの固有エネルギー ε_0 からの運動エネルギーの利得は $2t$ であることを考慮して式 (2.7)，(2.8) の要領で求めると，

$$\begin{vmatrix} 2\varepsilon_0+U-E & 2t \\ 2t & 2\varepsilon_0-E \end{vmatrix}=0 \tag{2.77}$$

と書ける．したがって，基底状態のエネルギーは，

$$E=2\varepsilon_0+\frac{1}{2}(U-\sqrt{U^2+16t^2}) \tag{2.78}$$

となる（図 2.15）．$t<0$，$U>0$ に対して，$|t|\gg U$ では，基底状態のエネルギーは，$E=2\varepsilon_0+U/2+2t$ と近似できる．U の効果が小さければ，$E=2\varepsilon_0+2t$ であ

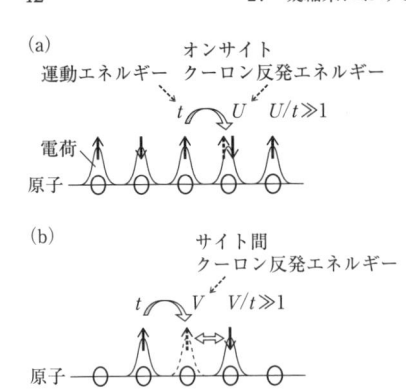

図 2.14 (a) モット絶縁体（1/2 フィリング）と (b) 電荷秩序絶縁体（1/4 フィリング）.

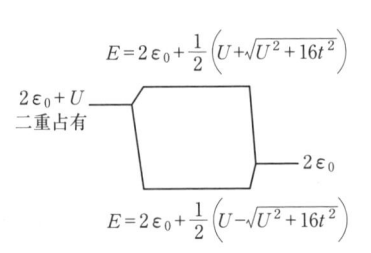

図 2.15 モット絶縁体の電子構造.

り強束縛近似に等しくなる．しかし，U の効果が大きくなるともはや電子は運動エネルギーの利得によって安定化することができなくなるだろう．こうして電子が局在化した状態がモット絶縁体である．$|t| \ll U$ の場合には，$E = 2\varepsilon_0 - 4t^2/U$ と近似できるが，この式は，2つの原子に反平行スピンの電子が1個ずついる状態のエネルギーを表している．第2項は，t を介して U だけエネルギーの高い二重占有状態と混ざり合うことによる安定化エネルギーを表す．平行スピンの場合には，この安定化がパウリの排他律によって有効ではなくなることを考慮すると，この $4t^2/U$ というエネルギーは，「反平行スピンの電子が隣り合った状態から，平行スピンの電子が隣り合った状態への励起エネルギー」とみなすことができる[2]．

2.6.3 ハバードモデル

一般に電子間相互作用の効果として，同一サイトに電子が2つ入った場合のみ電子間反発が働くことを考えたモデルをハバードモデル（Hubbard model）と呼び，第2量子化した電子系のハミルトニアンは，

$$H_{\rm H} = -\sum_{ij} t_{ij}(c_i^+ c_j + c_j^+ c_i) + \sum_i U_i n_{i\uparrow} n_{i\downarrow} \tag{2.79}$$

---

[2] 反平行スピンの3重項状態（全スピン角運動量 $S=1$，z 成分 $S_z=0$）は，t を介した二重占有状態との混ざり合いでは生じない．したがって，より正確には，「$4t^2/U$ は，1重項状態から3重項状態への励起エネルギーに対応する」と言うべきである．

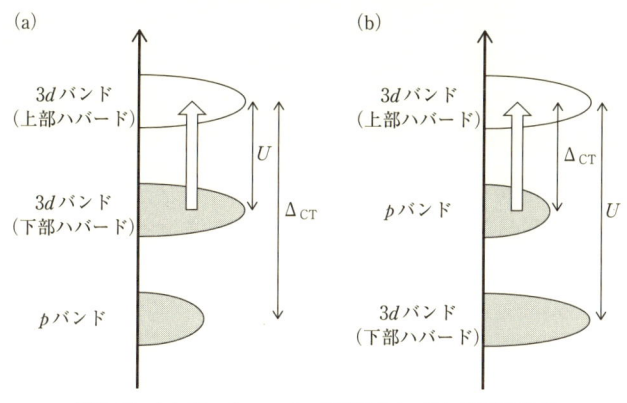

2.6 パイエルス絶縁体，モット絶縁体，電荷秩序　　　43

図 2.16 (a) モット-ハバード絶縁体と (b) 電荷移動型絶縁体の模式図.

と表される．第1項は電子の運動エネルギー（c_i^+, c_i，電子の生成，消滅演算子），第2項がオンサイトクーロン反発エネルギーである．第2項の添え字の矢印は，同一軌道には，異なるスピン状態しか入れないことを反映している．ハバードモデルによって，図2.16に示すように，1/2フィリングの価電子バンドが，上部ハバードバンドと下部ハバードバンドにUだけのエネルギーを隔てて分裂することが理解できる．多くの遷移金属酸化物では，このように3d軌道がクーロン反発の効果で分裂していると考えられるが，必ずしもこのハバードギャップそのものが，光学ギャップになるとは限らない．図2.16 (a) のように，遷移金属と隣接する酸素の2pバンドが，下部ハバードバンドよりも低エネルギーにあるときは，モット-ハバード絶縁体と呼ばれ，光学ギャップは，ハバードギャップによって特徴づけられる．一方，2pバンドがこのハバードギャップの間にあるときには図2.16 (b) のように，2pバンドから上部ハバードバンドへの電荷移動遷移によるギャップΔ_{CT}が光学ギャップになる．前者（ハバードギャップ）の場合はd-d遷移になるので，振動子強度は小さく，後者の方がはっきりしたギャップを与えることが多い．この場合は，正確にはモット-ハバード型絶縁体とは呼ばず，電荷移動型絶縁体と言うべきであるが，電子間相互作用に起因した光学ギャップが開いていることに変わりはない．電荷秩序型の絶縁体は，周期律表の右側に位置する遷移金属の化合物で見られることが多い．このことは，3d遷移金属において，3d軌道は原子番号が増えるにしたがって小さくなるので，ⅰ) オンサイトのクーロン反発は大きくなりハバードギャップが広がる，ⅱ)

3d軌道のエネルギー自体が安定化する，ことなどによると考えられる．

ハバードモデルでは，電子間相互作用の効果は，同一サイトに電子がいる場合のみに限られていた．つまりほかのサイトにいる電子間のクーロン反発は考えていない．ハバードモデルは，1/2フィリングにおいてモット絶縁体を記述するものとしてはもっとも簡単なものである．しかし，1/4フィリング，すなわち，2サイトに1個の電子が存在する場合（図2.14（b））には，うまく電子間相互作用の効果を記述することができない．なぜなら，この場合は電子が最近接のサイトに動いても，クーロン反発による損失は生じないからである．そこで，オンサイトクーロン反発以外に，最近接サイト間のクーロン反発Vを考慮に入れた以下のような拡張ハバードモデルも考えられた．

$$H_{\mathrm{EH}}=-\sum_{ij}t_{ij}(c_i^+c_j+c_j^+c_i)+\sum_{i}U_in_{i\uparrow}n_{i\downarrow}+\sum_{ij}V_{ij}n_in_j \tag{2.80}$$

1/4フィリングでUやVの効果が大きい場合，しばしば，電荷秩序（電荷整列）と呼ばれる絶縁体状態が生じる．この電荷秩序絶縁体は，サイト間の電子に働くクーロン反発エネルギーによって，異なる価数のサイト（イオン，分子）が周期的に配列した状態である．電荷秩序を示す物質では，強誘電性，超伝導などの多彩な物性との関連性が議論されている．

モット絶縁体（電荷移動型絶縁体）の例としては，高温超電導体の母体物質である，2次元銅酸化物La_2CuO_4とNd_2CuO_4（いずれも電荷移動型）が有名であるが，そのほかにも数多くの遷移金属酸化物$LaMO_3$（M：遷移金属），$RNiO_3$（R：Y（イットリウム）または希土類イオン）などが知られている．$LaMO_3$の中で，$LaVO_3$と$LaTiO_3$はモット-ハバード絶縁体，そのほかは，電荷移動型絶縁体である．また，電荷秩序の例としては，マグネタイト（Fe_3O_4）におけるフェルベー転移や，巨大磁気抵抗効果を示す，価数制御されたマンガン酸化物などがある[2-9]．また，第6章で紹介するように，一部の金属錯体や分子性結晶でもモット絶縁体，電荷秩序絶縁体は見つかっている．

モット絶縁体も電荷秩序も，クーロン反発によるエネルギーの損失UやVが，運動エネルギー利得tを上回ることによって起きる電荷の局在化であるが，いずれの場合も，電子の個数がサイト数の整数分の1（モット絶縁体：価電子数＝サイト数，電荷秩序：価電子数＝1/2サイト数）のときに，静電的なバランスによって起こる現象と考えることができる．したがって，運動エネルギーとクーロン反発エネルギーが拮抗している場合，温度変化や加圧によって絶縁体-金属

転移が起こるほか，価数を変化させる不純物置換によっても同様の転移が見られる．ただし，ここで言う不純物置換による電子相転移においては，価数の変化が主要な起源であって，不純物によって生じるポテンシャルの効果は重要でないと考えている．圧力の変化による絶縁体-金属転移がバンド幅制御と呼ばれるのに対し，不純物置換の場合は，価数（フィリング）制御と呼ばれている．

2.6.4　モット絶縁体の光励起状態

　半導体をバンドギャップ以上の光子エネルギーを持つ光で照射すると，光キャリア（伝導電子，価電子正孔）や，それらがクーロン引力で結合した励起子が生成する．一方，モット絶縁体（電荷移動絶縁体）を光励起した場合も，光のエネルギーがハバードギャップや電荷移動ギャップよりも大きければ同様に光キャリアができる [2-10]．電荷移動型絶縁体では，$2p$ バンドと $3d$ バンドの混成などやや込み入った事情を考える必要があるので，ここでは，より単純なモットハバード型絶縁体の光励起を考えよう．図 2.16 に示したように，ハバードモデルの枠内では，電子を隣のサイトに移動させて，二重占有のサイトを作るためには，オンサイトのクーロン反発エネルギー U が必要である．逆に言えば，この励起エネルギー U によって，下部ハバードバンドから，上部ハバードバンドに生成された二重占有状態（下部ハバードバンドに残された抜け穴）は元の強結合束縛近似で作られたバンドを自由に $2t$ の運動エネルギーの利得によって動くことができるのである．この状況は，通常の半導体の伝導体に電子が，価電子帯に正孔が生成するのと形式的には類似している．しかし，電子の多体効果によってできたハバードバンドは，半導体のバンド構造とは本質的な違いがある．ここではそのなかで最近もっとも注目されているスピン自由度の影響について紹介する．

　図 2.17 に 2 次元のモット絶縁体における電子（電荷，スピン）の配置を模式的に表した．(a) の状態では，各サイト 1 個（ハーフフィリング）の電子が，反強磁性的なスピンの秩序により配列している．この状況で，(b) のように，電子を 1 個引き抜いてみる（光励起した場合には，同時に二重占有サイトも生成するが，スピンのない電荷という意味では同じなので省略する）．この抜け穴（ホール）は，(c) や (d) のように移動することによって，次々に反強磁性秩序を強磁性的に並べ替えていく．最終的にはスピン間に働く交換相互作用エネルギー J を用いてスピン配置はもとに戻り，正の電荷は，(b) の配置から (e) の配置へ移動したことになる．つまり，電荷の移動には J が必要なのである．

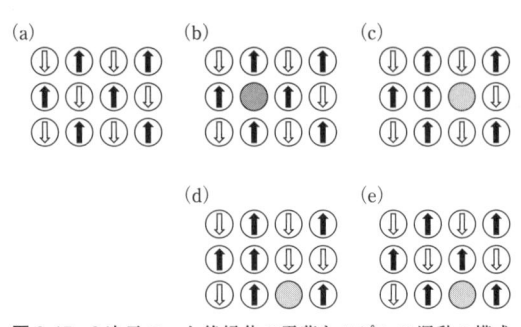

図 2.17 2次元モット絶縁体の電荷とスピンの運動の模式図.

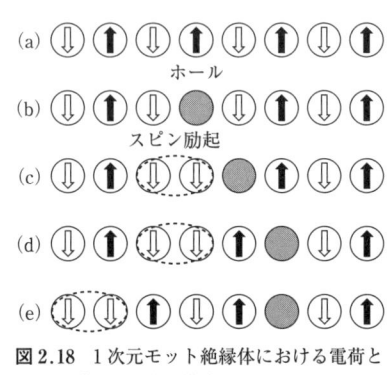

図 2.18 1次元モット絶縁体における電荷とスピンの運動の模式図.

　一方，1次元系では，少々事情が異なる．図 2.18 に示すように，1次元の反強磁性的なスピン配列 (a) にホールを1個導入する (b)．ホールが動けば，2次元の場合と同様に強磁性的なスピン配列が生じる (c)．しかし，1次元ではこのようなスピン励起は，電荷とは独立に運動できる．つまり，1次元系では，電荷は t で運動し，スピンは J で運動するので両者は分離している．

3 非線形光学と波長変換

　第1章と第2章では，物質の色や光沢が物質中の電子状態の指標となることを学んだ．すなわち，ⅰ）物質の反射や吸収は，周波数 ω の振動電場 $E(\omega)$ が，物質中に同じ周波数の分極 $P(\omega)$ を作ることによって生じる効果であり（第1章），ⅱ）どの色の光が効率的に反射/吸収されるのかは，電子がどれくらいの領域に広がっているかによって決まる（第2章）．そこでは，光電場が弱い極限でのみ成り立つ近似として，線形分極のみを考慮した．この取り扱いは，太陽光や蛍光灯などの下での議論としては妥当なものである．しかし，レーザー光などの強い電場が物質に印加された場合，もはやこの近似は成り立たない．強い光電場による非線形分極は，入射光電場の振動数とは異なった周波数の分極を物質中につくる．第2高調波発生や光整流，テラヘルツ波発生に代表される光の波長変換技術，つまり"光の色を変える仕組み"は，この現象を利用したものである．本章では，このような強い光電場によって引き起こされる非線形分極について概説する [3-1～3-8]．

3.1　非線形分極

　レーザー光に代表されるようなきわめて高強度な光に対する物質の応答には，線形応答の近似の枠を超えて顕著な非線形性が現れる．第2高調波発生（SHG），和周波発生（SFG），差周波発生（DFG），光パラメトリック増幅（OPA），光整流（OR）などの非線形光学効果はその代表的なものである．これらの現象は，結晶中に誘起された非線形分極によって起こる現象である．
　外部電場 E に対して物質中に生じる分極 P は，近似的に以下のべき展開で表すことができる．

$$P = \varepsilon_0(\chi^{(1)}E + \chi^{(2)}E^2 + \chi^{(3)}E^3 + \chi^{(4)}E^4 + \cdots). \tag{3.1}$$

右辺第1項は，第1章で述べた線形分極であり，電場に対する係数は，線形感受率 $\chi^{(1)}$ によって記述される．

$$P^{(L)} \equiv P^{(1)} = \varepsilon_0 \chi^{(1)} E. \tag{3.2}$$

一方，式（3.1）の右辺第2項以下は非線形分極と呼ばれ，n 次の非線形感受率（テンソル）$\chi^{(n)}$ $(n=2,3,4,\cdots)$ で表される．

$$P^{(NL)} = P^{(2)} + P^{(3)} + \cdots, \tag{3.3}$$

$$P^{(2)} = \varepsilon_0 \chi^{(2)} E^2, \tag{3.4}$$

$$P^{(3)} = \varepsilon_0 \chi^{(3)} E^3. \tag{3.5}$$

高次の非線形感受率は一般に小さな値であるが，n 次の非線形分極の振幅は外部電場の振幅の n 乗に比例するため，レーザー光のようにきわめて高強度の光を入射した場合には非線形光学効果が顕著になる．

3.2　2次の非線形光学効果

3.2.1　2次非線形性と中心対称性の破れ

偶数次の非線形感受率（$\chi^{(2m)}$, $m=1,2,3,\cdots$）は，結晶に反転対称性がない場合にのみ0でない値をとる．このことは，反転対称性を持つ系における分極反転を考えることによって容易に理解できる．すなわち，式（3.4）の過程で，対称中心のある物質では，電場の向きを反転させると $-P^{(2)} = \varepsilon_0 \chi^{(2)}(-E)(-E)$ となるはずであるが，この式は $\chi^{(2)}$ が0でないと成り立たない．言い換えれば反転対称性を持たない物質でのみ，$\chi^{(2)}$ は有限の値を持つ．2次のみでなく，偶数次の χ はすべて同様である．2次の非線形光学効果は，レーザー光の波長変換技術としてよく知られている．ここでは，代表的な2次の非線形効果を用いた波長変換法として，SHG，SFG，DFG，OR について紹介する．とくに瞬時電場強度（単位時間当たりの電場強度）の高いフェムト秒レーザーでは，きわめて効率の高い波長変換が可能になる．また，反転対称がない場合にのみ見られる現象であることから，強誘電性の非接触観測の方法としても用いられる．

3.2.2　いろいろな2次非線形分極

以下では，表式の簡単化のため，電場振幅 E や分極 P はスカラーで扱うことにする．このとき，感受率テンソル $\chi^{(n)}$ は $\chi^{(2)}(\omega_3;\omega_1,\omega_2)$ のように，非線形光学効果を含ませた形でスカラーとして扱うことができる．ここで，ω_1 と ω_2 は入射

電場の角周波数,ω_3 は非線形分極の角周波数である.今,角周波数 ω_1 および ω_2 で z 方向に伝搬する2つの単色平面波

$$E_1(\omega_1)=E_1\exp[-i(\omega_1 t-k_1 z)]+\text{c.c.},$$
$$E_2(\omega_2)=E_2\exp[-i(\omega_2 t-k_2 z)]+\text{c.c.} \tag{3.6}$$

を入射した場合を考える.ここで,E_1 および E_2 は電場振幅,k_1 および k_2 は波数ベクトルの z 成分である.このとき,入射電場は各々の電場振動の重ね合わせで記述される.

$$E=(E_1\exp[-i(\omega_1 t-k_1 z)]+E_2\exp[-i(\omega_2 t-k_2 z)])+\text{c.c.} \tag{3.7}$$

式 (3.7) を式 (3.4) に代入して,次の表式を得る.

$$\begin{aligned}P^{(2)}=&\varepsilon_0\chi^{(2)}(2\omega_1;\omega_1,\omega_1)E_1^2(\exp[-2i(\omega_1 t-k_1 z)]+\text{c.c.})\\&+\varepsilon_0\chi^{(2)}(2\omega_2;\omega_2,\omega_2)E_2^2(\exp[-2i(\omega_2 t-k_2 z)]+\text{c.c.})\\&+2\varepsilon_0\chi^{(2)}(\omega_1+\omega_2;\omega_1,\omega_2)E_1 E_2(\exp[-i((\omega_1+\omega_2)t-(k_1+k_2)z)]+\text{c.c.})\\&+2\varepsilon_0\chi^{(2)}(\omega_1-\omega_2;\omega_1,-\omega_2)E_1 E_2(\exp[-i((\omega_1-\omega_2)t-(k_1-k_2)z)]+\text{c.c.})\\&+2\varepsilon_0\chi^{(2)}(0;\omega_1,-\omega_1)E_1^2+2\varepsilon_0\chi^{(2)}(0;\omega_2,-\omega_2)E_2^2.\end{aligned}$$
$$\tag{3.8}$$

右辺第1項と第2項はそれぞれ,入射電場の2倍の角周波数($2\omega_1$ および $2\omega_2$)で伝搬する分極波を表し,この過程は第2高調波発生(second harmonic generation:SHG)と呼ばれる.

$$P^{\text{SHG}:\omega_1}=P(2\omega_1)=\varepsilon_0\chi^{(2)}(2\omega_1;\omega_1,\omega_1)E_1^2(\exp[-i(2\omega_1 t-2k_1 z)]+\text{c.c.}),$$
$$P^{\text{SHG}:\omega_2}=P(2\omega_2)=\varepsilon_0\chi^{(2)}(2\omega_2;\omega_2,\omega_2)E_2^2(\exp[-i(2\omega_2 t-2k_2 z)]+\text{c.c.}).$$
$$\tag{3.9}$$

第3項の角周波数は $\omega_1+\omega_2$ であり,$E_1(\omega_1)$ と $E_2(\omega_2)$ の和周波発生(sum frequency generation:SFG)を示す.

$$\begin{aligned}P^{\text{SFG}}&=P(\omega_1+\omega_2)\\&=2\varepsilon_0\chi^{(2)}(\omega_1+\omega_2;\omega_1,\omega_2)E_1 E_2(\exp[-i((\omega_1+\omega_2)t-(k_1+k_2)z)]+\text{c.c.})\end{aligned}$$
$$\tag{3.10}$$

第4項の角周波数は $\omega_1-\omega_2$ であり,$E_1(\omega_1)$ と $E_2(\omega_2)$ の差周波発生(differential frequency generation:DFG)を表す.

$$\begin{aligned}P^{\text{DFG}}&=P(\omega_1-\omega_2)\\&=2\varepsilon_0\chi^{(2)}(\omega_1-\omega_2;\omega_1,-\omega_2)E_1 E_2(\exp[-i((\omega_1-\omega_2)t-(k_1-k_2)z)]+\text{c.c.})\end{aligned}$$
$$\tag{3.11}$$

最後に,第5項と第6項は光整流(optical rectification:OR)と呼ばれる.

$$P^{OR:\omega_1}=P(\omega=0)=2\varepsilon_0\chi^{(2)}(0\,;\omega_1,-\omega_1)E_1{}^2,$$
$$P^{OR:\omega_2}=P(\omega=0)=2\varepsilon_0\chi^{(2)}(0\,;\omega_2,-\omega_2)E_2{}^2. \quad (3.12)$$

3.2.3 非線形分極の伝搬と位相整合

非線形光学効果を用いた波長変換において，入射光と放出光の間には，エネルギー保存則と波数保存則が成り立つ．すなわち，p, q を入射光電場に対する添字，s を非線形分極に対する添字とすると，エネルギー保存則 $\omega_p+\omega_q=\omega_s$ と，波数保存則 $k_p+k_q=k_s$ が成り立たなければならない．ところで，この波数保存則の式は，非線形分極が，線形分極と打ち消し合わずに伝搬する条件として導くこともできる．物質に電磁波 E_p, E_q が入射したとき，2次の分極によって E_s が発生するとしよう．このとき物質中には，E_p, E_q, E_s の3種類の電磁波が存在することを考慮すると，マクスウェル方程式から導かれる電磁波の伝搬方程式は，式 (3.13)～(3.15) のように書ける．

$$\nabla^2 E(\omega_3)-\mu\varepsilon\dot{E}(\omega_3)-\mu\varepsilon^{(1)}\ddot{E}(\omega_3)$$
$$=\mu\ddot{P}^{(2)}(\omega_1+\omega_2)=\mu\varepsilon_0\chi^{(2)}(\omega_3,\omega_1,\omega_2)\frac{\partial}{\partial t^2}[E(\omega_1)E(\omega_2)], \quad (3.13)$$

$$\nabla^2 E(\omega_1)-\mu\varepsilon\dot{E}(\omega_1)-\mu\varepsilon^{(1)}\ddot{E}(\omega_1)=\mu\ddot{P}^{(2)}(\omega_3-\omega_2)$$
$$=\mu\varepsilon_0\chi^{(2)}(\omega_1,\omega_3,-\omega_2)\frac{\partial}{\partial t^2}[E(\omega_3)E(-\omega_2)], \quad (3.14)$$

$$\nabla^2 E(\omega_2)-\mu\varepsilon\dot{E}(\omega_2)-\mu\varepsilon^{(1)}\ddot{E}(\omega_2)=\mu\ddot{P}^{(2)}(\omega_3-\omega_1)$$
$$=\mu\varepsilon_0\chi^{(2)}(\omega_2,\omega_3,-\omega_1)\frac{\partial}{\partial t^2}[E(\omega_3)E(-\omega_1)]. \quad (3.15)$$

ただし，E_p, E_q, E_s の周波数 (ω_i) 波数 (k_i)，振幅 (A_i) $(i=1,2,3)$ を以下のように表す．

$$E_p:E_1(\omega_1,k_1,A_1), \quad E_q:E_2(\omega_2,k_2,A_2), \quad E_s:E_3(\omega_3,k_3,A_3),$$
$$E_i(\omega_i,z,t)=A_i(\omega_i,z)e^{i(kz-\omega t+\varphi_0)} \quad (i=1,2,3),$$
$$k_i=|k_i|=(\omega_i/c)n_i.$$

また，$\omega_3=\omega_1+\omega_2, \omega_3>\omega_2>\omega_1$ とする．これらの式の意味は，式 (3.13) では，ω_1 と ω_2 の和周波として ω_3 が発生し，伝搬していくということである．式 (3.14) では，ω_3 と ω_2 の差周波として ω_1 が，式 (3.15) では，ω_3 と ω_1 の差周波として ω_2 が伝搬する．ここで，

$$\Delta k=k_3-(k_1+k_2), \quad \alpha_{i=1,2,3}=\frac{c\mu}{2n_1}\sigma_i, \quad \beta_{i=1,2,3}=\frac{\omega_i}{2c\varepsilon_0 n_i} \quad (3.16)$$

とすると，以下の振幅方程式が得られる．ただし，

$$\frac{d^2A}{dz^2} \ll \left|k\frac{dA}{dz}\right| \tag{3.17}$$

とした．

$$\frac{dA_1}{dz} + \alpha_1 A_1 = i\beta_1 \chi^{(2)}(\omega_1, \omega_3, -\omega_2) A_3 A_2{}^* e^{i\Delta kz}, \tag{3.18}$$

$$\frac{dA_2}{dz} + \alpha_2 A_2 = i\beta_2 \chi^{(2)}(\omega_2, \omega_3, -\omega_1) A_3 A_1{}^* e^{i\Delta kz}, \tag{3.19}$$

$$\frac{dA_3}{dz} + \alpha_3 A_3 = i\beta_3 \chi^{(2)}(\omega_3, \omega_1, \omega_2) A_1 A_2{}^* e^{i\Delta kz}. \tag{3.20}$$

次に，これらの波長に対して，物質は透明（吸収がない）としよう．$\alpha_1 = \alpha_2 = \alpha_3 = 0$とすると，

$$\frac{n_1}{\omega_1} A_1{}^* \frac{dA_1}{dz} = \frac{n_2}{\omega_2} A_2{}^* \frac{dA_2}{dz} = -\frac{n_3}{\omega_3} A_3{}^* \frac{dA_3}{dz} \tag{3.21}$$

が得られる．

$$A_i \frac{dA_i{}^*}{dz} + A_i{}^* \frac{dA_i}{dz} = \frac{d}{dz}(A_i A_i{}^*) = \frac{d}{dz}|A_i|^2 \tag{3.22}$$

を用いると，

$$\frac{n_1}{\omega_1} \frac{d}{dz}|A_1|^2 = \frac{n_2}{\omega_2} \frac{d}{dz}|A_2|^2 = \frac{n_3}{\omega_3} \frac{d}{dz}|A_3|^2. \tag{3.23}$$

式（3.23）は，E_p, E_q, E_sの光子数の伝搬距離zに対する変化の間に成り立つ関係式であり，マンリー・ロー（Manley-Rowe）の関係と呼ばれる．この式を用いると，E_p, E_q, E_sの振幅（A_1, A_2, A_3）の間には

$$\frac{1}{\beta_1}\frac{d}{dz}|A_1|^2 + \frac{1}{\beta_2}\frac{d}{dz}|A_2|^2 + \frac{2}{\beta_3}\frac{d}{dz}|A_3|^2 = 0, \tag{3.24}$$

$$\frac{|A_1|^2}{\beta_1} + \frac{|A_2|^2}{\beta_2} + 2\frac{d|A_3{}^2|}{\beta_3} = 一定 \equiv 4c\varepsilon_0 A_0{}^2 \tag{3.25}$$

という関係が得られる．

実際にSHGの過程を考えてみよう．式（3.18）～（3.19）の振幅方程式において，$E_1(\omega_1, k_1, A_1) = E_2(\omega_2, k_2, A_2)$とすると，

$$\frac{dA_1}{dz} = i\frac{\chi^{(2)}\omega_1}{2cn_1} A_1{}^* A_3 e^{i\Delta kz}, \tag{3.26}$$

$$\frac{dA_3}{dz} = i\frac{\chi^{(2)}\omega_1}{2cn_3} A_1{}^2 e^{i\Delta kz}. \tag{3.27}$$

ただし，$\Delta k = k_3 - 2k_1$ である．$A_1 = A_{10}e^{i\varphi_{10}}, A_3 = A_{30}e^{i\varphi_{30}}$ とおくと，

$$\frac{dA_{10}}{dz} = i\frac{\chi^{(2)}\omega_1}{2cn_1}A_{10}{}^*A_{30}e^{-i\varphi_0}, \qquad \varphi_0 \equiv 2\varphi_{10} - \varphi_{30} - \Delta kz \tag{3.28}$$

$$\frac{dA_{30}}{dz} = i\frac{\chi^{(2)}\omega_1}{2cn_1}\left(\frac{2\omega_1}{n_3}A_0{}^2 - A_{30}{}^2\right)e^{i\varphi_0} \tag{3.29}$$

計算の詳細は省くが，SHG 光と基本波の強度 $I_1 = A_1{}^2$, $I_3 = A_3{}^2$ は，

$$I_3 = \varepsilon_0 c\omega_1 A_0{}^2 \tanh^2\left[\frac{\chi^{(2)}\omega_1 z}{2cn_1}\sqrt{\frac{2\omega_1}{n_3}}A_0 \frac{\sin(\Delta kz/2)}{\Delta kz/2}\sin\phi_1\right], \tag{3.30}$$

$$I_1 = \frac{1}{2}\varepsilon_0 c\omega_1 A_0{}^2 \text{sech}^2\left[\frac{\chi^{(2)}\omega_1 z}{2cn_1}\sqrt{\frac{2\omega_1}{n_3}}A_0 \frac{\sin(\Delta kz/2)}{\Delta kz/2}\sin\phi_1\right] \tag{3.31}$$

と求められる．ただし，$\phi_1 = 2\varphi_{10} - \varphi_{30} - \Delta kz/2$ とおいた．

図 3.1 に $\Delta k = 0$ の場合に式（3.30）から求められる SHG 強度の伝搬距離依存性を示す．SHG の発生効率 Θ は，

$$\Theta_{\text{SHG}} = \frac{I_3}{I_1} = \frac{(\chi^{(2)})^2\omega_1{}^2 l^2}{c^3\varepsilon_0 n_1{}^2 n_3}I_1\left\{\frac{\sin^2(\Delta kz/2)}{(\Delta kz/2)^2}\right\}, \tag{3.32}$$

$$n_1 = n(\omega_1), \qquad n_2 = n(2\omega_1), \qquad |z| \equiv l, \qquad \Delta k = 2k_1 - k_2$$

で与えられる．SHG 強度が成長しながら伝搬するのは，$\Delta k = 0$ の場合のみであり，$\Delta k \neq 0$ のときは距離に対して振動的な変化を示す．$\Delta k = 0$ という条件は，述べた波数保存則と等しく，位相整合条件とも呼ばれる．

OPA の場合には，振幅方程式は，

$$\frac{dA_1}{dz} = i\frac{\chi^{(2)}\omega_1}{2cn_1}A_3 A_2{}^* e^{i\Delta kz}, \tag{3.33}$$

$$\frac{dA_2}{dz} = i\frac{\chi^{(2)}\omega_2}{2cn_3}A_3 A_1{}^* e^{i\Delta kz} \tag{3.34}$$

で与えられ，$A_1(z=0) = A_1(0)$, $(dA_1(z)/dz)_{z=0} = 0$, $A_2(z=0) = 0$ という条件のもとで，

$$\frac{I_1(z)}{I_1(0)} = \cos^2 \gamma' z, \tag{3.35}$$

$$\frac{I_2(z)}{I_1(0)} = \frac{\omega_2}{\omega_1}\sin^2 \gamma' z, \tag{3.36}$$

$$(\gamma')^2 = \frac{(\chi^{(2)})^2\omega_1\omega_2}{2c^3\varepsilon_0 n_1 n_2 n_3}I_3 \tag{3.37}$$

が得られるが，さらに，$\gamma' z$ が小さいとき，$\sinh \gamma' z \sim \gamma' z$, $\gamma' z \sim 0$ のとき $\text{sinc} \gamma' z$

図 3.1 式（3.30）によって与えられる SHG 強度の z（伝搬距離）依存性（$\Delta k=0$）.

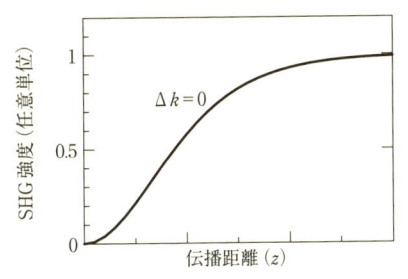

$=1$ とするならば，

$$\frac{I_1(z)}{I_1(0)} = (\gamma' z)^2 \mathrm{sinc}^2\left(\frac{z\Delta k}{2}\right),$$

$$\frac{I_2(z)}{I_1(0)} = \frac{\omega_2}{\omega_1}(\gamma' z)^2 \mathrm{sinc}^2\left(\frac{z\Delta k}{2}\right) = \frac{(\chi^{(2)})^2 \omega_2{}^2 z^2}{2c^3 \varepsilon_0 n_1 n_2 n_3} I_3 \left[\mathrm{sinc}^2\left(\frac{z\Delta k}{2}\right)\right] \quad (3.38)$$

が求められる．式 (3.37)，(3.38) は，$\gamma' z \gg 1$ においては，さらに簡単になる．

$$\frac{I_1(z)}{I_1(0)} = \frac{1}{4} e^{2\gamma z}, \tag{3.39}$$

$$\frac{I_2(z)}{I_1(0)} = \frac{\omega^2}{4\omega_1} e^{2\gamma z} \tag{3.40}$$

この式は，パラメトリック過程によって，I_1（シグナル光）は，$I_1(0)$ から $\gamma' z$ に対して指数関数的に増幅され，一方，$z=0$ では存在しない光の強度 I_2（アイドラー光）もやはり，$\gamma' z$ に対して指数関数的に増大していくことがわかる．しかし，多くの物質では，可視光領域において屈折率は波長に対して単調に変化するので，位相整合の関係はそれほど簡単に満たされるわけではない．次節では，波数保存則を満たすための有効な方法の 1 つである，複屈折について述べることにする．

3.3 複屈折による位相整合

3.3.1 常光線と異常光線

光の伝搬特性が異方性を持つことは，複屈折として知られている．複屈折自体は，非線形光学効果ではないが，この複屈折性をうまく利用することによって，

前節で述べた位相整合条件を満たすことができるので，少し詳しく述べておこう．一般に，外部電場 E によって物質中に生じる分極には異方性がある．つまり，ある方向の振動電場を物質に印可した場合，分極は電場の方向だけに生じるわけではなく，また，方向に依存して誘起される分極の大きさが異なる．このことを表すために，誘電率はテンソルで表される．線形応答の範囲内では，電束密度 D と，電場 E の関係は，誘電率テンソルを用いて式 (3.41) のように表される．吸収はないとする．

$$\begin{pmatrix} D_1 \\ D_2 \\ D_3 \end{pmatrix} = \begin{pmatrix} \varepsilon_{11} & \varepsilon_{12} & \varepsilon_{13} \\ \varepsilon_{21} & \varepsilon_{22} & \varepsilon_{23} \\ \varepsilon_{31} & \varepsilon_{32} & \varepsilon_{33} \end{pmatrix} \begin{pmatrix} E_1 \\ E_2 \\ E_3 \end{pmatrix}. \tag{3.41}$$

誘電率のテンソル成分が，実対称行列で表せるような結晶中を伝搬する光は，対角化によって3つの固有偏光に分けられる．このとき，結晶中の電束密度 D は以下のように表される．

$$\begin{pmatrix} D_1 \\ D_2 \\ D_3 \end{pmatrix} = \varepsilon_0 \begin{pmatrix} \varepsilon_{11} & 0 & 0 \\ 0 & \varepsilon_{22} & 0 \\ 0 & 0 & \varepsilon_{33} \end{pmatrix} \begin{pmatrix} E_1 \\ E_2 \\ E_3 \end{pmatrix} = \varepsilon_0 \begin{pmatrix} n_1^2 & 0 & 0 \\ 0 & n_2^2 & 0 \\ 0 & 0 & n_3^2 \end{pmatrix} \begin{pmatrix} E_1 \\ E_2 \\ E_3 \end{pmatrix}. \tag{3.42}$$

それぞれの固有偏光に対する誘電率 ε_{ii} を主誘電率，屈折率 n_i を主屈折率と呼ぶ（$i=1,2,3$）．光学結晶は一般に，光学的等方結晶（optically isotropic crystal），1軸性結晶（uniaxial crystal），2軸性結晶（biaxial crystal）に分類される．光学的等方結晶では，主屈折率がすべて等しい．

$$n_1 = n_2 = n_3. \tag{3.43}$$

すなわち，屈折率は光の伝搬方向にも偏光にもよらない．

一方，一軸性結晶では，2つの主屈折率が等しい．

$$n_1 = n_2 \neq n_3. \tag{3.44}$$

ここで，それぞれの屈折率は以下のように書かれる．

$$n_o \equiv n_1 = n_2, \tag{3.45}$$

$$n_e \equiv n_3. \tag{3.46}$$

主屈折率（固有値）n_o に対応する偏光の光線は常光線（ordinary wave）と呼ばれ，n_o を常光線主屈折率と呼ぶ．一方，主屈折率（固有値）n_e に対応する偏光の光線は異常光線（extraordinary wave）と書かれ，n_e を異常光線主屈折率と呼ぶ．ここで，$n_e > n_o$ の結晶を正の1軸性結晶，$n_o > n_e$ の結晶を負の1軸性結

晶と定義する．また，2軸性結晶は，3つの主屈折率がすべて異なる結晶である．
1軸性結晶と2軸性結晶では，伝搬する光の偏光方向に依存して屈折率が異なる
という性質を，位相整合条件を満たすために利用することができる．常光線と異
常光線に対する屈折率の関係を直感的に捉えるために，屈折率楕円体と呼ばれる
概念を導入することにしよう．屈折率楕円体は，半軸長が主屈折率に等しい楕円
体であり，屈折率を対角化する座標系 $x_i(i=1,2,3)$ で以下のように定義される．

$$\frac{x_1^2}{n_1^2}+\frac{x_2^2}{n_2^2}+\frac{x_3^2}{n_3^2}=1. \tag{3.47}$$

今，幾何学的なイメージをつかみやすくするために，座標系を $(x,y,z)=(x_1,x_2,x_3)$ と書き直してみよう．主屈折率も同様に，$(n_x, n_y, n_z)=(n_1, n_2, n_3)$ と書き直すことにする．ここで，(x,y,z) は電場の偏光方向を与えることに注意する．この時，屈折率楕円体は以下のように書き直される．

$$\frac{x^2}{n_x^2}+\frac{y^2}{n_y^2}+\frac{z^2}{n_z^2}=1. \tag{3.48}$$

1軸性結晶における屈折率楕円体を図3.2 (a)，(d) に示す．光の伝搬方向，すなわち波面法線を与えたとき，原点を通り，かつ，波面法線に垂直な面でこの楕円体を切り取ると，その切断面は楕円となる．たとえば，結晶中を伝搬する光の波面法線を z 軸にとった場合，原点を含む x-y 平面で切り出した楕円体は以下のように記述される．

$$\frac{x^2}{n_x^2}+\frac{y^2}{n_y^2}=1. \tag{3.49}$$

1軸性結晶を考えると，式 (3.45) から，$n_\mathrm{o} \equiv n_x = n_y$ であるので，式 (3.49) は円を示す（図3.2 (b)，(e)）．すなわち，z 軸方向に伝搬する光は，x-y 面内のどの偏光方向に対しても屈折率が等しい．このように，屈折率が偏光に依存せずに等しくなるような光の伝搬方向を，結晶の光学軸と呼ぶ．今の場合は z 軸である．1軸性結晶は1本の光学軸を持ち，2軸性結晶は2本の光学軸を持つ．ここでは，SHG や OPA において実際に利用される非線形光学結晶として，1軸性結晶について，図3.2 (a)，(b) の x 軸方向に伝搬する光を考えよう．このときの屈折率楕円体の切断面は以下のようになる．

$$\frac{y^2}{n_y^2}+\frac{z^2}{n_z^2}=1. \tag{3.50}$$

図3.2 (c) に示したように，$n_\mathrm{o} \equiv n_y \neq n_\mathrm{e} = n_z$ なので，伝搬する光のうち，y 軸

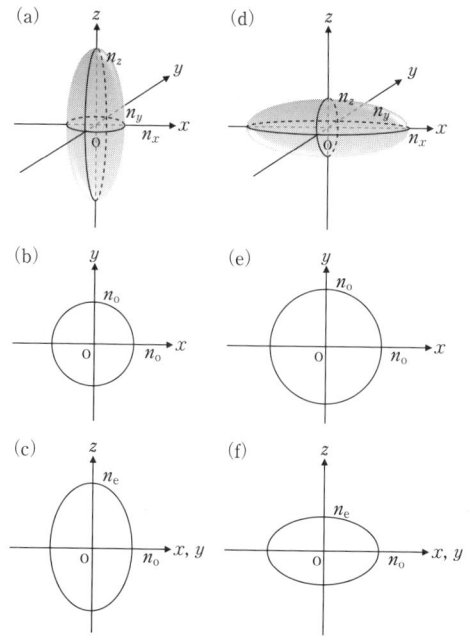

図 3.2 (a) 正の 1 軸性結晶における屈折率楕円体．(b) x-y 面での切断面．(c) x-z，y-z 面での切断面．(d) 負の一軸性結晶における屈折率楕円体，(e) x-y 面での切断面．(f) x-z，y-z 面での切断面．いずれも光学軸は z 軸にとっている．

方向の偏光成分と z 軸方向の偏光成分の屈折率は異なる．したがって，図 3.2 に示すような一軸性結晶においては，異常光線は，z 軸方向に振動する電場成分を含み，伝搬方向に依存して屈折率が変わる．一方，常光線は，入射光のうち，x-y 面内で電場振動する成分に対応し，光の進行方向を変えても屈折率が変化しない．

次に，図 3.3 に示したように，光の進行方向を z 軸（光学軸）から x 軸に角度 θ だけ傾けた状況を考えてみよう．正の 1 軸性結晶においては，屈折率楕円体の切断面の長径が異常光線の屈折率を，短径が常光線の屈折率を与える（図 3.3 (a)，(c)）．一方，負の 1 軸性結晶においては，短径が異常光線の屈折率を，長径が常光線の屈折率を与える（図 3.3 (b)，(d)）．角度 θ を変えていくと，常光線の屈折率が一定であるのに対し，異常光線の屈折率が変化することがわかる．

ここで，より見通しをよくするために，光の進行方向と屈折率の関係を，以下

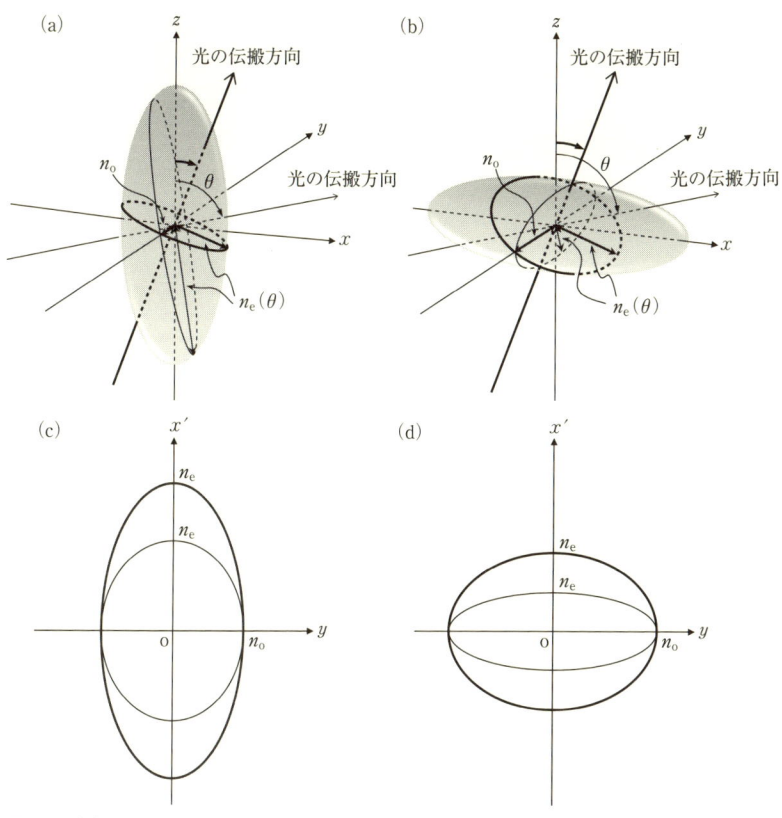

図 3.3 (a) 正の 1 軸性結晶と (b) 負の 1 軸性結晶における屈折率楕円体. (c) 正の 1 軸性結晶と (d) 負の 1 軸性結晶における光の伝搬方向に垂直な断面. ただし, (a), (b) から (c), (d) をプロットする際, 座標系は以下の式で変換している.

$$\begin{pmatrix} x' \\ z' \end{pmatrix} = \begin{pmatrix} -\cos\theta & \sin\theta \\ \sin\theta & \cos\theta \end{pmatrix} \begin{pmatrix} x \\ z \end{pmatrix}$$

(c), (d) において, 太線と細線で θ の値が異なるため, 正確には x' 軸は異なるが, ここでは同一平面 (x'-y 平面) にプロットしている.

のような座標を取り直して議論することにしましょう. 光の進行方向 (x, y, z) に対する屈折率 (n_x, n_y, n_z) を独立な軸(変数)に取って 3 次元空間にプロットしたものを屈折率面と呼ぶ(ここで, 軸 (n_x, n_y, n_z) の "方向" はもとの座標 (x, y, z) と等しく, 負の (n_x, n_y, n_z) は負の (x, y, z) の方向に対応する). 常光線は光の進行方向に対して屈折率が変化しないので, 図 3.4 (a), (b) の濃い色の球に示したように屈折率面は球面となり, 以下の式で与えられる.

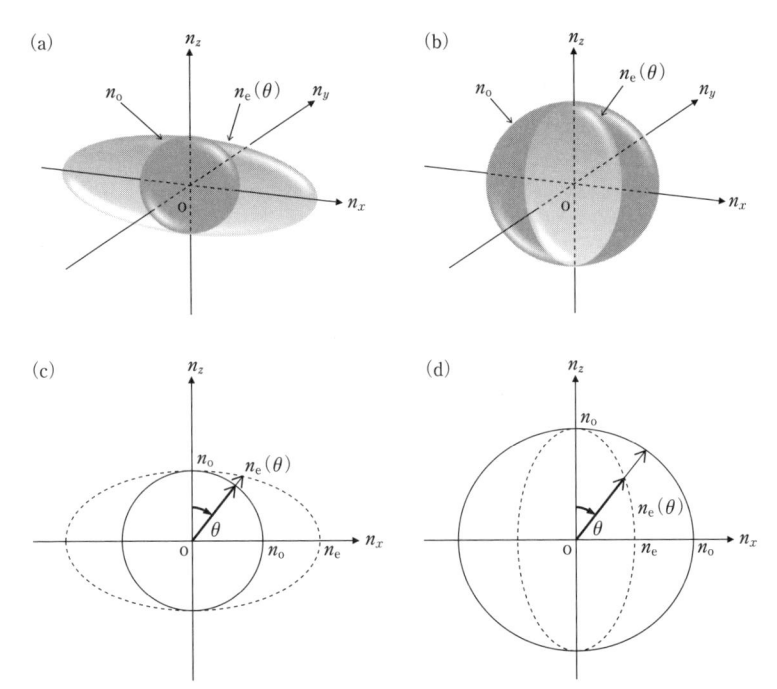

図 3.4 (a) 正の 1 軸性結晶と (b) 負の 1 軸性結晶における屈折率面. 濃い色の球は常光線の屈折率面, 薄い色の楕円体は異常光線の屈折率面を示す. (c) 正の 1 軸性結晶と (d) 負の 1 軸性結晶における屈折率面の n_x-n_z 面 (x-z 面) での断面. 実線の円は常光線の屈折率面, 破線の楕円は異常光線の屈折率面を示す.

$$\frac{n_x^2}{n_o^2} + \frac{n_y^2}{n_o^2} + \frac{n_z^2}{n_o^2} = 1. \quad (3.51)$$

一方, すでに見たように, 異常光線は光の進行方向に対して屈折率が変化するため, 屈折率面は図 3.4 (a), (b) の薄い色の楕円体に示したような, z 軸 (光学軸, あるいは n_z 軸) を対称軸とする回転楕円体となる.

$$\frac{n_x^2}{n_e^2} + \frac{n_y^2}{n_e^2} + \frac{n_z^2}{n_o^2} = 1. \quad (3.52)$$

ここで, 上で定義した角度 θ に対する依存性を調べるため, 光学軸 (z 軸, あるいは n_z 軸) と x 軸 (あるいは n_x 軸) を含む切断面を考えよう. この時の屈折率面 (線) は, 図 3.4 (c), (d) 実線に示したように, 常光線では円であり, 以下の式で記述される.

$$\frac{n_x^2}{n_o^2} + \frac{n_z^2}{n_o^2} = 1. \quad (3.53)$$

常光線の屈折率は円の半径で与えられるので，光の進行方向，すなわち，角度 θ には依存せず一定である．

$$n_o(\theta) = n_o. \tag{3.54}$$

一方，図 3.4（c），（d）破線に示したように，異常光線の屈折率面は楕円であり，以下の式で表される．

$$\frac{n_x^2}{n_e^2} + \frac{n_z^2}{n_o^2} = 1. \tag{3.55}$$

異常光線の屈折率は原点から屈折率面までの距離であり，角度 θ に依存して変化する．異常光線の屈折率を $n_e(\theta)$ と表すことにする．極座標表示にならって，

$$n_x = n_e(\theta)\sin(\theta), \tag{3.56}$$
$$n_z = n_e(\theta)\cos(\theta) \tag{3.57}$$

と成分分解し，これを式（3.55）に代入して整理すると，以下の表式を得る．

$$\frac{1}{n_e(\theta)^2} = \frac{\sin^2(\theta)}{n_e^2} + \frac{\cos^2(\theta)}{n_o^2}. \tag{3.58}$$

ここで，n_e は異常光線主屈折率であり，$n_e(\theta)$ とは異なるので注意すること．ここで重要なことは，異常光線に対する屈折率が，角度 θ を調整することによって，正の 1 軸性結晶では $n_o < n_e(\theta) < n_e$ の範囲で，負の 1 軸性結晶では $n_e < n_e(\theta) < n_o$ の範囲で制御できることである．この正常光と異常光を入射波と出力波としてうまく用いれば，波数保存則を満たすことができる．実際の非線形光学効果（パラメトリック増幅）における位相整合に関しては第 4 章で述べることにする．

3.4　2 次，3 次非線形分極の理論

3.4.1　古典論による線形，非線形分極の表式

本節では，次節以降で述べる量子論（半古典論）を用いた非線形分極の取扱いの準備として，非線形分極の表式（$\chi^{(2)}$ や $\chi^{(3)}$ の中身）を古典的に導いておこう．第 1 章で述べた 1 次元調和振動子の強制減衰振動のモデルを拡張して，物質の中の電子の運動の有効変位 X は，次のような運動方程式に従うとする．

$$\ddot{X} + \gamma\dot{X} + (\omega_0^2 + a_1 X + a_2 X^2 + \cdots)X = \frac{e}{m}(E + \text{c.c}) \tag{3.59}$$

ここで，ω_0 は電子の共鳴振動数，γ は減衰係数，a_1, a_2, $\cdots$ は，ポテンシャルの

形状を決める係数を表す．いま，入射する光の電場を

$$E = E_1 + E_2 = E_{10}e^{i(k_1z - \omega_1 t)} + E_{20}e^{i(k_2z - \omega_2 t)} \tag{3.60}$$

とする．ただし，$k = \dfrac{2\pi}{\lambda} = \left(\dfrac{\omega}{c}\right)n$ である．吸収がなければ，

$$E^*(\omega) = E(-\omega) \tag{3.61}$$

である．このとき，一般解は，

$$X(t) = X_1 e^{-i\omega_1 t} + X_2 e^{-i\omega_2 t} + X_3 e^{-i\omega_3 t} + \cdots \text{c.c} \tag{3.62}$$

と表すことができる．これらの式から，

$$X_1 = \frac{e}{m} E_{10} e^{ik_1z} D(\omega_1), \qquad D(\omega_1) = \frac{\omega_0{}^2 - \omega_1{}^2 + i\gamma\omega_1}{(\omega_0{}^2 - \omega_1{}^2)^2 + \gamma^2\omega_1{}^2} \tag{3.63}$$

が求められる．これはすでに第1章でローレンツモデルの項で述べたことと同等である．

$$P^{(1)}(\omega_1) = NeX_1 e^{-i\omega_1 t} = \varepsilon_0 \chi^{(1)}(\omega_1) E_1 \tag{3.64}$$

から，

$$\chi^{(1)}(\omega_1) = \frac{N}{\varepsilon_0} \frac{e^2}{m} D(\omega_1), \qquad D(\omega_1) = \frac{\omega_0{}^2 - \omega_1{}^2 + i\gamma\omega_1}{(\omega_0{}^2 - \omega_1{}^2)^2 + \gamma^2\omega_1{}^2}. \tag{3.65}$$

また，ω_2 についても同様だから，ω_1 と ω_2 の光によって生じる一次の分極は

$$\begin{aligned}P^{(1)}(\omega_s) &= P^{(1)}(\omega_1) + P^{(1)}(\omega_2) = \varepsilon_0 \chi^{(1)}(\omega_1) E(\omega_1) + \varepsilon_0 \chi^{(1)}(\omega_2) E(\omega_2) \\ &= \varepsilon_0 \sum_{p=1}^{2} \chi^{(1)}(\omega_s, \omega_p) E(\omega_p)\end{aligned} \tag{3.66}$$

で与えられる．

一方，2次分極のうち和周波数発生や差周波発生に関係する項は，

$$P^{(2)}(\omega_s) = \varepsilon_0 \chi^{(2)}(\omega_1 + \omega_2) E(\omega_1) E(\omega_2) \equiv \varepsilon_0 \chi^{(2)}(\omega_s, \omega_1 + \omega_2) E(\omega_1) E(\omega_2), \tag{3.67}$$

$$P^{(2)}(\omega_s) = \varepsilon_0 \chi^{(2)}(\omega_1 - \omega_2) E(\omega_1) E(\omega_2) \equiv \varepsilon_0 \chi^{(2)}(\omega_s, \omega_1 - \omega_2) E(\omega_1) E(\omega_2) \tag{3.68}$$

などと書ける．これらをまとめて，

$$P^{(2)}(\omega_s) = \varepsilon_0 \chi^{(2)}(\omega_s, \omega_p, \omega_q) E(\omega_p) E(\omega_q) \tag{3.69}$$

と表せる．ただし，

$$\omega_s = \omega_p + \omega_q, \qquad \omega_{-m} = -\omega_m \quad (m = 1, 2), \qquad E(-\omega_m) = E^*(\omega_m) \tag{3.70}$$

であり，p と q は，それぞれ $\pm 1, \pm 2$ をとることができる．このことを，以降 $(p, q) = \pm 1, \pm 2$ と表すことにする．上記の1次分極の場合と同様に，$\omega_s = \omega_1 \pm \omega_2$ の過程について $\chi^{(2)}$ を導くと，

$$\chi^{(2)}(\omega_s, \omega_1, \omega_2) = -\frac{Ne^3}{\varepsilon_0 m^2} a_1 \{D(\omega_1) D(\omega_2) D(\omega_1 + \omega_2)\} \tag{3.71}$$

$$\chi^{(2)}(\omega_s, \omega_1, -\omega_2) = -\frac{Ne^3}{\varepsilon_0 m^2} a_1 \{D(\omega_1) D(-\omega_2) D(\omega_1 - \omega_2)\} \quad (3.72)$$

一般的には,

$$\chi^{(2)}(\omega_s) = \frac{Ne^3}{\varepsilon_0 m^2} a_1 \{D(\omega_p) D(\omega_q) D(\omega_p + \omega_q)\} \quad ((p,q) = \pm 1, \pm 2),$$

$$D(\omega_p) = \frac{\omega_0^2 - \omega_p^2 + i\gamma\omega_p}{(\omega_0^2 - \omega_p^2)^2 + \gamma^2\omega_p^2}, \qquad D(\omega_q) = \frac{\omega_0^2 - \omega_q^2 + i\gamma\omega_q}{(\omega_0^2 - \omega_q^2)^2 + \gamma^2\omega_q^2}, \quad (3.73)$$

$$D(\omega_p + \omega_q) = \frac{\omega_0^2 - (\omega_p + \omega_q)^2 + i\gamma(\omega_p + \omega_q)}{\{\omega_0^2 - (\omega_p + \omega_q)^2\}^2 + \gamma^2(\omega_p + \omega_q)^2}.$$

$\omega_1 = \omega_2$ とすれば, 第2高調波, 光整流に対応する表式となる. さらに, $\chi^{(3)}$ については,

$$P^{(3)}(\omega_s) = \varepsilon_0 \sum_{p,q,r} \chi^{(3)}(\omega_s, \omega_p, \omega_q, \omega_r) E(\omega_p) E(\omega_q) E(\omega_r) \quad (3.74)$$

$$(p, q, r) = (\pm 1, \pm 2, \pm 3)$$

と書ける. ただし, $\omega_s = \omega_p + \omega_q + \omega_r$, $\omega_{-m} = -\omega_m (m=1,2,3)$, $E(-\omega_m) = E^*(\omega_m)$ である. $\chi^{(2)}$ の場合と同様に,

$$\chi^{(3)}(\omega_s) = \frac{Ne^4}{\varepsilon_0 m^3} a_2 \{D(\omega_s) D(\omega_p) D(\omega_q) D(\omega_r)\} \quad (3.75)$$

が得られる. たとえば, $(\omega_s, \omega_p, \omega_q, \omega_r) = (3\omega, \omega, \omega, \omega)$ の過程は第3高調波発生, $(\omega_s, \omega_p, \omega_q, \omega_r) = (\omega, \omega, \omega, -\omega)$ は, 吸収飽和, 2光子吸収, 縮退4光波混合などにそれぞれ対応する. 前者の過程では, 周波数 ω の光が物質に3回作用することによって 3ω の分極が発生するのに対し, 後者では, ω の分極が線形応答の場合から変化することによって, 線形分極による吸収が減少したり (吸収飽和), 吸収がないところに吸収が生じたり (2光子吸収) する. また, 3本の入射光の波数ベクトルが異なる場合には, 波数保存則な成り立つ方向に光の放出 (縮退4光波混合) が起こる.

3.4.2 密度行列を用いた方法

次に線形, 非線形分極の表式を, 物質系を量子的に, 光を古典的に扱ったいわゆる半古典論を用いて表してみよう. このような半古典論を用いた光と物質の相互作用のもっとも基本的な表式は, フェルミの黄金律として知られる, 2準位系の遷移確率

$$W_{ba} = \frac{2\pi}{\hbar} |\langle \varphi_b^*(r) | \mu(r) | \varphi_a(r) \rangle|^2 \rho(E_{ba} - \hbar\omega) \quad (3.76)$$

で与えられる．ただし，φ_b, φ_a は光遷移の終状態と始状態の波動関数，$E_{ba}=\hbar\omega_{ba}$ は2準位間のエネルギー差，$\mu(r)$ は遷移双極子モーメント，ρ は結合状態密度である．この表式では，遷移強度の大きさが，始状態と終状態の波動関数という微視的な電子状態から導かれている．古典論では，振動子の共鳴振動数 ω_{ab} としてしか考慮できなかった，物質や電子状態の個性を，量子力学を用いた方法によって，より詳細に取り込むことが可能になる．たとえば，電気双極子近似 $\mu=\sum_i er_i$ を仮定すると，式 (3.76) 中の遷移行列が0にならないためには，φ_b と φ_a のパリティがそれぞれ偶と奇（奇と偶）である必要がある．水素原子のリュードベルグ準位間の遷移において，角運動量の量子数 l の差 $\Delta l=\pm 1$ の遷移（たとえば 1s-2p）のみが許されるのもこの理由からである．このような遷移の始状態と終状態のパリティによって遷移の有無が決まることを選択則と呼ぶ．

凝縮系においては光によって物質中に誘起される分極は，単一の双極子ではなく，それらが多数集まったものによって生じる．物質には電子も原子も数多く存在するからである．第1章の古典論では，微視的な分極（振動子）の集まりとして巨視的な分極を考える場合，微視的な分極は，みな同じものとして扱った（N倍した）．しかし，量子論において微視的な分極を足し合わせる場合，その位相関係が重要となる．

いま，無摂動ハミルトニアンの固有エネルギー E_a, E_b から成る2準位系を考えよう．光は，電気双極子近似の摂動ハミルトニアンを通じてこの2準位系に作用する．すなわち，φ_a と φ_b が量子力学的に混ぜ合わさった混合状態ができる．このような混合状態の量子論的な取り扱いとしては，密度行列がもっとも一般的な方法である．ここでは，密度行列を用いて，2準位系の線形，非線形分極の表式を導く．まず，密度演算子 ρ を導入し，その行列表示と，期待値の表式を準備し，それらを用いて分極を表す．

3.4.3 密度演算子

$$\rho=\sum_n P_n|\phi_n\rangle\langle\phi_n|=\sum_n|\phi_n\rangle P_n\langle\phi_n| \tag{3.77}$$

この式は，演算子 ρ を，固有関数 ϕ_n に作用させた場合，その状態をとる確率 P_n が固有値として与えられる演算子であることを意味している．すなわち，

$$\rho|\phi_n\rangle=\sum_n P_n|\phi_n\rangle\langle\phi_n|\phi_n\rangle=P_n|\phi_n\rangle \tag{3.78}$$

である．また，

$$|\phi_n\rangle = \sum_m C_{nm}|\varphi_m\rangle \tag{3.79}$$

と展開すると

$$\rho = \sum_n P_n \sum_{ab} C_{na} C_{nb}{}^* |\varphi_a\rangle\langle\varphi_b| = \sum_{ab} \rho_{ab} |\varphi_a\rangle\langle\varphi_b| \tag{3.80}$$

だから，その行列表示は，

$$\rho_{ab} = \langle\varphi_a|\rho|\varphi_b\rangle = \sum_n P_n C_{na} C_{nb}{}^* = \sum_n P_n \begin{pmatrix} |C_{na}|^2 & C_{na}C_{nb}^* \\ C_{nb}C_{na}^* & |C_{nb}|^2 \end{pmatrix} \tag{3.81}$$

となる．対角項である

$$\rho_{aa} = \langle\varphi_a|\rho|\varphi_a\rangle = \sum_n P_n |C_{na}|^2 \tag{3.82}$$

は，各準位の占有数（分布数）を表すのに対し，非対角項

$$\rho_{ba} = \langle\varphi_b|\rho|\varphi_a\rangle = \sum_n P_n C_{nb} C_{na}^* = \rho_{ab}^* \tag{3.83}$$

は，以下に述べるように，分極に関係している．

3.4.4 密度演算子の運動方程式（リウヴィル-フォン・ノイマン方程式）

密度演算子は，リウヴィル-フォン・ノイマン（Liouville-von Neumann）方程式と呼ばれる以下の運動方程式にしたがうことが知られている．相互作用のハミルトニアン H_1 に対して，

$$\dot\rho(t) = -\frac{i}{\hbar}[H_1, \rho(t)]. \tag{3.84}$$

密度演算子の行列要素（ab）に関する運動方程式に書きなおすと，

$$\begin{aligned}
i\hbar\dot\rho_{ab}(t) &= \langle a|[H_1,\rho]|b\rangle \\
&= \sum_k \{\langle a|H_1|k\rangle\langle k|\rho(t)|b\rangle - \langle a|\rho(t)|k\rangle\langle k|H_1|b\rangle\} \\
&= \sum_k (H_{1ak}\rho_{kb}(t) - \rho_{ak}H_{1kb}) = (H_1\rho(t) - \rho(t)H_1)_{ab} \\
&= [H_1, \rho(t)]_{ab}.
\end{aligned} \tag{3.85}$$

また，緩和現象を，減衰項として現象論的に導入すると，

$$i\hbar\dot\rho_{ab}(t) = \langle a|[H_1,\rho]|b\rangle - i\hbar\gamma_{ab}(\rho - \rho_{\text{th}})_{ab} \tag{3.86}$$

ρ_{th} は，熱平衡状態における ρ を表す．

この微分方程式は解析的には解けないが，逐次的に以下のように書くことができる．

$$\rho(t)=\rho_0(t)+\rho_1(t)+\rho_2(t)+\cdots+\rho_n(t)+\cdots$$
$$\rho_0(t)=\rho(t_0)$$
$$\rho_1(t)=\left(-\frac{i}{\hbar}\right)\int_{t_0}^{t}dt_1[H_1(t_1),\rho(t_0)]$$
$$\rho_2(t)=\left(-\frac{i}{\hbar}\right)^2\int_{t_0}^{t}dt_1\int_{t_0}^{t_1}dt_2[H_1(t_1),[H_1(t_2),\rho(t_0)]]$$
$$\vdots$$
$$\rho_n(t)=\left(-\frac{i}{\hbar}\right)^n\int_{t_0}^{t}dt_1\int_{t_0}^{t_1}\cdots\int_{t_0}^{t_{n-1}}dt_n[H_1(t_1),[H_1(t_2),\cdots,[H_1(t_n),\rho_0]\cdots]]$$
(3.87)

したがって,
$$\rho_{1,ab}(t)=C_1(t)e^{-\tilde{\omega}t} \tag{3.88}$$

とすると,
$$i\hbar\dot{C}_1=[H_1,\rho_0]_{ab}e^{\tilde{\omega}(t'-t)} \tag{3.89}$$

だから,
$$i\hbar C_1(t)=\int_0^t[H_1,\rho_0]_{ab}e^{\tilde{\omega}(t'-t)}dt', \tag{3.90}$$

$$i\hbar\rho_{1,ab}(t)=\int_0^t[H_1,\rho_0]_{ab}e^{\tilde{\omega}(t'-t)}dt', \qquad \tilde{\omega}=i\omega_{ab}+\gamma_{ab}. \tag{3.91}$$

同様に,
$$i\hbar\rho_{2,ab}(t)=\int_0^t[H_1,\rho_1]_{ab}e^{\tilde{\omega}(t'-t)}dt', \tag{3.92}$$

$$i\hbar\rho_{3,ab}(t)=\int_0^t[H_1,\rho_2]_{ab}e^{\tilde{\omega}(t'-t)}dt' \tag{3.93}$$

が求められる.

3.4.5 密度演算子の行列表示から分極を求める

準備ができたので，いよいよ分極を求めてみよう．一般に，ある物理量の期待値を求めるには，その物理量に密度演算子をかけて対角和 (Tr) をとればよいから，分極の表式は

$$P(t)=N\langle\mu(t)\rangle=\text{Tr}[\rho(t)\mu(t)] \tag{3.94}$$

で与えられる．また, n 次の分極は, ρ_n を用いて,

$$P^{(n)}(t)=N\ Tr[\rho_n(t)\mu(t)]=N\sum_a\langle a|\rho_n(t)\mu(t)|a\rangle$$
$$=N\sum_{ab}\langle a|\rho_n(t)|b\rangle\langle b|\mu(t)|a\rangle=N\sum_{ab}\rho_{n,ab}(t)\mu_{ba}(t) \tag{3.95}$$

3.4　2次，3次非線形分極の理論

と表されるから，結局 ρ_{ab} を求めればよいことになる．まず，1 次の分極を求めるために，1 次の密度演算子の行列表示，式（3.91）

$$i\hbar\rho_{1,ab}(t)=\int_0^t [H_1,\rho_0]_{ab} e^{\tilde{\omega}(t'-t)}dt', \qquad \tilde{\omega}=i\omega_{ab}+\gamma_{ab}$$

から，$[H_1,\rho_0]$ を求める．$H_1=\mu\cdot E$ とすると，

$$\begin{aligned}
[H_1,\rho_0] &= \langle a|[H_1,\rho_0]|b\rangle = \langle a|H_1\rho_0|b\rangle - \langle a|\rho_0 H_1|b\rangle \\
&= \sum_m \{\langle a|H_1|m\rangle\langle m|\rho_0|b\rangle - \langle a|\rho_0|m\rangle\langle m|H_1|b\rangle\} \\
&= \sum_m [-\mu_{am}E(t)\cdot\rho_{0,mb}+\rho_{0,am}\mu_{mb}E(t)] \\
&= \rho_{0,aa}\mu_{ab}E(t)-\rho_{0,bb}\mu_{ab}E(t) \\
&= (\rho_{0,aa}-\rho_{0,bb})\mu_{ab}E(t).
\end{aligned} \qquad (3.96)$$

ただし，$\mu_{aa}=0$，$\rho_{0,\alpha\beta}=0(\alpha\neq\beta)$ とする．ここで，z 方向に伝搬する入射光電場 E を，

$$E(\omega,k,t)=\sum_p E(\omega_p)e^{i(k_p z-\omega_p t+\phi_{0p})}=\sum_p E(\omega_p,k_p)e^{-i\omega_p t} \qquad (3.97)$$

とすると，

$$\begin{aligned}
\rho_{1,ab}^{(t)} &= \frac{-i}{\hbar}(\rho_{0,aa}-\rho_{0,bb})\mu_{ab}\sum_p E(\omega_p,k_p)\int_0^t e^{-i\omega_p t'}e^{-(i\omega_{ab}+\gamma_{ab})(t+t')}dt' \\
&= \frac{-i}{\hbar}(\rho_{0,aa}-\rho_{0,bb})\mu_{ab}\sum_p E(\omega_p,k_p)\frac{e^{-i\omega_p t}-e^{-i\omega_{ab}t}e^{-\gamma_{ab}t}}{i(\omega_{ab}-\omega_p-i\gamma_{ab})}.
\end{aligned} \qquad (3.98)$$

また，$t\gg 1/\gamma$ とすると，

$$\begin{aligned}
\rho_{1,ab}^{(t)} &= \frac{i}{\hbar}(\rho_{0,bb}-\rho_{0,aa})\mu_{ab}\sum_p \frac{\mu_{ab}E(\omega_p,k_p)}{\omega_{ab}-\omega_p-i\gamma_{ab}}e^{-i\omega_p t} \\
&= \frac{i}{\hbar}(\rho_{0,bb}-\rho_{0,aa})\mu_{ab}\sum_p\sum_j \frac{\mu^j_{ab}E(\omega_p,k_p)}{\omega_{ab}-\omega_p-i\gamma_{ab}}e^{-i\omega_p t}
\end{aligned} \qquad (3.99)$$

ここから 1 次の分極を求めると，

$$\begin{aligned}
P_i^{(1)}(t) &= N\langle\mu^i(t)\rangle = N\sum_{ab}\rho_{1,ab}^{(t)}\mu_{ba}^i(t) \\
&= \frac{N}{\hbar}\sum_{ab}(\rho_{0,bb}-\rho_{0,aa})\sum_p\sum_j \frac{\mu^j_{ab}\mu^i_{ba}E(\omega_p,k_p)}{\omega_{ab}-\omega_p-i\gamma_{ab}}e^{-i\omega_p t}.
\end{aligned} \qquad (3.100)$$

この式を以下の分極の表式を比較すると，

$$\begin{aligned}
P_i^{(1)}(t) &= \sum_p P_i^{(1)}(\omega_p,k_p)e^{-i\omega_p t}, \\
P_i^{(1)}(\omega_p,k_p) &= \varepsilon_0\sum_j \chi_{ij}^{(1)}(\omega_p)E_j(\omega_p,k_p) \quad (i,j=x,y,x),
\end{aligned} \qquad (3.101)$$

$$\sum_p [\varepsilon_0 \sum_j \chi_{ij}^{(1)}(\omega_p) E_j(\omega_p, k_p)] e^{-i\omega_p t} = \sum_p \sum_j \frac{N}{\hbar} \sum_{ab} (\rho_{0,bb} - \rho_{0,aa}) \frac{\mu_{ab}^j \mu_{ba}^i E(\omega_p, k_p)}{\omega_{ab} - \omega_p - i\gamma_{ab}} e^{-i\omega_p t}.$$
(3.102)

$\omega_{ab} = -\omega_{ba}, \gamma_{ab} = \gamma_{ba}$ だから

$$P_i^{(1)}(t) = \sum_p P_i^{(1)}(\omega_p, k_p) e^{-i\omega_p t},$$
$$P_i^{(1)}(\omega_p, k_p) = \varepsilon_0 \sum_j \chi_{ij}^{(1)}(\omega_p) E_j(\omega_p, k_p) \quad (i, j = x, y, x),$$
(3.103)

$$\omega_{ab} = -\omega_{ba}, \qquad \gamma_{ab} = \gamma_{ba}$$
(3.104)

とすると，μ の行列要素は実数だから

$$\begin{aligned}\varepsilon_0 \sum_j \chi_{ij}^{(1)}(\omega_p) &= \frac{N}{\hbar} \sum_{ab} (\rho_{0,bb} - \rho_{0,aa}) \frac{\mu_{ab}^j \mu_{ba}^i}{\omega_{ab} - \omega_p - i\gamma_{ab}} \\ &= \frac{N}{\hbar} \sum_{ab} \left\{ -\rho_{0,aa} \frac{\mu_{ab}^j \mu_{ba}^i}{\omega_{ab} - \omega_p - i\gamma_{ab}} + \rho_{0,bb} \frac{\mu_{ab}^j \mu_{ba}^i}{\omega_{ab} - \omega_p - i\gamma_{ab}} \right\} \\ &= \frac{N}{\hbar} \sum_{ab} \rho_{0,aa} \left\{ \frac{\mu_{ab}^j \mu_{ba}^i}{\omega_{ab} + \omega_p + i\gamma_{ab}} - \frac{\mu_{ba}^j \mu_{ab}^i}{-\omega_{ab} + \omega_p + i\gamma_{ab}} \right\},\end{aligned}$$
(3.105)

$(\chi_{ij}^{(1)}(\omega_p))^* = \chi_{ij}^{(1)}(-\omega_p)$,
$\mu_{ab}^j \mu_{ba}^i = \mu_{ba}^j \mu_{ab}^i$

が成り立つ．したがって，

$$\varepsilon_0 \chi_{ij}^{(1)}(\omega_p) = \frac{N}{\hbar} \sum_b \mu_{ba}^i \mu_{ab}^j \frac{-2\omega_{ba}}{\omega_p^2 - \omega_{ba}^2 - \gamma_{ba}^2 + i2\omega_p \gamma_{ba}}$$
(3.106)

ただし $\hbar\omega_{ab} \gg k_B T, \rho_{0,aa} = 1$ とする．すなわち，励起以前は，すべての状態は完全に a に分布している．$P // E$ かつ，ω_p は，方向によらない，b の幅はせまい，とすると，$\chi_{ij}^{(1)}(\omega) \to \chi^{(1)}(\omega)$

等方物質では，

$$|\mu_{ba}^i|^2 = |\mu_{ba}^j|^2 = |\mu_{ba}^k|^2 = (1/3)|\mu_{ab}|^2$$
(3.107)

だから　振動子強度 f_{ab} を導入すると，

$$f_{ba} = \frac{2m\hbar\omega_{ba}}{3\hbar^2 e^3} |\mu_{ba}|^2, \qquad \sum_b f_{ba} = 1,$$
(3.108)

$$\varepsilon_0 \chi^{(1)}(\omega_p) = \sum_b f_{ba} \frac{Ne^2}{m} \frac{\omega_p^2 - \omega_{ba}^2 + \gamma_{ba}^2 + 2i\omega_p \gamma_{ba}}{(\omega_p^2 - \omega_{ba}^2 - \gamma_{ba}^2)^2 + 4\omega_p^2 \gamma_{ba}^2} = \varepsilon_0 \{\chi_1^{(1)}(\omega_p) + i\chi_2^{(1)}(\omega_p)\}.$$
(3.109)

この式から，以下のように1次分極に対応する誘電率（線形誘電率）の実部と虚部が求められる．

3.4 2次,3次非線形分極の理論　　　　　　　　　67

$$\mathrm{Re}\,\varepsilon = \varepsilon_0 + \sum_b f_{ba} \frac{Ne^2}{m} \frac{\omega_{ba}^2 - \omega_p^2 + \gamma_{ba}^2}{(\omega_{ba}^2 - \omega_p^2 - \gamma_{ba}^2)^2 + 4\omega_p^2 \gamma_{ba}^2}, \quad (3.110)$$

$$\mathrm{Im}\,\varepsilon = \sum_b f_{ba} \frac{Ne^2}{m} \frac{2\omega_p \gamma_{ba}}{(\omega_{ba}^2 - \omega_p^2 - \gamma_{ba}^2)^2 + 4\omega_p^2 \gamma_{ba}^2}. \quad (3.111)$$

古典論から求められる式 (3.64)

$$P^{(1)}(\omega) = \varepsilon_0 \chi^{(1)}(\omega_1) = N\frac{e^2}{m}D(\omega_1), \quad D(\omega_1) = \frac{\omega_0^2 - \omega_1^2 + i\gamma\omega_1}{(\omega_0^2 - \omega_1^2)^2 + \gamma^2 \omega_1^2} \quad (3.112)$$

と比較すると，ローレンツ型の波形は同様に導かれるが，式 (3.110)〜(3.111) には，遷移確率を表す $\mu_{ba}(f_{ba})$ が物質の微視的情報として含まれている．すなわち，電子状態の波動関数の対称性などを含む，ある程度定量的な議論を行うためには，半古典論を用いる必要があることがわかる．また，式 (3.108) では，終状態 b について和をとることによって，複数の遷移に対する分極を記述することができる．

3.4.6　2次分極の表式とダブルファインマンダイアグラムによる表記法

同様に2次の密度演算子から2次分極を求める．まず2次の密度演算子は，式 (3.92)

$$i\hbar\rho_{2,ab}(t) = \int_0^t [H_1, \rho_1]_{ab} e^{\bar{\omega}(t'-t)} dt'$$

と表されることを思い出そう．また

$$[H_1, \rho_1]_{ab} = \sum_m (H_{1,am}\rho_{1,mb} - \rho_{1,am}H_{1,mb}) = \sum_m (-\mu_{am}\rho_{1,mb} + \rho_{1,am}\mu_{mb})E(t) \quad (3.113)$$

ここで，1次の密度演算子はすでに式 (3.73) のように求められている．

$$\begin{aligned}\rho_{1,mb} &= \frac{i}{\hbar}(\rho_{0,bb} - \rho_{0,mm})\sum_q \sum_j \frac{\mu_{mb}^j E_j(\omega_q, k_p)}{\omega_{bm} - \omega_q - i\gamma_{mb}} e^{-i\omega_q t}, \\ \rho_{1,am} &= \frac{i}{\hbar}(\rho_{0,mm} - \rho_{0,aa})\sum_q \sum_j \frac{\mu_{mb}^j E_j(\omega_q, k_p)}{\omega_{am} - \omega_q - i\gamma_{am}} e^{-i\omega_q t}.\end{aligned} \quad (3.114)$$

そこで，

$$\begin{aligned}[H_1, \rho_1]_{ab} &= \frac{1}{\hbar}\sum_m (\rho_{0,mm} - \rho_{0,bb})\sum_{pq}\sum_{jk} \frac{\mu_{am}^k \mu_{mb}^j}{\omega_{bm} - \omega_q - i\gamma_{mb}} E_k(\omega_q, k_q) E_j(\omega_p, k_p) e^{-i(\omega_p + \omega_q)t} \\ &\quad + \frac{1}{\hbar}\sum_m (\rho_{0,mm} - \rho_{0,aa})\sum_{pq}\sum_{jk} \frac{\mu_{am}^j \mu_{mb}^k}{\omega_{bm} - \omega_q - i\gamma_{mb}} E_j(\omega_q, k_q) E_j(\omega_p, k_p) e^{-i(\omega_p + \omega_q)t}\end{aligned}$$

$$(3.115)$$

以上の式から，2次の密度演算子を求めると，

$$\rho_{2,ab}(t) = \frac{-i}{\hbar} e^{-(i\omega_{ab}+\gamma_{ab})t} \int_0^t [H_1, \rho_1]_{ab} e^{(i\omega_{ab}+\gamma_{ab})t'} dt'$$

$$= \frac{1}{\hbar^2} \sum_m \sum_{pq} \sum_{jk} (A-B) \times E_j(\omega_p, k_p) E_k(\omega_q, k_q) e^{-i(\omega_p+\omega_q)t},$$

$$A = \frac{(\rho_{0,bb} - \rho_{0,mm})(\mu_{am}^k \mu_{mb}^j)}{(\omega_{ab} - \omega_p - \omega_q - i\gamma_{ab})(\omega_{mb} - \omega_q - i\gamma_{mb})},$$

$$B = \frac{(\rho_{0,mm} - \rho_{0,aa})(\mu_{am}^j \mu_{mb}^k)}{(\omega_{ab} - \omega_p - \omega_q - i\gamma_{ab})(\omega_{am} - \omega_q - i\gamma_{am})}.$$

(3.116)

2次分極は以下の表式で表されるから

$$P_i^{(2)}(t) = N \sum_{ab} \rho_{2,ab}(t) \mu_{ab}^i(t) \tag{3.117}$$

$$\frac{1}{\hbar^2} \sum_{abm} \sum_{pq} \sum_{jk} \left\{ (\rho_{0,bb} - \rho_{0,mm}) \frac{\mu_{am}^k \mu_{mb}^j \mu_{ba}^i}{V_{ab} U_{mb}(q)} - (\rho_{0,mm} - \rho_{0,aa}) \frac{\mu_{am}^j \mu_{mb}^k \mu_{ba}^i}{V_{ab} U_{am}(q)} \right\}$$

$$\times E_j(\omega_p, k_p) E_k(\omega_q, k_q) e^{-i(\omega_p+\omega_q)t}$$

$$= \sum_{pq} \sum_{jk} \varepsilon_0 \chi_{ijk}^{(2)}(\omega_s, \omega_p, \omega_q) E_j(\omega_p, k_p) E_k(\omega_q, k_q) e^{-i(\omega_p+\omega_q)t}$$

(3.118)

が導かれる．

$$\chi_{ijk}^{(2)}(\omega_s, \omega_p, \omega_q) = \frac{N}{\varepsilon_0 \hbar^2} \sum_{abm} \left\{ (\rho_{0,bb} - \rho_{0,mm}) \frac{\mu_{am}^k \mu_{mb}^j \mu_{ba}^i}{V_{ab} U_{mb}(q)} - (\rho_{0,mm} - \rho_{0,aa}) \frac{\mu_{am}^j \mu_{mb}^k \mu_{ba}^i}{V_{ab} U_{am}(q)} \right\}$$

$$V_{ab} \equiv \omega_p + \omega_q - \omega_{ab} + i\gamma_{ab}, \qquad U_{mb}(q) \equiv \omega_q - \omega_{mb} + i\gamma_{mb}$$

(3.119)

j, p と i, q を同時に交換しても等価（固有置換対称性）だから，

$$\varepsilon_0 \chi_{ijk}^{(2)}(\omega_s, \omega_p, \omega_q) = \varepsilon_0 \chi_{ikj}^{(2)}(\omega_s, \omega_q, \omega_p).$$

したがって，これらの式は同じなのでたして2で割ってもかわらない．したがって，

$$\chi_{ijk}^{(2)}(\omega_s, \omega_p, \omega_q) = \frac{N}{2\varepsilon_0 \hbar^2} \sum_{abm} (C-D),$$

$$C = (\rho_{0,bb} - \rho_{0,mm}) \left(\frac{\mu_{am}^k \mu_{mb}^j \mu_{ba}^i}{V_{ab} U_{mb}(q)} + \frac{\mu_{am}^j \mu_{mb}^k \mu_{ba}^i}{V_{ab} U_{am}(p)} \right),$$

$$D = (\rho_{0,mm} - \rho_{0,aa}) \left(\frac{\mu_{am}^k \mu_{mb}^j \mu_{ba}^i}{V_{ab} U_{am}(q)} + \frac{\mu_{am}^j \mu_{mb}^k \mu_{ba}^i}{V_{ab} U_{am}(p)} \right),$$

$$U_{am}(q) \equiv \omega_q - \omega_{am} + i\gamma_{am}, \qquad U_{mb}(p) \equiv \omega_p - \omega_{mb} + i\gamma_{mb}, \qquad U_{am}(p) \equiv \omega_p - \omega_{am} + i\gamma_{am}$$

(3.120)

3.4 2次, 3次非線形分極の理論

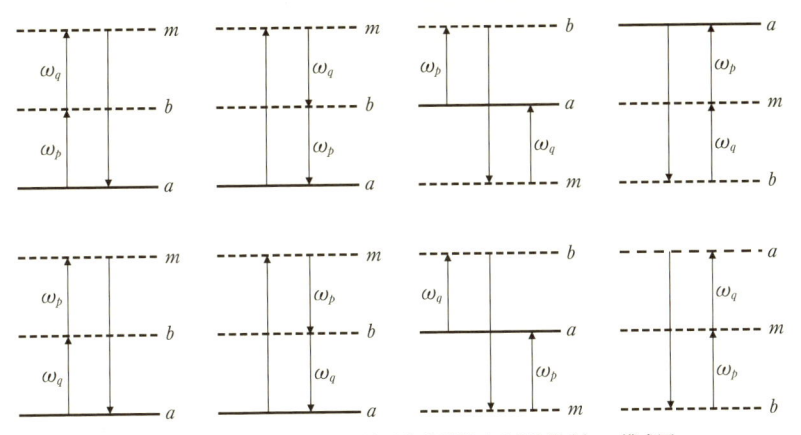

図 3.5 準位図を用いた 2 次非線形光学過程（三光波混合）の模式図.

$$\chi^{(2)}_{ijk}(\omega_s, \omega_p, \omega_q)$$
$$= \frac{N}{2\varepsilon_0 \hbar^2} \sum_{abm} \left\{ (\rho_{0,bb} - \rho_{0,mm}) \frac{\mu^k_{am}\mu^j_{mb}\mu^i_{ba}}{V_{ab}U_{mb}(q)} - (\rho_{0,mm} - \rho_{0,aa}) \frac{\mu^j_{am}\mu^k_{mb}\mu^i_{ba}}{V_{ab}U_{am}(q)} \right\} \quad (3.121)$$
$$= \frac{N}{\varepsilon_0 \hbar^2} \sum_{abm} \left\{ (\rho_{0,bb} - \rho_{0,mm}) \frac{\mu^j \mu^k_{mb}\mu^i_{ba}}{V_{ab}U_{mb}(p)} - (\rho_{0,mm} - \rho_{0,aa}) \frac{\mu^k_{am}\mu^j_{mb}\mu^i_{ba}}{V_{ab}U_{am}(p)} \right\}.$$

ここで,

$$[i\ k\ j] = \mu^i_{am}\mu^k_{mb}\mu^j_{ba} \quad (3.122)$$

と表し, $m \to b \to a$ と書き換えて, すべての項を $\rho_{0,aa}$ で書けるようにすると,

$$\chi^{(2)}_{ijk}(\omega_s, \omega_p, \omega_q) = \frac{N}{2\varepsilon_0 \hbar^2} \rho_{0,aa} \sum_{abm} (E - F),$$
$$E = \left(\frac{[ikj]}{V_{ma}U_{ba}(q)} + \frac{[ijk]}{V_{ma}U_{ba}(p)} \right) - \left(\frac{[jik]}{V_{bm}U_{am}(q)} + \frac{[kij]}{V_{bm}U_{am}(p)} \right), \quad (3.123)$$
$$F = \left(\frac{[kij]}{V_{bm}U_{ba}(q)} + \frac{[jki]}{V_{bm}U_{ba}(p)} \right) - \left(\frac{[jki]}{V_{ab}U_{am}(q)} + \frac{[kji]}{V_{ab}U_{am}(p)} \right)$$

となる（図 3.5）.

ファインマンによる分極の表記法（ダブルファインマンダイアグラム：図 3.6）は, 上記の式 (3.121) を漏れなく書き表すために便利な方法であり, 以下の3つの規則がある.

i) 左がケット, 右がブラの時間発展
ii) 時間は下から上へ進行
iii) 右向き矢印は光の入射, 左向き矢印は光の放出

図3.6 ダブルファインマンダイアグラムの模式図.

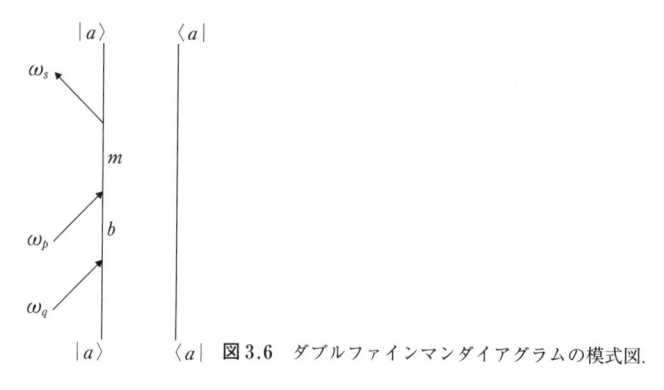

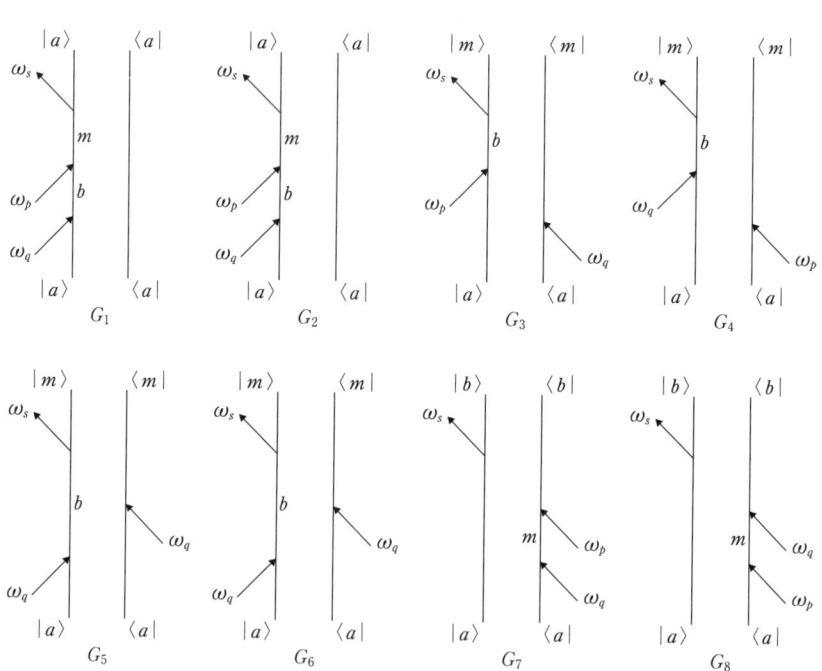

図3.7 ダブルファインマンダイアグラムを用いた2次非線形光学過程（3光波混合）の模式図.

ケットとブラ状態の組み合わせには，$aa \to ba \to ma$，$aa \to am \to bm$，$aa \to ba \to bm$，$aa \to am \to ab$ の4種類があるが，それぞれに p, q の入れ替えがあるので，計8種類の組み合わせがある．

すべて図示すると，図3.7のようになる．

3.4.7 3次非線形分極

同様に，3次の分極についても式 (3.95) から

$$P_i^{(3)}(t) = N \sum_{ab} \rho_{3,ab}(t) \mu_{ba}^i(t) = \sum_{pqr} P_i^{(3)}(\omega_s) e^{-i\omega_{pqr} t} \tag{3.124}$$

であり，また，$\rho_{3,ab}(t)$ は，式 (3.93)

$$i\hbar \rho_{3,ab}(t) = \int_0^t [H_1, \rho_2]_{ab} e^{(i\omega_{ab}+\gamma_{ab})(t'-t)} dt'$$

から計算できる．仮想準位を m, n とすると

$$\begin{aligned}
[H_1, \rho_2]_{ab} &= \langle a|H_1\rho_2|b\rangle - \langle a|H_1\rho_2|b\rangle \\
&= \sum_n (-\langle a|\mu|n\rangle\langle n|\rho_2|b\rangle E(t)) + \sum_m (-\langle a|\rho_2|m\rangle\langle m|\mu|b\rangle E(t)) \\
&= \sum_n (-\mu_{an}\rho_{2,nb})E(t) + \sum_m (\rho_{2,am}\mu_{mb})E(t).
\end{aligned} \tag{3.125}$$

式 (3.125) の $\rho_{2,nb}, \rho_{2,am}$ は，すでに，式 (3.116) で求めた $\rho_{2,ab}$ を書き換えて

$$\rho_{2,nb}(t) = \frac{1}{\hbar^2} \sum_m \sum_{pq} \sum_{jk} \left\{ \frac{(\rho_{0,bb}-\rho_{0,mm})(\mu_{nm}^k\mu_{mb}^j)}{(-V_{am})(-U_{nm})} - \frac{(\rho_{0,nn}-\rho_{0,mm})(\mu_{nm}^j\mu_{mb}^k)}{(-V_{nb})(-U_{nm})} \right\} \times E_j(\omega_p, k_p) E_k(\omega_q, k_q) e^{-i(\omega_p+\omega_q)t}, \tag{3.126}$$

$$\rho_{2,am}(t) = \frac{1}{\hbar^2} \sum_n \sum_{pq} \sum_{jk} \left\{ \frac{(\rho_{0,mm}-\rho_{0,nn})(\mu_{am}^k\mu_{nm}^j)}{(-V_{am})(-U_{nm})} + \frac{(\rho_{0,aa}-\rho_{0,nn})(\mu_{an}^j\mu_{nm}^k)}{(-V_{am})(-U_{an})} \right\} \times E_j(\omega_p, k_p) E_k(\omega_q, k_q) e^{-i(\omega_p+\omega_q)t} \tag{3.127}$$

と表せる．したがって，

$$\begin{aligned}
[H_1, \rho_2]_{ab} &= \frac{1}{\hbar^2} \sum_{mn} \sum_{pq} \sum_{jkl} \left\{ \frac{(\rho_{0,mm}-\rho_{0,bb})(\mu_{an}^j\mu_{nm}^k\mu_{mb}^l)}{(V_{nb})(U_{mb})} + \frac{(\rho_{0,mm}-\rho_{0,nn})(\mu_{an}^l\mu_{nm}^j\mu_{mb}^k)}{(V_{nb})(U_{nm})} \right. \\
&\quad \left. + \frac{(\rho_{0,mm}-\rho_{0,nn})(\mu_{an}^k\mu_{nm}^j\mu_{mb}^l)}{(V_{am})(U_{nm})} + \frac{(\rho_{0,aa}-\rho_{0,nn})(\mu_{an}^j\mu_{nm}^k\mu_{mb}^l)}{(V_{am})(U_{an})} \right\} \\
&\quad \times E_{jk}(\omega_p, k_p) E_k(\omega_q, k_q) e^{-i(\omega_p+\omega_q+\omega_l)t}
\end{aligned} \tag{3.128}$$

であり，式 (3.95) から，

$$\rho_{3,ab} = \frac{-i}{\hbar^3} e^{-(i\omega_{ab}+\gamma_{ab})t} \sum_{mn} \sum_{pq} \sum_{jkl} \left\{ \frac{(\rho_{0,mm}-\rho_{0,bb})(\mu_{an}^l\mu_{nm}^k\mu_{mb}^j)}{(V_{nb})(U_{mb})} + \frac{(\rho_{0,mm}-\rho_{0,nn})(\mu_{an}^l\mu_{nm}^j\mu_{mb}^k)}{(V_{nb})(U_{nm})} \right.$$
$$\left. + \frac{(\rho_{0,mm}-\rho_{0,nn})(\mu_{an}^k\mu_{nm}^j\mu_{mb}^l)}{(V_{am})(U_{nm})} + \frac{(\rho_{0,aa}-\rho_{0,nn})(\mu_{an}^j\mu_{nm}^k\mu_{mb}^l)}{(V_{am})(U_{an})} \right\}$$

$$\times E_{jk}(\omega_p, k_p) E_k(\omega_q, k_q) \int_0^t e^{(i\omega_{ab}+\gamma_{ab})t'} e^{-i(\omega_p+\omega_q+\omega_l)t'} dt'$$

$$= \frac{-i}{\hbar^3} \sum_{mn} \sum_{pq} \sum_{jkl} \left\{ \frac{(\rho_{0,mm}-\rho_{0,bb})(\mu_{an}^l \mu_{nm}^k \mu_{mb}^j)}{(V_{nb})(U_{mb})} + \frac{(\rho_{0,mm}-\rho_{0,nn})(\mu_{an}^l \mu_{nm}^j \mu_{mb}^k)}{(V_{nb})(U_{nm})} \right.$$
$$\left. + \frac{(\rho_{0,mm}-\rho_{0,nn})(\mu_{an}^k \mu_{nm}^j \mu_{mb}^l)}{(V_{am})(U_{nm})} + \frac{(\rho_{0,aa}-\rho_{0,nn})(\mu_{an}^j \mu_{nm}^k \mu_{mb}^l)}{(V_{am})(U_{an})} \right\}$$

$$\times E_{jk}(\omega_p, k_p) E_k(\omega_q, k_q) \frac{1}{W_{ab}} [e^{-i\omega_{pqr}t} - e^{-(i\omega_{ab}+\gamma_{ab})t}]$$

(3.129)

が得られる. ただし, $W_{\alpha\beta} \equiv \omega_p+\omega_q+\omega_r-\omega_{\alpha\beta}+i\gamma_{\alpha\beta}$, $V_{\alpha\beta} \equiv \omega_p+\omega_q-\omega_{\alpha\beta}+i\gamma_{\alpha\beta}$, $U_{\alpha\beta} \equiv \omega_p-\omega_{\alpha\beta}+i\gamma_{\alpha\beta}$ である. さらに, 式 (3.124) を用いて求めた $P^{(3)}$ と,

$$P_i^{(3)}(\omega_s) = \varepsilon_0 \sum_{jkl} \chi_{ijkl}^{(3)}(\omega_s, \omega_p, \omega_q, \omega_r) E_j(\omega_p, k_p) E_k(\omega_q, k_q) E_l(\omega_r, k_r),$$
$$(i, j, k, l) = x, y, z$$

(3.130)

を比較して,

$$\varepsilon_0 \chi_{ijkl}^{(3)}(\omega_s, \omega_p, \omega_q, \omega_r)$$

$$= \frac{N}{\hbar^3} \sum_{abmn} \left\{ \frac{(\rho_{0,mm}-\rho_{0,bb})(\mu_{an}^l \mu_{nm}^k \mu_{mb}^j)}{(V_{nb})(U_{mb})} + \frac{(\rho_{0,mm}-\rho_{0,nn})(\mu_{an}^l \mu_{nm}^j \mu_{mb}^k)}{(V_{nb})(U_{nm})} \right.$$
$$\left. + \frac{(\rho_{0,mm}-\rho_{0,nn})(\mu_{an}^k \mu_{nm}^j \mu_{mb}^l)}{(V_{am})(U_{nm})} + \frac{(\rho_{0,aa}-\rho_{0,nn})(\mu_{an}^j \mu_{nm}^k \mu_{mb}^l)}{(V_{am})(U_{an})} \right\} \frac{\mu_{ab}^i}{W_{ab}}$$

$$= \frac{N}{\hbar^3} \sum_{abmn} \left\{ \frac{(\rho_{0,mm}-\rho_{0,bb})(\mu_{an}^l \mu_{nm}^k \mu_{mb}^j \mu_{ab}^i)}{(W_{ab})(V_{nb})(U_{mb})} + \frac{(\rho_{0,mm}-\rho_{0,nn})(\mu_{an}^l \mu_{nm}^j \mu_{mb}^k \mu_{ab}^i)}{(W_{ab})(V_{nb})(U_{nm})} \right.$$
$$\left. + \frac{(\rho_{0,mm}-\rho_{0,nn})(\mu_{an}^k \mu_{nm}^j \mu_{mb}^l \mu_{ab}^i)}{(W_{ab})(V_{am})(U_{nm})} + \frac{(\rho_{0,aa}-\rho_{0,nn})(\mu_{an}^j \mu_{nm}^k \mu_{mb}^l \mu_{ab}^i)}{(V_{am})(U_{an})} \right\}$$

(3.131)

が得られる. 2次分極の場合と同様に, $a \to b \to m \to n$ と交換することによって書き換えると

$$\varepsilon\varepsilon_0 \chi_{ijkl}^{(3)}(\omega_s, \omega_p, \omega_q, \omega_r) = \frac{N}{\hbar^2} \sum_{abmn} (M_1+M_2+M_3+\cdots+M_8),$$

$$M_1 = \rho_{0,aa} \frac{\mu_{mn}^i \mu_{an}^j \mu_{ba}^k \mu_{mb}^l}{W_{mn} V_{bn} U_{an}}, \qquad M_2 = -\rho_{0,aa} \frac{\mu_{an}^i \mu_{ab}^j \mu_{bm}^k \mu_{mn}^l}{W_{na} V_{ma} U_{ba}},$$

$$M_3 = \rho_{0,aa} \frac{\mu_{mn}^i \mu_{ba}^j \mu_{an}^k \mu_{mb}^l}{W_{mn} V_{bn} U_{ba}}, \qquad M_4 = -\rho_{0,aa} \frac{\mu_{bm}^i \mu_{an}^j \mu_{nm}^k \mu_{ba}^l}{W_{bm} V_{am} U_{an}}, \quad (3.132)$$

$$M_5 = \rho_{0,aa} \frac{\mu_{mn}^i \mu_{ba}^j \mu_{mb}^k \mu_{an}^l}{W_{mn} V_{ma} U_{ba}}, \qquad M_6 = -\rho_{0,aa} \frac{\mu_{bm}^i \mu_{an}^j \mu_{ba}^k \mu_{mn}^l}{W_{bm} V_{bn} U_{an}},$$

$$M_7 = \rho_{0,aa} \frac{\mu_{ab}^i \mu_{an}^j \mu_{nm}^k \mu_{mb}^l}{W_{ab} V_{am} U_{an}}, \qquad M_8 = -\rho_{0,aa} \frac{\mu_{bm}^i \mu_{ba}^j \mu_{an}^k \mu_{nm}^l}{W_{bm} V_{bn} U_{ba}}$$

3.4 2次, 3次非線形分極の理論

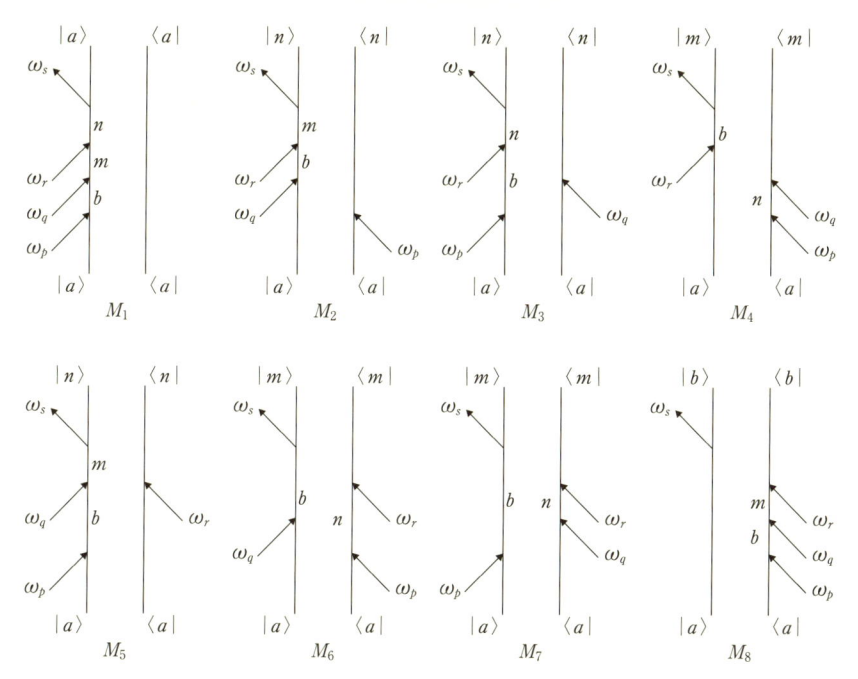

図 3.8 ダブルファインマンダイアグラムを用いた3次非線形光学過程（4光波混合）の模式図.

となる．ただし，$W_{\alpha\beta} \equiv \omega_p + \omega_q + \omega_r - \omega_{\alpha\beta} + ir_{\alpha\beta}$, $V_{\alpha\beta} \equiv \omega_p + \omega_q - \omega_{\alpha\beta} + ir_{\alpha\beta}$, $U_{\alpha\beta} \equiv \omega_p - \omega_{\alpha\beta} + ir_{\alpha\beta}$ である．図 3.8 に 2 準位系の $\chi^{(3)}$ のダブルファインマンダイアグラムを示す．

このような3次の非線形光学過程は，式 (3.132) 上では，3つの光を入射して，1つの光を放射していることになり，計4つの光が関与しているという意味で4光波混合と呼ばれる．（SHG や OPA など2次の非線形光学効果は，2つの光が入射して，1つの光が放出されるので，3光波混合である）．この過程は，すでに述べたように，第3高調波発生や，吸収飽和，2光子吸収，縮退4光波混合など多くの現象の起源として知られるが，ここでは，図 3.9 のような，2つの実準位 (a, b) が関与しており，$\omega_p - \omega_q$ が a と b のエネルギー差に共鳴している場合を考えてみよう．通常の準位図とダブルファインマンダイアグラムで書くと図 3.8（a）（b）のようになる．ω_p と ω_q の2つの励起光によって b 準位をコヒーレントに励起し，さらに $\omega_r(=\omega_p)$ の光によって n 準位へ励起され，そこから ω_p の光を放出して基底状態へ戻る．前半部2つの過程でコヒーレントに励起を行った

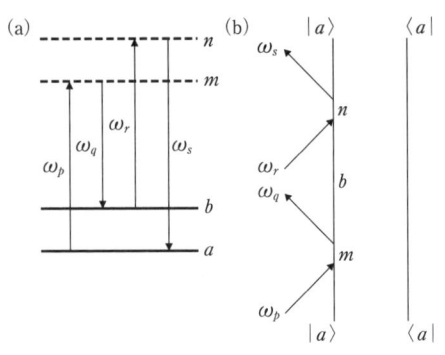

図 3.9 (a) 準位図と (b) ダブルファインマンダイアグラムを用いた CARS の模式図.

後に，反ストークスラマン散乱を測っているとみなすこともできるので，コヒーレント反ストークスラマン散乱（CARS）とも呼ばれる．また，3 光波すべてが a と b のエネルギー差に共鳴した場合は，縮退 4 光波混合になる．縮退 4 光波混合では，入射光と同じ波長の光が，$2k_p - k_q$, $2k_q - k_p$ の方向に放出される．

4 超短光パルスの発生と伝搬

　前章では，強いレーザー光の振動電場によって，物質の光応答に，さまざまな非線形性が生じることを述べた．このような非線形性は，ピコ秒（10^{-12} 秒，ps）やフェムト秒（10^{-15} 秒，fs）のいわゆる超短パルスレーザーが出現したことにより，初めて大きな注目を集めることになった [4-1]．光パルスの短縮化によって，短時間当たりの電場強度が飛躍的に増大したからである．同じパルスエネルギーを持つナノ秒レーザーとフェムト秒レーザーでは，実に1万倍以上もの電場強度の違いがある．テラヘルツ光発生を含む波長変換技術は，高強度，高安定なフェムト秒レーザーの普及によって，この10年の間に飛躍的に進歩したと言える．

　また，10～100 fs という，原子や分子の振動の1周期にも匹敵する短い時間幅のパルスは，すでに，化学反応や固体物理学などの基礎科学分野において光と物質の相互作用の仕組みを次々に明らかにしているほか，光コンピュータや光通信のための超高速（テラビット/秒以上）スイッチングへの応用も期待されている．このような超短パルス光は，実験室で身近に見られるヘリウムネオンレーザーや半導体レーザーなどの CW（連続）光とは何が異なるのであろうか？　本章では，光パルスの重要な性質であるスペクトル形状と時間波形の関係（4.1節）や，パルス光の媒質中の伝搬（4.2節）について概説した後，超短パルスの発生法（4.3節）や波長可変技術（4.4節），パルス特性の測定法（4.5節）に関しても述べる．

4.1　パルス幅とスペクトル幅

　振動電磁場である光において，第1章と同様に，磁場成分の影響は小さいとして無視しよう．時間と振動数に関するフーリエ変換の定義から，光の振動数をデルタ関数的に（幅なく）決定するためには，無限の間，電場の振動が続いている

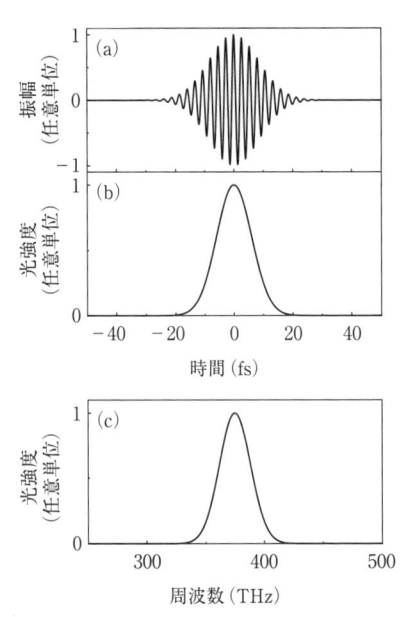

図 4.1 中心波長 $1.6\,\mu\mathrm{m}$ ($375\,\mathrm{THz}$), パルス幅 $15\,\mathrm{fs}$ のガウス型光パルス. (a) 電場の振動波形, (b) パルスの強度波形, (c) フーリエ変換から得られる強度スペクトル.

必要がある. では, 光の持続時間が有限になったとき, その振動数の特性はどのように変化するのだろうか. ここでは, 図 4.1 に示すような時間的に局在した電場の振動を平面波と包絡線の積として記述し, その様子を調べてみよう.

$$E(t) = A(t)\exp[-i(\omega_0 t - \phi(\omega))] \tag{4.1}$$

本来 $E(t)$ はベクトルとして扱うべきであるが, ここでは簡単のためにスカラーで扱うことにする. $A(t)$ は光パルスの包絡線を表す項であり, ガウス関数や sech^2 関数などが用いられる. 振動項における ω_0 は光パルスの "中心" 角周波数である. 時間的な局在性から光パルスは有限のスペクトル幅を有する (図 4.1(c)).

光パルスの包絡線 $A(t)$ とスペクトルは, フーリエ変換によって関係づけられ, 強度波形

$$I(t) = |E(t)|^2 = |A(t)|^2 \tag{4.2}$$

の半値全幅 (パルス幅) Δt と強度スペクトル

4.1 パルス幅とスペクトル幅

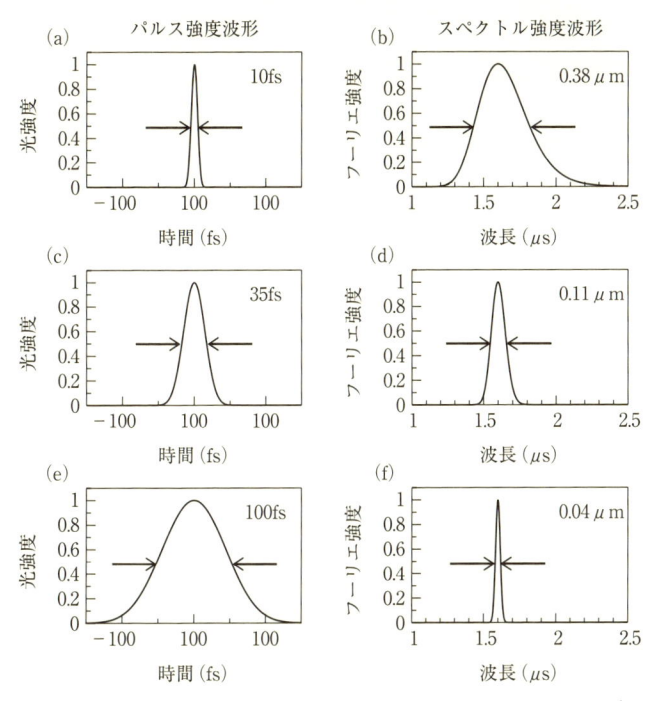

図 4.2 上から，10 fs，35 fs，100 fs のパルス幅を持つガウス型パルス光（中心波長 1.6 μm）のパルス強度波形とそのフーリエ変換限界強度スペクトル．

$$\tilde{I}(\omega) = |\tilde{E}(\omega)|^2 \tag{4.3}$$

の半値全幅（スペクトル幅）$\Delta\omega$ の間には，次式の関係が成り立つ．ただし，第1章でも述べたように，「～」（チルダ）は時間軸上の応答関数をフーリエ変換することによって求めた周波数応答関数であることを示す．

$$\Delta t \cdot \Delta \omega \geq K \tag{4.4}$$

式 (4.4) に現れる定数 K は，パルス波形，あるいはスペクトル形状に依存した定数である．式 (4.4) から明らかなように，パルス幅が短くなればなるほどスペクトル幅は広がり，逆に，スペクトル幅が狭くなるとパルス幅は広くなる．式 (4.1) において，スペクトルとパルス波形の関係は，位相項 $\phi(\omega)$ によって記述されている．式 (4.4) において，最小の定数 K を与えるパルスはフーリエ変換限界（transform limited：TL）パルスと呼ばれ，この条件は，式 (4.1) において位相 $\phi(\omega)$ が角周波数 ω に比例する場合に対応する．位相項の詳細は次節で詳

しく調べることにし，本項では，TL パルスのパルス波形（包絡線）とスペクトル形状の対応関係を整理する．図 4.2 に，パルス幅 10 fs, 35 fs, 100 fs の近赤外光のパルス波形とスペクトル形状を示す（いずれの場合にも，中心角周波数は $1.6\,\mu m$）．

式 (4.4) の関係から，超短パルスを発生するめには，広帯域のスペクトルを得ることが必要条件となる．しかし，パルス波形とスペクトル形状の間に，図 4.2 に示した対応関係が成り立つのは TL パルスの場合，すなわち，位相 $\phi(\omega)$ が角周波数 ω に比例する場合だけである．この条件が満たされていなければ，いくらスペクトル幅が広くてもパルス幅は短くはならない．

4.2 媒質中でのパルス伝搬

4.2.1 位相シフト (PS)

z 方向に伝搬する光パルスの位相 $\phi(\omega)$ は次式で与えられる．

$$\phi(\omega) = k(\omega)z + \phi_0 \tag{4.5}$$

$k(\omega)$ は光パルスの波数である．以降，簡単のために，初期位相（carrier envelope phase: CEP）$\phi_0 = 0$ として話を進めよう．CEP は，数サイクル以下の極超短光パルスを記述する上で重要なパラメータであるが，ここでは考慮しない．波数 $k(\omega)$ は，媒質の屈折率 $n(\omega)$ を用いて以下の式で与えられる．

$$k(\omega) = \frac{\omega n(\omega)}{c} \tag{4.6}$$

c は真空中の高速である．以下では，媒質透過に伴う非線形効果を無視し，線形屈折率のみを扱う．一般に，媒質の屈折率は周波数依存性（屈折率分散）を示すので，光パルスが媒質を透過すると，位相が変調を受けてパルス幅が広がり，TL パルスではなくなる．分散媒質透過に伴う位相の変調を位相シフト（phase shift: PS）と呼び，以下の式で与えられる．

$$\phi(\omega) = k(\omega)l = \frac{\omega n(\omega)}{c}l \tag{4.7}$$

l は分散媒質の厚さ（光の伝搬距離）を表す．分散媒質が光パルスに与える影響を記述するために，PS を角周波数 ω で微分した量として，群遅延時間（GD）がしばしば用いられる．

4.2.2 群遅延時間（GD）

$$\frac{d\phi(\omega)}{d\omega} = \frac{dk(\omega)}{d\omega}l = \frac{l}{c}\left(n(\omega) + \omega\frac{dn(\omega)}{d\omega}\right) = \frac{l}{v_g(\omega)} = t_g(\omega) \qquad \text{(s)} \qquad (4.8)$$

群遅延時間（group delay：GD）は，光パルスが分散媒質を透過する際に生じる時間遅れの周波数依存性を与える．$v_g(\omega)$ は媒質中における光パルスの群速度である．光パルスが分散媒質を通過する際，光パルスに含まれる各周波数成分がそれぞれ異なる速度で伝搬するために，周波数に応じて異なる量の時間遅れ（位相シフト）が生じる．その結果，透過後のパルス幅は広がることになる．この振動数の時間依存性は"チャープ（chirp）"と呼ばれる．光パルスに含まれる全周波数成分に対して群遅延時間が一定である場合，すなわち，$t_g(\omega)=\text{const.}$ の場合には，媒質透過に伴う周波数成分間の時間的なずれはなく，パルス幅は変化しない．光パルスのチャープ特性をより詳しく調べるために，GD をさらに ω で微分した群速度分散（GDD）と呼ばれる量が用いられることもある．

4.2.3 群速度分散（GDD）

$$\frac{d^2\phi(\omega)}{d\omega^2} = \frac{d^2k(\omega)}{d\omega^2}l = \frac{l}{c}\left(2\frac{dn(\omega)}{d\omega} + \frac{d^2n(\omega)}{d\omega^2}\right) = \frac{dt_g(\omega)}{d\omega} \qquad \text{(s}^2\text{)} \qquad (4.9)$$

群速度分散（group delay dispersion：GDD）が正である場合（GDD>0），すなわち，GD が角周波数 ω に関して単調に増大する場合，光パルスに含まれる周波数成分のうち，高周波成分の方が低周波成分に比べて時間遅れが大きい．つまり，低周波成分の方が高周波成分よりも"先に"分散媒質を透過する（図 4.3 (a)）．このような GD を与える分散媒質は，正常分散媒質と呼ばれる．逆に，GDD が負の場合（GDD<0）には，高周波成分の方が低周波成分よりも"先に"分散媒質を透過する（図 4.3 (b)）．このような GD を与える分散媒質を，異常分散媒質と呼ぶ．正常分散媒質を透過した光パルスは"正のチャープ"を示し，異常分散媒質を透過した光パルスは"負のチャープ"を示すと表現することもできる．後に詳しく述べるように，光学ガラスとしてよく用いられる合成石英やBK7 など多くの物質では，可視光領域では正常分散媒質として機能するが，赤外光領域では異常分散媒質として働く．

4.2.4 PS の展開係数としての GD と GDD

前節では，群遅延時間（GD）と群速度分散（GDD）をそれぞれ，位相シフト

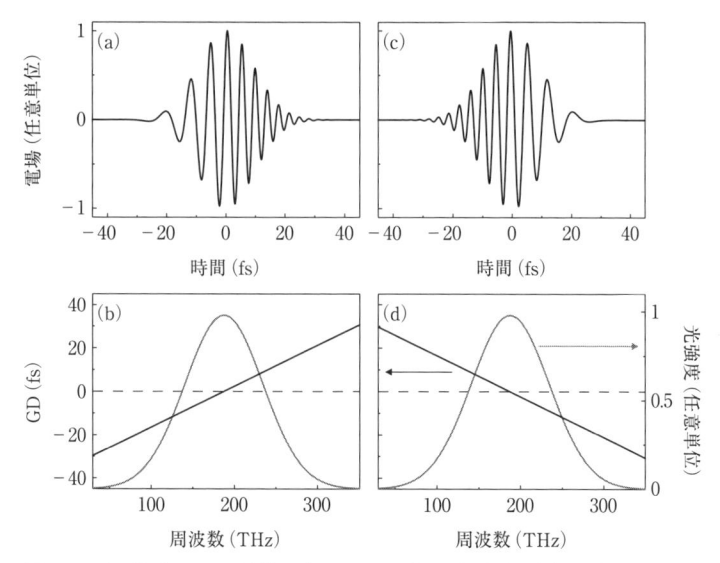

図 4.3 正の線形チャープを持つ光パルスの (a) 電場波形, (b) 強度スペクトル (灰色線) と群遅延時間 (黒線). 負の線形チャープを持つ光パルスの (c) 電場波形, (d) 強度スペクトル (灰色線) と群遅延時間 (黒線).

(PS) の ω に関する 1 階微分と 2 階微分で定義した. しかし, これらの量は PS を光パルスの中心角周波数 ω_0 の近傍でテイラー展開したときの 1 次と 2 次の展開係数として定義されることもある.

$$\phi(\omega) = \phi^{(0)}(\omega_0) + \phi^{(1)}(\omega_0)(\omega - \omega_0) + \frac{1}{2}\phi^{(2)}(\omega_0)(\omega - \omega_0)^2 + \cdots, \quad (4.10)$$

$$\phi^{(0)}(\omega_0) = k(\omega_0)l = \frac{\omega_0 n(\omega_0)}{c}l, \quad (4.11)$$

$$\phi^{(1)}(\omega_0) = \frac{d\phi(\omega_0)}{d\omega} = \frac{dk(\omega_0)}{d\omega}l = \frac{l}{c}\left(n(\omega_0) + \omega_0\frac{dn(\omega_0)}{d\omega}\right) = \frac{l}{v_g(\omega_0)} = t_g(\omega_0), \quad (4.12)$$

$$\phi^{(2)}(\omega_0) = \frac{d^2\phi(\omega_0)}{d\omega^2} = \frac{d^2k(\omega_0)}{d\omega^2}l = \frac{l}{c}\left(2\frac{dn(\omega_0)}{d\omega} + \frac{d^2n(\omega_0)}{d\omega^2}\right) = \frac{dt_g(\omega_0)}{d\omega}. \quad (4.13)$$

$d\phi(\omega_0)/d\omega$ などの表式は, 微分した後に中心角周波数 ω_0 を代入することを意味する. 式 (4.12) が GD, 式 (4.13) が GDD である. この定義での GD は, 伝搬に伴う"パルスそのもの"の時間遅れを与えるものであり, パルス幅が広がる効果は含まれていない. パルス幅が広がる効果は高次の展開係数に含まれている. GDD がパルスに与えるチャープを線形チャープと呼び, さらに高次の展開係数が与えるチャープは 2 次のチャープ (2 次分散), 3 次のチャープ (3 次分

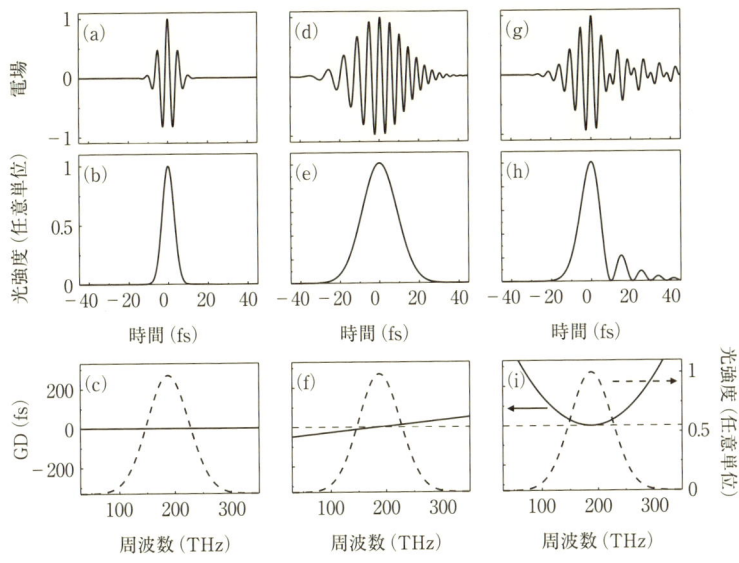

図 4.4 TL パルスの (a) 電場波形, (b) パルス強度波形, (c) 強度スペクトル (破線) と群遅延時間 (黒線). 正の線形チャープを有する光パルスの (d) 電場波形, (e) パルス強度波形, (f) 強度スペクトル (破線) と群遅延時間 (実線). 2 次の正チャープを有する (g) 電場波形, (h) パルス強度波形, (i) 強度スペクトル (破線) と群遅延時間 (実線) [4-4].

散), …などと呼ばれる. 図 4.4 に, 線形チャープと 2 次のチャープの効果を示す. 〜100 fs の幅のパルスを扱う際にはほとんどの場合 GDD までを考慮すればよく, より高次の項は近似的に 0 として扱われることが多い. しかし, 近年盛んに開発が進められているモノサイクル〜数サイクルに対応するような極超短パルスのスペクトルに対しては, より高次の項まで考慮する必要がある. しかしパルス幅がきわめて短く, スペクトルが広い場合, "中心波長の周りに展開する" という近似そのものが妥当ではなくなる.

4.2.5 光学ガラスと非線形結晶の屈折率分散

レンズや窓材として光学ガラスを用いる際には, 一般に, 材料の電子遷移や格子振動の共鳴ピークから離れた波長領域を使う. 可視光領域では合成石英や N-BK7 などがよく利用され, 近-中赤外光領域ではフッ化カルシウム (CaF_2) やフッ化バリウム (BaF_2) などのフッ化物, 中-遠赤外光領域ではセレン化亜鉛 (ZnSe) やゲルマニウム (Ge), シリコン (Si) などが用いられる. ここでは,

4.2.6 セルマイヤの方程式

光学ガラスの線形屈折率は，以下のセルマイヤ（Sellmeier）方程式によって記述されるのが一般的である．しかし，この方程式は光学ガラスの種類によって異なることがあるので注意が必要である．

$$n = \left(\frac{B_1 \lambda^2}{\lambda^2 - C_1} + \frac{B_2 \lambda^2}{\lambda^2 - C_2} + \frac{B_3 \lambda^2}{\lambda^2 - C_3} + 1 \right)^{\frac{1}{2}}. \quad (4.14)$$

B_i および C_i ($i=1,2,3$) はセルマイヤ係数と呼ばれ，たいていの場合，この値はガラスメーカーのカタログに記載されている．ここで，B_i は無次元パラメータであるが，C_i は波長の二乗の次元を持つパラメータである．表 4.1 に，本研究で用いた光学ガラス（合成石英（FS），N-BK7（BK7），サファイア，フッ化カルシウム，フッ化バリウム，SF56（SF56A））のセルマイヤ係数を示す．

次に，可視-赤外光領域における極超短パルス発生によく用いられる非線形結晶である β-BBO（β-BaB$_2$O$_4$）結晶の屈折率分散を調べる．β-BBO 結晶の屈折率分散は，以下のセルマイヤ方程式によって記述される．

$$n = \left(\frac{B_1}{\lambda^2 - C_1} - B_2 \lambda^2 + B_3 \right)^{\frac{1}{2}}. \quad (4.15)$$

常光線と異常光線に対するセルマイヤ係数を表 4.2 に示す．

図 4.5 に，セルマイヤ方程式から得られる代表的な光学ガラスの赤外光領域における屈折率分散，GD，GDD を示す [4-5]．合成石英と N-BK7 はほぼ同様の GD を示し，1.2 μm 以下の短波長領域では正常分散媒質として，1.2 μm 以上の

表 4.1 光学ガラスのセルマイヤ係数．BaF$_2$ は [4-2]，それ以外は [4-3]．

	B_1	B_2	B_3	C_1	C_2	C_3
合成石英	0.6961663	0.4079426	0.8974794	0.0046791	0.0135121	97.9340025
N-BK7	1.03961212	0.231792344	1.01046945	0.00600069867	0.0200179144	103.560653
CaF$_2$	0.5675888	0.4710914	3.8484723	0.00252643	0.01007833	1200.5560
BaF$_2$	0.643356	0.506762	3.8261	0.00333957	0.0120297	2151.70
Sapphire(n_o)	1.4313493	0.65054713	5.3414021	0.00527993	0.01423827	325.0178
Sapphire(n_e)	1.5039759	0.55069141	6.5927379	0.00548026	0.01479943	402.8951
SF56	1.70579259	0.344223052	1.09601828	0.0133874699	0.0579561608	121.616024

4.2 媒質中でのパルス伝搬

図 4.5 光学ガラスが光パルスに与える（a）屈折率分散，（b）群遅延時間，（c）群速度分散．FS：合成石英 [4-4]．

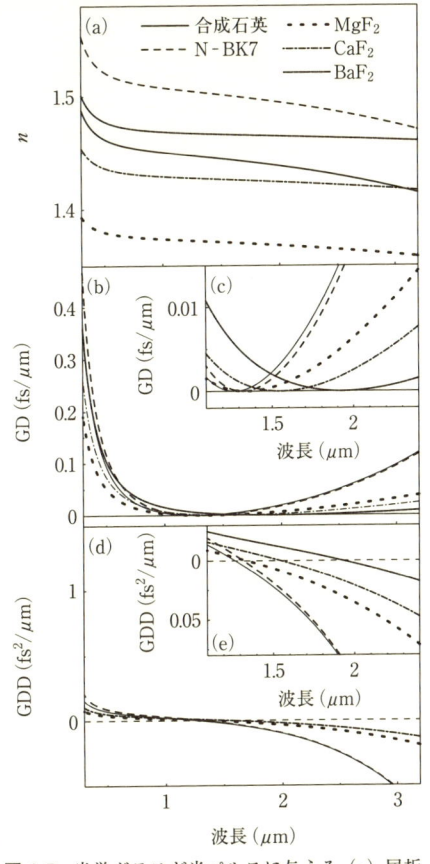

表 4.2 β-BBO 結晶のセルマイヤ係数 [4-4]．

	B_1	B_2	B_3	C_1
β-BBO(n_o)	0.01878	0.01354	2.7359	0.01822
β-BBO(n_e)	0.01224	0.01516	2.3753	0.01667

長波長領域では異常分散媒質として機能する．群速度分散が 0 となる波長（あるいは角周波数）はゼロ分散点と呼ばれる．フッ化物は，第 2 族元素に応じてゼロ分散点が異なる．ゼロ分散点近傍では GD が小さくなる（線形チャープがゼロとみなせる）ため，使用する光パルスの帯域に応じてこれらのガラスを使い分けるとチャープ量が抑えられる．図 4.6 に，厚さ 1 mm の分散媒質が赤外光パルスに与える影響を示す．ただし，図 4.5 と図 4.6 で示した GD においては，波形に影響を与えないオフセット（定数）を差し引いて示している．

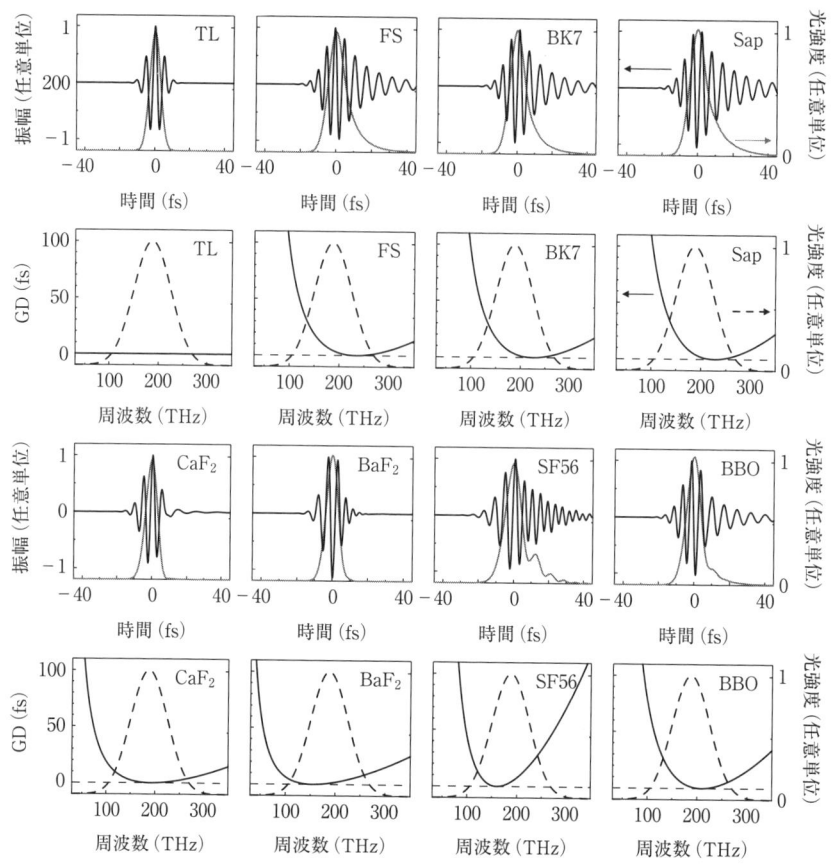

図 4.6 光学ガラスの分散特性一覧．電場波形，強度波形，GD，強度スペクトル．
Sap：Sapphier（サファイア）[4-5]．

4.3 超短パルスの発生：モード同期

　前節で述べたような群遅延や群速度分散による効果が顕在化するのは，パルス幅が 100 fs 以下の場合である．本節では，そのような，いわゆる超短パルスレーザーの動作原理について概説する．パルス光の発生にはさまざまな方法があるが，ナノ秒よりも短いパルスレーザーの発生法としては，Q スイッチやキャビティダンプなどの方法が知られている．これらの方法は，共振器中に損失を導入したり，共振器ミラーの透過率を変化させることによって共振器のなかに蓄積さ

れた分布反転密度や光のエネルギーを，一気に放出することによってパルス発振を可能にしている．しかし，ピコ秒（10^{-12} 秒）よりも短い超短パルス光の発生法としては，モード同期と呼ばれる方法がもっとも一般的である．現在広く普及しているフェムト秒チタンサファイアレーザーやファイバーレーザーで用いられている仕組みである．

4.3.1 モード同期の原理

レーザー共振器中には，光軸方向（光の伝搬方向）に対して多数の電磁波モード（縦モード）が存在し，その n 番目のモードの電場は，

$$E_n(t) = E_0 e^{i(\omega + nc\pi/L)t} \quad (n = 0, 1, \cdots, N-1) \tag{4.16}$$

で表される．ただし，L は共振器長である．これらの縦モードの電場を足し合わせると，

$$E = \sum_n E_n(t) = E_0 e^{i\omega t} \sum_{n=0}^{N-1} e^{i\pi nct/L} \tag{4.17}$$

となる．

$$\sum_{n=0}^{N-1} e^{i\pi nct/L} = 1 + e^{i\pi ct/L} + e^{2i\pi ct/L} + \cdots = \frac{\sin(N\pi ct/2)}{\sin(\pi ct/2L)} \times e^{(N-1)i\pi ct/2L} \tag{4.18}$$

を用いれば，光強度は

$$I = EE^* = E_0^2 \frac{\sin^2(N\pi ct)/2L}{\pi ct/2L} \tag{4.19}$$

と求められる（図4.7）．多くの縦モードを足し合わせれば，得られるパルスは，より短くなることがわかる．

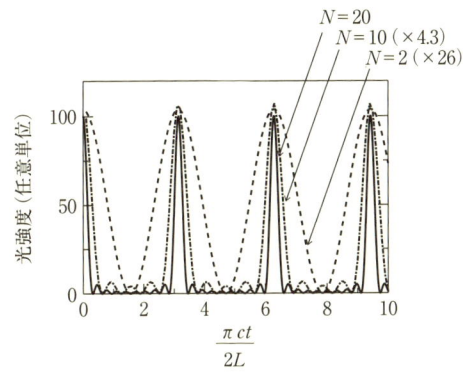

図 4.7 式（4.3）を実際に計算したもの．実線（$N=20$），一点鎖線（$N=10$），破線（$N=2$）．

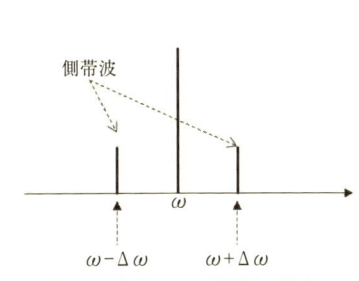

図 4.8 変調による側帯波の発生．

4.3.2 モード同期の方法：能動モード同期と受動モード同期

実際に，式（4.17）のように，縦モードの足し算を行うためには，モード間の位相が固定（同期）されている必要がある．モード同期は，共振器の電磁波に変調を加えることによって各モードの位相を同期させる方法である．たとえば，振動数 ω の基本波の強度 $I_0 e^{-i\omega t}$ に $\Delta\omega$ の変調をかけたとき，その時間特性は以下の式で表される．

$$I'(t) = I_0 e^{-i\omega t}\{1 + a\cos(-\Delta\omega t + \phi)\} = I_0 e^{-i\omega t} + \frac{1}{2}I_0\{e^{-i(\omega+\Delta\omega)t + i\phi} + e^{-i(\omega_0 - \Delta\omega)t - i\phi}\}$$

(4.20)

この光のスペクトルは，図 4.8 のように基本波の周波数の両側（$\pm\Delta\omega$）に側帯波を持つ．式（4.20）から，この側帯波と基本波の位相関係は固定されている．ここで，$\Delta\omega = 2\pi c/(2L)$ とすれば側帯波は，ちょうど隣の縦モードと一致し，この位相の固定された側帯波によってとなりの縦モードの位相を引き込んで固定することが可能になる．実際に，共振器長に合わせた振動数 $c/(2L)$ の変調をかける方法としては，共振器の中に過飽和吸収体などを入れることによって，レーザーが通過した際に損失を下げる受動（passive）モード同期と，外部変調素子によって損失をかける能動（active）モード同期，それらを組み合わせたハイブリ

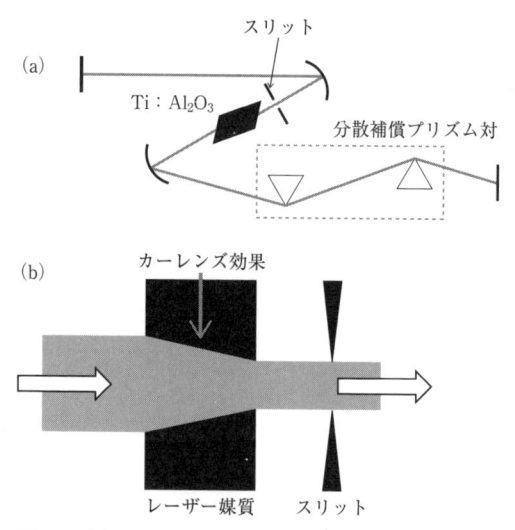

図 4.9 （a）チタンサファイアレーザーの共振器構造の模式図，（b）カーレンズモード同期（KLM）の模式図．

ッドタイプがある．また，チタンサファイアレーザー（図4.9 (a)）では，レーザーの利得媒質におけるカーレンズ効果を用いている．過飽和吸収体のかわりに利得媒質のカーレンズ効果とスリットによって，光が共振器を往復するたびに損失を減らすことができる（図4.9 (b)）．それまでの色素レーザーに比べて，極端に簡単な共振器構造が可能になったことにより，高出力と高安定性を実現するモードロックチタンサファイアレーザーは広く普及した．現在では，とくに1.5 μ帯の低出力領域（〜数mW）では，より扱いの簡単なファイバーレーザーも普及しつつある．ファイバーレーザーのモードロックには，半導体過飽和吸収ミラーが用いられている．

4.4 光パルスの波長変換

前節で述べたモード同期フェムト秒レーザーは，1980年代の後半から，瞬く間に普及し，1990年代から20年以上にわたり，簡便に使える短パルスレーザー光源として使い続けられている．レーザーや光増幅器自体の同調性（チューナビリティ）が，レーザー媒質の利得帯域に制限される一方，その安定性が飛躍的に改善したことによって，第3章で述べた非線形光学効果による波長変換が実用化な手法となってきた．その中でも，パラメトリック増幅（OPA）を用いた方法は，比較的簡単に高強度の近赤外光を得られ，しかもそのSHG，SFG，DFGをとることにより，近紫外から中赤外まで，ほぼ切れ目なくフェムト秒パルスが発生できる．本節では，このOPAについて紹介しよう．

4.4.1 光パラメトリック増幅（OPA）

光パラメトリック増幅（optical parametric amplification：OPA）は，可視-赤外領域にわたる広範囲での波長変換技術として広く用いられてきた[4-6, 4-7]．とくに最近では，<5 fs（可視光領域）[4-6]，〜10 fs（赤外光領域）[4-8〜4-10]の極超短パルス発生の有効な手法としても発展している．図4.10にOPAの原理を模式的に示す．図4.10 (a)のように，非線形光学結晶に角周波数ω_sの弱い種光と角周波数ω_pの強い励起光を同時に入射すると，角周波数ω_s（$\omega_p > \omega_s$）の光が増幅される．増幅された光をシグナル（signal）光と呼ぶ．この時，エネルギー保存則から，種光と励起光の差周波に対応する角周波数$\omega_i = \omega_p - \omega_s$の光も同時に発生する．この光をアイドラー（Idler）光と呼ぶ．今後，下付き添え字

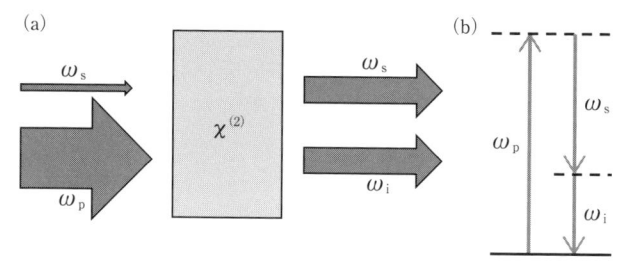

図4.10 パラメトリック増幅の模式図.

のs, iおよびpはそれぞれシグナル光,アイドラー光および励起光を示すものとする.図4.10 (b) に示したように,励起光がシグナル光とアイドラー光に対応する2つの光子に分かれる過程として説明することもできる.

4.4.2 完全位相整合条件

前章においてすでに述べたように,光パラメトリック過程において,シグナル光とアイドラー光が効率的に増幅されるためには,エネルギー保存則

$$\omega_p = \omega_s + \omega_i \tag{4.21}$$

と同時に,運動量(波数)保存則

$$\hbar k_p = \hbar k_s + \hbar k_i \tag{4.22}$$

も満たす必要がある.ここで,運動量保存則は以下のように書き直すことができる.

$$\Delta k \equiv k_p - (k_s + k_i) = 0. \tag{4.23}$$

この条件を位相整合条件(phase matching condition)と呼び,左辺のΔkを位相不整合と呼ぶ.前節で見たように,一般に波数(ベクトル)は角周波数の関数であり,

$$k(\omega) = \frac{\omega n(\omega)}{c} \tag{4.24}$$

によって与えられる.屈折率を用いて位相整合条件を書き直すと,以下のようになる.

$$\omega_p n(\omega_p) = \omega_s n(\omega_s) + \omega_i n(\omega_i). \tag{4.25}$$

この条件を満たす屈折率の組み合わせが実現されれば効率的なパラメトリック増幅が起こる.位相整合条件を満たす方法としてもっとも一般的なものの1つが第3章で述べた複屈折である.

4.4.3 β-BBO 結晶における位相整合角

一例として，β-BBO 結晶を用いたパラメトリック増幅について少し詳しく述べることにしよう．β-BBO 結晶は，チタンサファイアレーザーをベースとする高調波発生やパラメトリック増幅においてもっとも広範に使われている非線形光学結晶の1つである．発振波長～800 nm チタンサファイアレーザーを用いてパラメトリック増幅を行う場合，ⅰ) 第2高調波（～400 nm）を励起光，広帯域白色光の可視光部分（450～750 nm）をシグナル光とする方法（可視 OPA）と，ⅱ) 基本波（～800 nm）を励起光とし，広帯域白色光の赤外部（1.1～1.5 μm）をシグナルとする方法（赤外 OPA）がある．ここでは，後者の赤外 OPA について紹介する．図 4.11 に β-BBO の屈折率分散を示す．β-BBO 結晶は負の一軸性結晶であり，常光線と異常光線の主屈折率（それぞれ $n_o(\omega)$, $n_e(\omega)$ と表記する）の分散は図 4.11（a）のようになる．図 4.11（b）に示したように，結晶中を伝搬する光の進行方向と光学軸の間の角度 θ を変えることによって，異常光線の屈折率 $n_e(\omega, \theta)$ を，図 4.11（a）中の実線と破線の間の範囲内 $n_e(\omega) < n_e(\omega, \theta) < n_o(\omega)$ で選ぶことができる．図 4.12 に β-BBO 結晶の常光線と異常光線に対する屈折率面を示す．常光線の屈折率 $n_o(\omega)$ は光の伝搬方向（図 4.12 中破線矢印）に対して一定であり，円（球面）で表される．一方，異常光線の屈折率 $n_e(\omega)$ は角度 θ に依存して変化し，楕円（楕円体）で表される．このとき，ある角度 θ における常光線と異常光線の屈折率は，それぞれ，以下の式で記述される．

$$n_o(\omega, \theta) = n_o(\omega), \tag{4.26}$$

$$\frac{1}{n_e(\omega, \theta)^2} = \frac{\sin^2(\theta)}{n_e(\omega)^2} + \frac{\cos^2(\theta)}{n_o(\omega)^2}. \tag{4.27}$$

図 4.12 に，縮退 OPA（後述）における位相整合条件を示す．このように，異常光線の屈折率を調整することによって，式（4.23）で与えられる位相整合条件を満たすことができる．この時の角度 θ_m を位相整合角（phase matching angle：PMA）と呼ぶ．角度 θ_m を求めるためには，式（4.25）～（4.27）の3つの式を連立方程式として解けばよい．ここで，位相整合角 θ_m の存在条件として，シグナル光，アイドラー光，励起光のそれぞれを常光線 $n_o(\omega)$ と異常光線 $n_e(\omega, \theta)$ のどちらに選ぶかの自由度が存在し，実際には表 4.3 に示した3つの組み合わせがある．

例として，Type-Ⅰ配置の縮退 OPA における位相整合角 θ_m を示す．励起光，

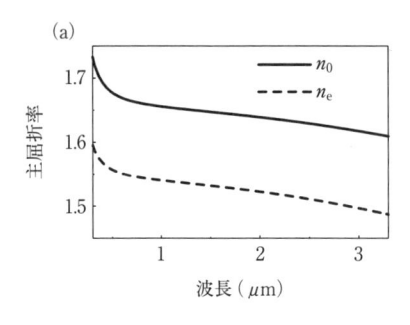

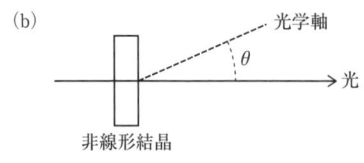

図 4.11 (a) β-BBO 結晶の屈折率分散と (b) 光学配置.

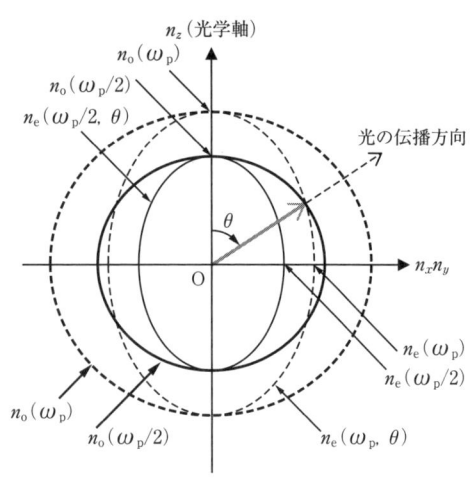

図 4.12 β-BBO 結晶の屈折率面. 光の伝播方向を図中の破線矢印の方向に選ぶことで位相整合条件が満たされる(実線 $n_o(\omega_p/2)$ と破線 $n_e(\omega_p, \theta)$ が重なる). この図では縮退 OPA における位相整合条件を示した.

表 4.3 OPA における偏光の組み合わせ. o は常光線を, e は異常光線を表す.

	偏光		
	シグナル光	アイドラー光	励起光
Type-I	o	o	e
Type-IIA	e	o	e
Type-IIB	o	e	o

シグナル光, アイドラー光の角周波数は以下の式で関係づけられる.

$$\omega_s = \omega_i = \frac{1}{2}\omega_p. \tag{4.28}$$

Type-I 配置においては, 式 (4.28) を式 (4.25) に代入することで位相整合条件は以下のようになる.

$$n_e(\omega_p, \theta) = n_o\left(\frac{1}{2}\omega_p\right). \tag{4.29}$$

この関係を図 4.11 (a) と図 4.12 に示した. 連立方程式を解くことにより, この場合の位相整合角は以下の式で与えられる.

$$\theta_m = \arcsin\left[\left(\frac{n_o\left(\frac{1}{2}\omega_p\right)^{-2} - n_o(\omega_p)^{-2}}{n_e(\omega_p)^{-2} - n_o(\omega_p)^{-2}}\right)^{\frac{1}{2}}\right] \tag{4.30}$$

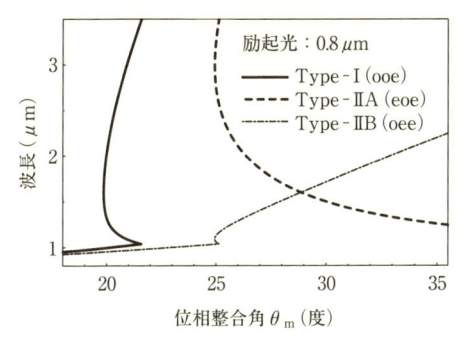

図 4.13 励起光が $0.8\,\mu\mathrm{m}$ の場合の OPA における β-BBO 結晶の位相整合角.

より一般的にシグナル光の角周波数 ω_s（あるいはアイドラー光の角周波数 ω_i）と位相整合角 θ_m の関係を調べるためには数値計算が必要である．式 (4.26) と (4.27) を実際に式 (4.25) に代入してみれば明らかなように，位相整合条件は角度 θ に関して三角関数の非線形方程式となり，SHG や縮退 OPA などの特別な場合を除いて解析的に解くことができない．一例として，励起光に $0.8\,\mu\mathrm{m}$，種光に $1\sim3\,\mu\mathrm{m}$ の近赤外光を用いたときの，Type-I, Type-II のそれぞれの配置における位相整合角を図 4.13 に示す．Type-I の条件では，$1\sim3\,\mu\mathrm{m}$ の近赤外光領域における位相整合角 θ_m の変化が小さいのが特徴である．このことは，ある特定の角度 θ に対して，広い波長範囲でパラメトリック増幅が可能であることを示す．これは，極超短パルス発生のための必要条件である広帯域スペクトルを得るのに適している．一方，Type-II の条件では，種光の波長に応じて位相整合角 θ_m が大きく変化する．したがって，角度 θ の調整によって特定の波長成分を選択的に増幅し，高効率な波長変換を行うことができる．

4.4.4 広帯域光パラメトリック増幅

図 4.13 からわかるように，Type-I の位相整合では，800 nm の励起光に対して，$\theta_\mathrm{m}=20\sim21$ 度で $1\sim3\,\mu\mathrm{m}$ の広帯域位相整合が可能になる．この性質を利用して ~10 fs の極超短パルスの発生が可能であることが示されている [4-5, 4-8]．このような広帯域パルスを増幅するためには，位相不整合（波数不整合）において，より高次の項を考慮する必要がある．今，広帯域な種光（シグナル光）の角周波数 ω_s を，中心角周波数 ω_s0 からのずれ $\Delta\omega \equiv \omega_\mathrm{s} - \omega_\mathrm{s0}$ で変数変換し，位相不整合に対してテイラー展開を行う．このとき，アイドラー光の角周波数 ω_i も

$\Delta\omega \equiv -(\omega_i - \omega_{i0})$ で書き直される．位相不整合 Δk を中心角周波数 ω_{s0} および ω_{i0} の近傍でテイラー展開すると以下のようになる．

$$\Delta k = \Delta k^{(0)} + \Delta k^{(1)} + \Delta k^{(2)} + \cdots \tag{4.31}$$

$$\Delta k^{(0)} = k_p(\omega_p) - k_s(\omega_{s0}) - k_i(\omega_{i0}) \tag{4.32}$$

$$\Delta k^{(1)} = -\frac{\partial k_s(\omega_{s0})}{\partial \omega_s}\Delta\omega - \frac{\partial k_i(\omega_{i0})}{\partial \omega_i}\Delta\omega = -\left(\frac{1}{v_{gs}} - \frac{1}{v_{gi}}\right)\Delta\omega = -(t_{gs} - t_{gi})\Delta\omega, \tag{4.33}$$

$$\Delta k^{(2)} = -\frac{\partial^2 k_s(\omega_{s0})}{\partial \omega_s^2}(\Delta\omega)^2 - \frac{\partial^2 k_i(\omega_{i0})}{\partial \omega_i^2}(-\Delta\omega)^2 = -\left(\frac{\partial^2 k_s(\omega_{s0})}{\partial \omega_s^2} + \frac{\partial^2 k_i(\omega_{i0})}{\partial \omega_i^2}\right)(\Delta\omega)^2. \tag{4.34}$$

ただし，展開係数は，波数 $k(\omega)$ を角周波数 ω で微分した後に中心角周波数を代入することを意味する．v_{gs} と v_{gi} はそれぞれシグナル光とアイドラー光の群速度，t_{gs} と t_{gi} はそれぞれシグナル光とアイドラー光の群遅延時間を表す．また，励起光は単色光と仮定した．

式 (4.31) で示した最低次の項は，シグナル光とアイドラー光の中心角周波数成分に対する位相不整合である．高次の項は，シグナル光とアイドラー光が広帯域であるために現れる．式 (4.33) で与えられる 1 次の項は，シグナル光とアイドラー光の群速度不整合（group velocity mismatch：GVM）による．シグナル光とアイドラー光が非線形結晶中を異なる群速度で伝搬し，互いに離れていく効果を反映している．式 (4.33) から明らかなように，シグナル光とアイドラー光の群速度不整合が小さいほど，広帯域での位相整合，すなわち，広帯域パルスのパラメトリック増幅が実現する．また，式 (4.34) で与えられる 2 次の項は，シグナル光とアイドラー光のそれぞれに対する群速度分散を含んでおり，伝搬に伴うパルスの伸延を反映している．群速度分散が小さいほど，すなわち，非線形結晶中の伝搬に伴ってパルスが伸びない方が，広帯域なパラメトリック増幅が起こることを示す（図 4.14）．群速度不整合を抑える方法としては，励起光とシグナル光を非同軸で結晶に入射する方法（noncollinear optical parametric amplifier：NOPA）がよく知られている [4-6, 4-7]．この方法では，励起光の方向の位相整合条件は

$$\Delta k = k_p - k_s\cos\alpha - k_i\cos\beta = 0 \tag{4.35}$$

となる．ただし，α, β は，それぞれ，励起光と，シグナル光，アイドラー光のなす非同軸角を表す（図 4.15）．

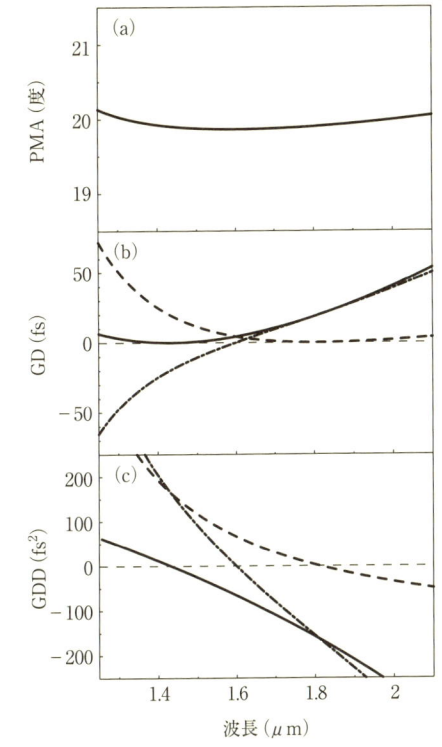

図 4.14 β-BBO 結晶を用いた縮退 OPA（Type-I, 励起光 0.8μm）における (a) 位相整合角（PMA），(b) 群遅延時間（GD）（実線：シグナル光, 破線：アイドラー光, 一点鎖線：シグナル光とアイドラー光の群遅延の差），(c) 群速度分散（GDD）（実線：シグナル光, 破線：アイドラー光, 一点鎖線：シグナル光とアイドラー光の群遅延の和）[4-5].

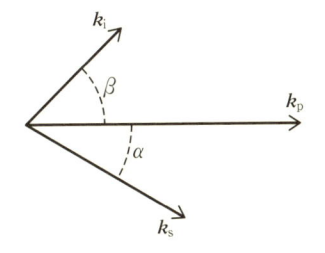

図 4.15 非同軸パラメトリック増幅（NOPA）の模式図

式（4.35）からわかるように，複屈折のみを利用する場合に比べて，非同軸角という自由度が増えることによって，位相整合がより広帯域で実現できるようになる．たとえば，チタンサファイアレーザーの第 2 高調波を励起光とする可視 OPA では，非同軸角を 3.7 度にとることによって可視光全域にわたる広帯域での位相整合が可能になる．この方法を用いて 5 fs 以下の極超短パルスが実現している [4-6]．

また，非線形結晶のゼロ分散点近傍でパラメトリック増幅を行う方法（縮退 OPA）によっても，広帯域の位相整合が可能になる [4-8, 4-9]．図 4.14 に示した

ように，β-BBO 結晶を Type-I の条件で用いた近赤外縮退 OPA は，位相整合角～20 度で β-BBO 結晶を用いることで，1.3～1.9 μm の広い波長領域にわたって位相整合角がほぼ一定であり，さらに，シグナル光とアイドラー光の波長が近く，かつ β-BBO 結晶のゼロ分散点も近い（1.45 μm）ことから群速度の不整合と群速度分散のいずれもが小さくなる．

4.4.5 疑似位相整合

広帯域の位相整合は，前節で述べたような複屈折や非同軸配置，縮退領域を用いる方法のほか，図 4.16 のような周期的分極反転デバイスを用いることによっても実現できる．赤外光領域のパラメトリック増幅には，周期分極反転 LiTaO$_3$ (periodically poled stoichiometric LiTaO$_3$ PPSLT) を用いた広帯域パルスの発生が最近報告されているので，ここではそれを紹介しよう [4-8, 4-10].

PPSLT は図 4.17 に示したように近赤外領域における郡速度不整合が小さいため，広帯域のシグナル発生が期待できる．図 4.18 に，光が非線形媒質中を伝搬する距離 z とシグナル/アイドラー光の電場振幅の関係を模式的に示す．位相が整合した場合（$\Delta k=0$），シグナル/アイドラー光の振幅は距離とともに単調に増加する（破線）．それに対し，位相が整合していない場合（$\Delta k\neq 0$），シグナル/アイドラー光の振幅は振動してしまう（一転鎖線）．これは，光のエネルギーがポンプ光とシグナル/アイドラー光との間を行ったり来たりしていると理解することができる．PPSLT では，位相不整合であっても光エネルギーがつねにポン

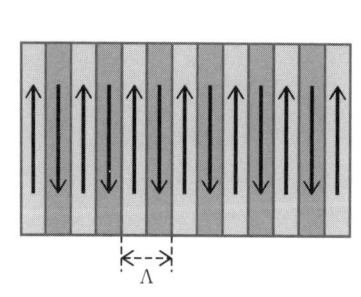

図 4.16　周期的に分極反転させた非線形結晶（反転周期 Λ）．

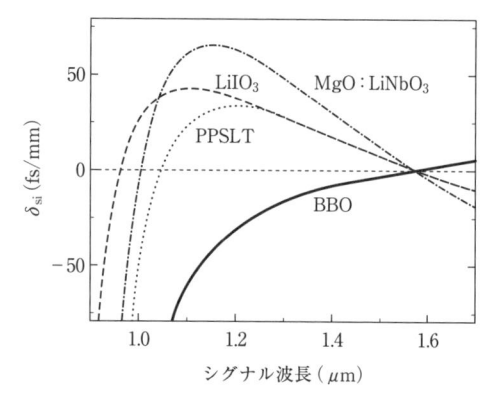

図 4.17　PPSLT や Type-I の BBO などのおもな非線形結晶における郡速度不整合．[4-8] より転載．

4.4 光パルスの波長変換

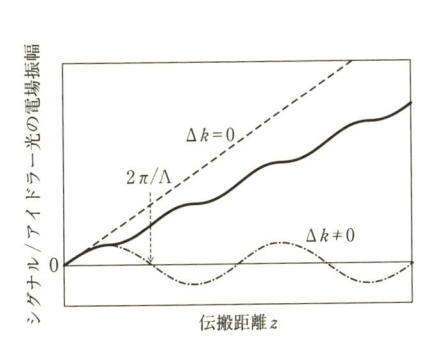

図 4.18 結晶中の伝搬距離に対する，アイドラー光の強度．一点鎖線：位相不整合，破線：完全位相整合，実線：疑似位相整合．Λ：分極の反転周期．

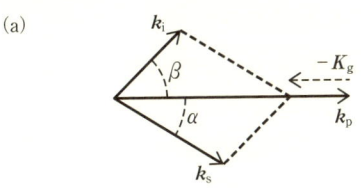

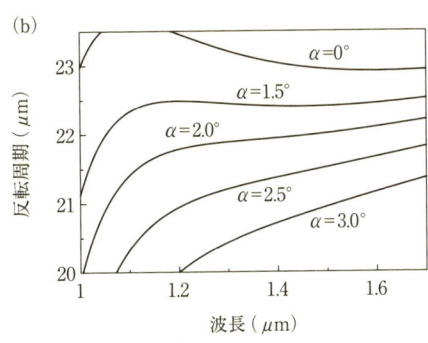

図 4.19 (a) PPSLT を用いた NOPA の模式図と (b) 角度 α において位相整合するシグナル波長の分極反転周期依存性

プ光からシグナル/アイドラー光へ向かうように，エネルギー移行の向きが逆転する伝搬距離（$z=2\pi/\Lambda$）で結晶の極性が反転するように設計されている．このようにすると，極性が反転する領域で位相不整合 Δk の符号が反転する．すると，シグナル/アイドラー光からポンプ光へ移行しかけていたエネルギー移行の向きが引き戻され，ポンプ光からシグナル/アイドラー光へと転じる．そうすると，図 4.18 の実線のようにつねにエネルギーがポンプ光からシグナル/アイドラー光へと向かう．

擬似位相整合では，位相整合条件 (4.23) 式は次のように書き換えられる．

$$\bm{k}_\mathrm{p}-\bm{K}_\mathrm{g}=\bm{k}_\mathrm{s}+\bm{k}_\mathrm{i} \tag{4.36}$$

ここで，$\bm{K}_\mathrm{g}=2\pi/\Lambda$（$\Lambda$ は分極の反転周期）である．つまり，Λ を変えることで位相整合が達成できるのである．このような結晶を用いた NOPA の模式図を図 4.19 (a) に示す．この場合，位相整合条件は次のようになる．

$$\begin{aligned}\Delta k_\mathrm{par}&=k_\mathrm{p}-K_\mathrm{g}-k_\mathrm{s}\cos\alpha-k_\mathrm{i}\cos\beta=0\\ \Delta k_\mathrm{perp}&=k_\mathrm{s}\sin\alpha-k_\mathrm{i}\sin\beta=0\end{aligned} \tag{4.37}$$

非線形結晶に PPSLT を用いた場合，ポンプとシグナルの角度 α を変えることに

より,位相整合条件は図4.19 (b)(ポンプ光の波長は$0.8\,\mu\mathrm{m}$)のように変化する.この図から,反転周期〜$22\,\mu\mathrm{m}$,ポンプ光とシグナル光のなす角αが〜2.0度のとき,もっとも広帯域で位相整合することがわかる.ここで,αは結晶内での角度であるため,PPSLTの屈折率を考慮すると,PPSLTに入射する前のポンプとシグナルの適切な角度は,〜4.5度である.

4.4.6 自己位相変調(SPM)

広帯域 OPA とともに光パルスの広帯域化技術として広く利用されているのは,自己位相変調 [4-11, 4-12] である.石英やサファイア結晶,光ファイバーなどに高強度な光パルスを入射した場合には,パルス波形に依存して屈折率が変化し,入射パルス自身が位相変調を受ける.この効果は自己位相変調(self-phase modulation:SPM)と呼ばれる.SPM によってスペクトルを広げられたパルスは,近紫外〜近赤外光領域における時間分解過渡スペクトル用のフェムト秒プローブ光として広範に用いられており,現在では,ダイオードアレイ検出器やCCD 検出器との組み合わせにより過渡スペクトル測定の標準的な光源として用いられている.最近では,<10 fs 極超短パルス発生のための超広帯域スペクトル発生にも有力な手法となっている.チタンサファイアレーザーを再生増幅器をベースとした,中空ファイバー中の希ガスにおける自己位相変調によって,数 fs のパルス発生が行われており,さらに OPA のシグナルとアイドラー光などの近赤外光を用いた試みも始まっている.

SPM は 3 次の非線形光学効果である.簡単のため,感受率テンソル$\chi^{(3)}$の対角項のみを扱うことにし,電場 E と分極 P はスカラーで記述する.光パルス入射に伴う 3 次の非線形分極 $P^{(3)}$ は,電場強度 I に依存する形式で書き直すことができる.

$$P^{(3)} = \varepsilon_0 \chi^{(3)} E^3 = \varepsilon_0 \chi^{(3)} |E|^2 E = \varepsilon_0 \chi^{(3)} IE. \tag{4.38}$$

今,感受率テンソルの実部のみに注目することにし,非線形屈折率

$$n_2 \equiv 2\varepsilon_0 \mathrm{Re}\,(\chi^{(3)}) \tag{4.39}$$

を用いて式(4.38)を書き直すと,以下のようになる.

$$P^{(3)} = \frac{1}{2} n_2 IE. \tag{4.40}$$

線形屈折率および線形分極は

$$n_0 \equiv \varepsilon_0 \mathrm{Re}\,(\chi^{(1)}), \tag{4.41}$$

4.4 光パルスの波長変換

$$P^{(1)} = n_0 E \tag{4.42}$$

で与えられるので，式 (4.40) と式 (4.41) をまとめて，分極 P は以下のように表される．

$$P = P^{(1)} + P^{(3)} = n_0 E + \frac{1}{2} n_2 I E = \left(n_0 + \frac{1}{2} n_2 I \right) E. \tag{4.43}$$

括弧内をまとめて屈折率 n とみなすと，n は入射光の強度波形を含んだ形で記述される．

$$n = n_0 + \frac{1}{2} n_2 I. \tag{4.44}$$

今，入射光として以下のようなガウス型パルスを考える．

$$E(t) = E_0 \exp\left(-\frac{\Gamma}{2} t^2\right) \exp\left(-i\Theta(t)\right) = E_0 \exp\left(-\frac{\Gamma}{2} t^2\right) \exp\left(-i(\omega_0 t - k_0 z - \phi_0)\right), \tag{4.45}$$

$$I(t) = |E_0|^2 \exp\left(-\Gamma t^2\right). \tag{4.46}$$

光パルスの強度波形は時刻 t の関数なので，式 (4.43) で与えられる屈折率も時刻 t の関数となる．

$$n(t) = n_0 + \frac{1}{2} n_2 |E_0|^2 \exp\left(-\Gamma t^2\right). \tag{4.47}$$

このとき，時刻 t に依存した波数

$$k_0(t) = \frac{\omega_0 n(t)}{c} = \frac{\omega_0}{c} \left(n_0 + \frac{1}{2} n_2 |E_0|^2 \exp\left(-\Gamma t^2\right) \right) \tag{4.48}$$

を用いて，光パルスの位相項は以下の式で与えられる．

$$\Theta(t) = \omega_0 t - k_0(t) z - \phi_0 = \omega_0 t - \frac{\omega_0}{c} \left(n_0 + \frac{1}{2} n_2 |E_0|^2 \exp\left(-\Gamma t^2\right) \right) z - \phi_0. \tag{4.49}$$

図 4.20 (a) に示したように，光パルスの電場振動の振動数は，パルスの前半 ($t<t_0$) では減少し，後半 ($t>t_0$) では増大する．その結果，光パルスのスペクトル幅が広がる (図 4.20 (c))．ここで，光パルスの角周波数は位相項 $\Theta(t)$ の時間微分で与えられる．

$$\omega(t) = \frac{d\Theta(t)}{dt} = \omega_0 - \frac{n_2 \omega_0 z}{2c} |E_0|^2 \frac{d}{dt} \exp\left(-\Gamma t^2\right). \tag{4.50}$$

式 (4.50) から，パルス中の "各時刻における周波数" が，パルス強度の微分波形で変化することがわかる．この様子を図 4.20 (b) に示した．このとき，自己位相変調によって広帯域化した光パルスのピーク近傍では正のチャープがかかっ

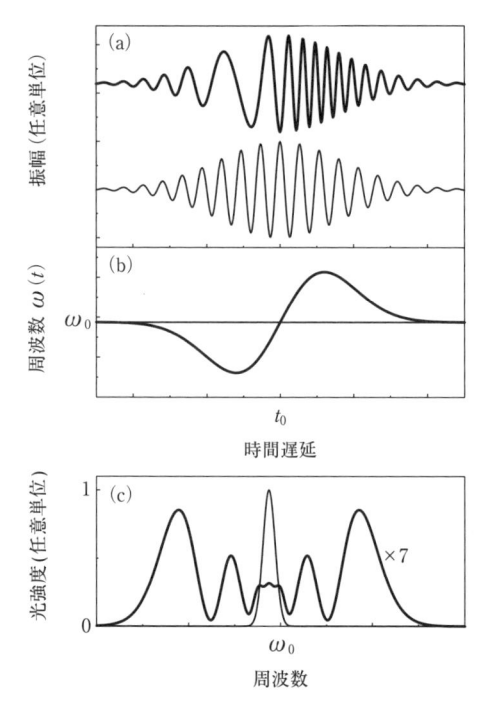

図 4.20 自己位相変調（SPM）によってスペクトルが広がる様子．(a) SPM 前の電場波形（細線）と SPM 後の電場波形（太線），(b) SPM 後の光パルスの角周波数，(c) SPM 前の強度スペクトル（細線）と SPM 後の強度スペクトル（太線）．

ている．なお，ここでは媒質の線形屈折率の分散を無視してきたが，実際には，媒質の屈折率は角周波数に依存する．したがって，自己位相変調によるスペクトルの広帯域化と同時に，自己位相変調によって"新たに生じた"周波数成分が媒質を伝搬することによる位相シフトも生じる．より詳細には，自己位相変調によるスペクトルの広帯域化に加えて，媒質の線形屈折率分散の効果も考慮した伝搬方程式（非線形シュレーディンガー方程式）を数値的に解く必要がある [4-11]．

4.5 パルス圧縮とパルス幅の測定

4.5.1 パルス圧縮

前節では，短パルス光を得るためには広帯域スペクトルが必要であることを述

4.5 パルス圧縮とパルス幅の測定

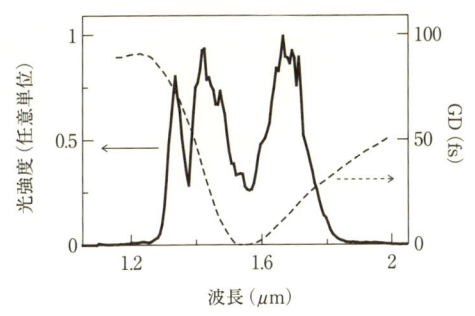

図 4.21 広帯域パラメトリック増幅（縮退 OPA）によって得られた赤外スペクトル（実線）と群遅延（破線）.

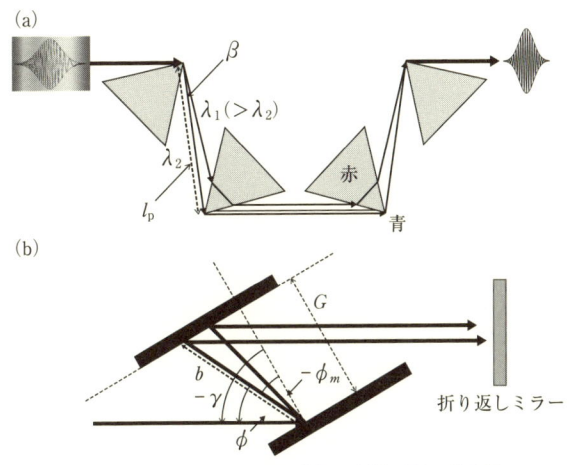

図 4.22 (a) プリズム対と (b) 回折格子対の模式図.

べた．しかし，パラメトリック増幅や自己位相変調などの非線形光学効果によって得られた広帯域スペクトルは，多くの場合フーリエ限界パルスではない．その発生過程において非線形光学結晶などの分散媒質中を伝搬しているため，波長に依存した群遅延が生じているからである．図 4.21 は，実際に，縮退パラメトリック過程によって発生させた赤外光領域の広帯域スペクトルである [4-4, 4-13, 4-14]．1.25 から 1.75 μm までおよそ 500 nm の幅で広がったスペクトルは，パルスの先端と終端では，およそ 100 fs の群遅延があり，しかも群遅延は時間に対して単調に変化しない．

このような群遅延の効果によって伸延したパルスは，可視光領域においては分

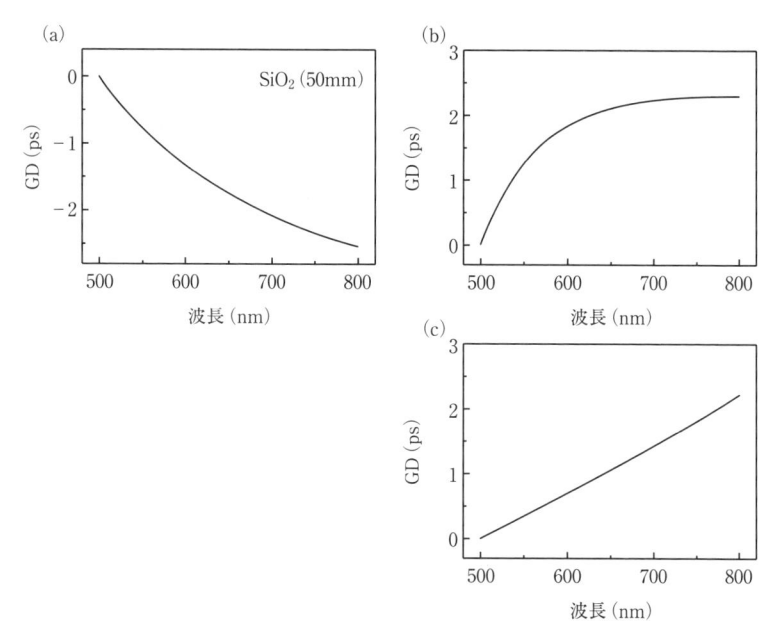

図 4.23 (a) 石英 (5 cm) の群遅延, (b) 石英プリズム対 (間隔 180 cm) の群速度分散, (c) 石英の屈折率分散, (c) 回折格子対の群遅延. 刻線数 150/mm, 間隔 20 cm.

散プリズム対（図 4.22 (a)）[4-15] や回折格子対（図 4.22 (b)）[4-16] によってフーリエ限界に近いパルスまで圧縮することができる．ほとんどの分散媒質は可視光領域において，屈折率は短波で大きく，長波長では小さくなるような単調な分散関係を示す．プリズム対や回折格子対では，この分散関係が逆になっているために，パルス圧縮機として用いることができる．図 4.23 (a) は石英ブリュースタプリズム対（プリズム間隔 180 cm）の GD を示す．光が図の左側から入射すると，第 1 プリズムにおいて，スペクトル内の短（長）波長側の光は深い（浅い）角度で屈折するので，第 2 プリズムでは，短（長）波長が石英ガラス中を短く（長く）伝搬することになる．3 番目と 4 番目のプリズムも同様に，長波長の光がガラス中を長く伝搬する．したがって，長波長の光が長い光学的経路を伝搬することになり，負の群速度分散を示す．このようなプリズム対による波長 λ_1 成分に対する λ_2 の成分の位相シフトは，

$$\phi(\omega) = -\frac{2l_p \omega}{c} \cos \beta$$

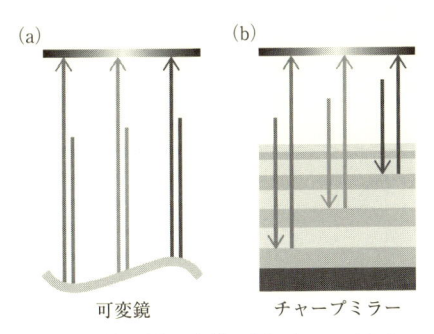

図 4.24 (a) 形状可変鏡，(b) チャープミラーによるパルス圧縮の模式図．

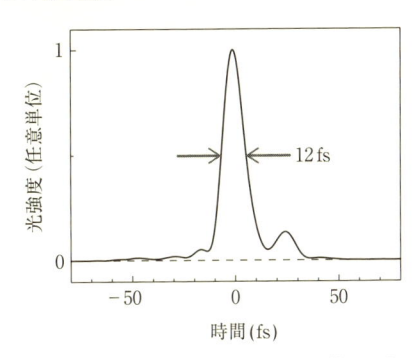

図 4.25 チャープミラーによって圧縮されたパルスの強度波形（4.5.4 項の「電場波形の再構築」によって求めた）．

で与えられる [4-15]．ただし，l_p は，プリズム間の距離（1 番目と 2 番目のプリズム間の距離＝3 番目と 4 番目の距離），β は，λ_1 の成分と λ_2 の成分の分散角を表す．図 4.22 (b) に示した回折格子対でも同様に，回折角の波長依存性（長波長の光が回折角が大きい）を用いて，長波長側の光の光学的経路を長くしている（図 4.23 (c)）．この場合の位相シフトは，

$$\phi(\omega)=\frac{2\pi}{d}G\tan(\gamma-\theta)-\frac{\omega G}{c}[\sec(\gamma-\theta)](1+\cos\theta)$$

と表される（入射角 60 度，刻線数 150/mm，間隔 20 cm）[4-16]．図 4.23 (a) に示す石英（5 cm 厚石英板）の GD からわかるように，プリズム対の GD は，石英と打ち消し合う形をしている．プリズム対や回折格子対は長い間可視光領域における群遅延の補償デバイスとして用いられてきたが，最近では，＜10 fs の極超短パルスの発生や，分散関係が複雑な赤外光領域におけるパルス圧縮の必要性から，形状可変鏡（図 4.24 (a)）[4-8, 4-17] や誘電体多層膜鏡（図 4.24 (b)）が用いられるようになってきた．これらの方法では，原理的にはどのような GD や GDD の形状に対しても精度よくパルス圧縮を行うことができる．図 4.25 にチャープミラーを用いて，図 4.21 のスペクトルを持つパルスを圧縮した例を示す．

4.5.2 パルス幅の測定：自己相関波形の測定

フェムト秒レーザーパルスの評価に現在でももっとも手軽に用いられている簡

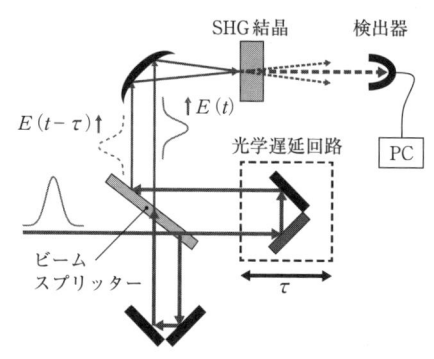

図 4.26 SHG 発生を利用したパルスの強度自己相関波形の測定光学系.

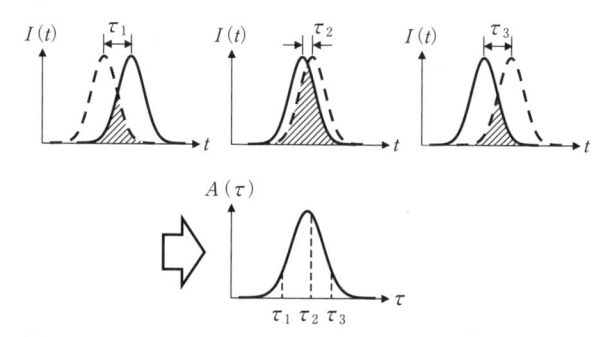

図 4.27 SHG 強度自己相関波形測定の模式図. 上段において, 実線と破線で示した 2 つのパルスの重なり部分（斜線部）を積分した値が $A(\tau)$ である.

便な手法は，SHG 強度自己相関（auto-correlation）である．図 4.26 に SHG 強度自己相関を測定するための光学系を示す．評価したい光パルスをビームスプリッターによって 2 つに分け，片方のパルスに遅延時間 τ をつけた後，SHG 結晶上で空間的に重ね合わせる．遅延時間 τ を変化しながら SHG 強度を測定することによって，横軸が遅延時間 τ，縦軸が SHG 強度の自己相関波形を得る事ができる．図 4.27 にこの手順を模式的に示す．光パルスの電場振動は以下の式で記述される．

$$E(t) = E_0(t) \exp[-i(\omega_0 t - \phi(\omega))] \quad (4.51)$$

ここで，$E_0(t)$ は光パルスの包絡関数，$\phi(\omega)$ は電場振動の位相項を示す．光パルスの強度波形は，

$$I(t) = E(t)E^*(t) = E_0(t)E_0^*(t) \quad (4.52)$$

で表され,自己相関波形 A は,遅延時間 τ の関数として以下の式で記述される.

$$A(\tau)=\int_{-\infty}^{\tau} I(t)I(t-\tau)dt. \tag{4.53}$$

式(4.52)から明らかなように,SHG 強度自己相関法は,パルスの強度波形,すなわち光電場の包絡関数(振幅)$E_0(t)$ に関する情報を調べる手法である.しかし,時間的に局在した電場振動である光パルスにおいて本質的なパラメータである位相 $\phi(\omega)$ の情報を知ることはできない.従来広く用いられてきた,時間幅 100 fs 程度の光パルスの評価には自己相関法で十分であるが,近年研究が進んでいる,光の電場振動が数サイクルに及ぶような極超短パルスを扱う際には,電場振動の位相項 $\phi(\omega)$ を評価し,制御することが本質となる.

4.5.3 SHG-FROG

SHG-FROG(frequency resolved optical gating)と呼ばれる方法を用いると,

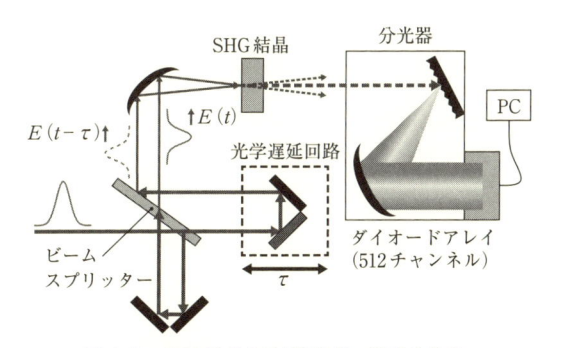

図 4.28 SHG 強度自己相関波形の測定光学系.

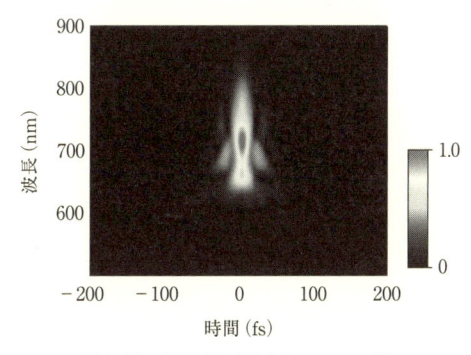

図 4.29 SHG-FROG トレースの一例.

時間と周波数（波長）の相関から，パルスの位相 $\phi(\omega)$ の情報を得ることができる [4-16]．図 4.28 に SHG-FROG の測定配置を示す．光学系は SHG 自己相関法とほぼ等しいが，遅延時間 τ を変化させながら SHG スペクトルを測定することで，時間と周波数の相関を反映する 2 次元プロファイルが得られる．これを SHG-FROG トレースと呼ぶ．図 4.29 に示した例では，SHG が，波長 650〜900 nm（基本波では 1300〜1800 nm）の帯域にわたって，$\tau=0$ の近傍に局在しており，光パルスの時間幅がきわめて短いことが確認できる（この例では，パルス幅は 12 fs である）．光電場の位相 $\phi(\omega)$ の情報は，以下に示す最適化計算によって求めることができる．

4.5.4 FROG 測定からの電場波形の再構築

SHG-FROG トレースは，遅延時間 τ，SHG の角周波数 ω の関数として，

$$I_{\text{FROG}}^{\text{SHG}}(\omega,\tau) = \left| \int E(t)E(t-\tau)\exp(i\omega t)dt \right|^2 \tag{4.54}$$

で記述される．このトレースをもとに，以下に示す最適化計算によって光電場を求めることができる．この過程を光電場の再構築と呼ぶ [4-18]．再構築アルゴリズムを，図 4.30 に示す．初めに，ⅰ）適当な電場波形 $E(t)$ を仮定する（すなわち，包絡関数 $E_0(t)$ と位相項 $\phi(\omega)$ を適当に決める）．次に，ⅱ）この初期波形 $E(t)$ から相関関数

$$E_{\text{sig}}(t,\tau) = E(t)E(t-\tau) \tag{4.55}$$

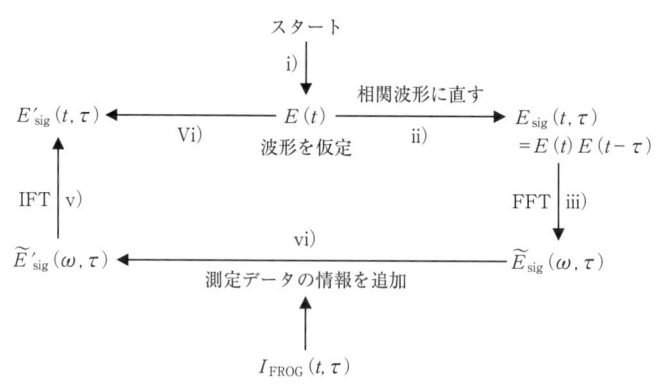

図 4.30 SHG-FROG の再構築アルゴリズムのダイアグラム．

を計算する．iii) $E_{\text{sig}}(t, \tau)$ を t についてフーリエ変換し，$\widetilde{E}_{\text{sig}}(\omega, \tau)$ を得る．その後，iv) 光パルスの包絡関数に対応する $\widetilde{E}_{\text{sig}}(\omega, \tau)$ の振幅成分を，以下の式を用いて実験データと入れ替える．

$$\widetilde{E}'_{\text{sig}}(\omega, \tau) = \frac{\widetilde{E}_{\text{sig}}(\omega, \tau)}{|\widetilde{E}_{\text{sig}}(\omega, \tau)|} \sqrt{I_{\text{FROG}}^{\text{SHG}}(\omega, \tau)}. \tag{4.56}$$

このとき位相項はそのまま残す．この操作によって，最初に仮定した適当な電場波形 $E(t)$ に，実験データが組み込まれる．v) この時得られた結果に対して逆フーリエ変換を行うことで $E'_{\text{sig}}(t, \tau)$ が得られ，さらに，vi) $E'_{\text{sig}}(t, \tau)$ を τ に関して積分すると，測定結果 $I_{\text{FROG}}^{\text{SHG}}(\omega, \tau)$ を反映した電場波形 $E(t)$ が得られる．ただし，この段階では，得られた電場波形 $E(t)$ は，最初に仮定した $E(t)$ から，実際の電場波形に近づく．この過程を何度も繰り返すことによって，$E(t)$ は実際の電場波形へと収束する．収束の判定は，

$$G = \sum_{i,j=1}^{N} [I_{\text{FROG}}^{\text{SHG}}(\omega_i, \tau_j) - |\widetilde{E}_{\text{sig}}(\omega_i, \tau_j)|^2]^2 \tag{4.57}$$

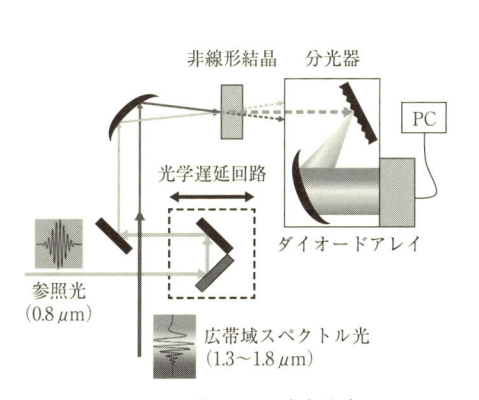

図 4.31　群遅延の測定光学系．

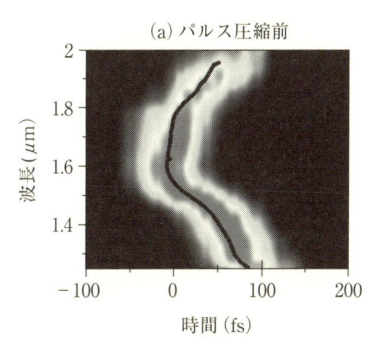

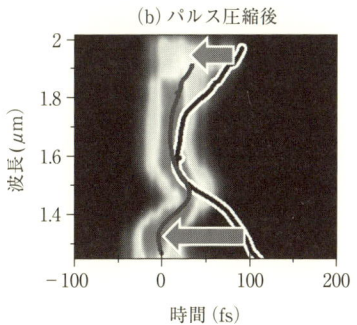

図 4.32　パルス圧縮前後の群遅延．

によって行う．ここで，ω_i, τ_j はそれぞれ，再構築アルゴリズムの繰り返しにおいて，i 回目の角周波数と j 回目の遅延時間を表す．すなわち，測定によって得られた SHG-FROG トレースと，最適化計算によって得られる $\widetilde{E}_{\mathrm{sig}}(\omega, \tau)$ の差が十分に小さくなったとき，その $\widetilde{E}_{\mathrm{sig}}(\omega, \tau)$ を与える電場波形 $E(t)$ を実際のパルス波形として採用する．この最適化計算によって，光電場の包絡関数 $E_0(t)$ と位相項 $\phi(\omega)$ の両方を得ることができる．

また，群遅延は，この FROG の測定系を改良することによって測定することができる．SHG-FROG では，測りたいパルスを2つに分けてそれらの第二高調波（和周波）を測定したが，群遅延を図る場合には，図 4.31 のように，参照パルスと測りたいパルスの和周波を取ればよい．参照パルスと，測りたいパルスの各波長成分との時間原点が，群遅延を与える（図 4.32）．

5 超短パルス光を用いた時間分解測定

5.1 超高速時間分解分光

　第3章と第4章では，レーザー光の強い光電場によって，物質の色が変化したり，入射光とは異なる色の光が放射される非線形分極について学んできた．このような非線形分極は，（これまで主に述べてきたように）レーザー光が透明な物質に入射した場合でも，つまり物質の吸収に共鳴していなくても生じるが，共鳴している場合には，電子の実励起によってより劇的で複雑な色の変化が導かれる．図5.1（a）は，第2章で述べた絶縁体のバンド構造を表す分散関係（電子のエネルギー E と波数 k の関係）を示したものである．電子（伝導体）と，正孔（価電子帯）では電荷の符合が異なるので，分散関係の符合も異なっている．バンドギャップよりも高い光子エネルギーを持つ光を照射すると，価電子バンドの電子が伝導バンドへ励起されるため，それぞれのバンドの電子，正孔の数が変化する．このような価電子/伝導バンドの電子数の変化は，物質の色を変化させ

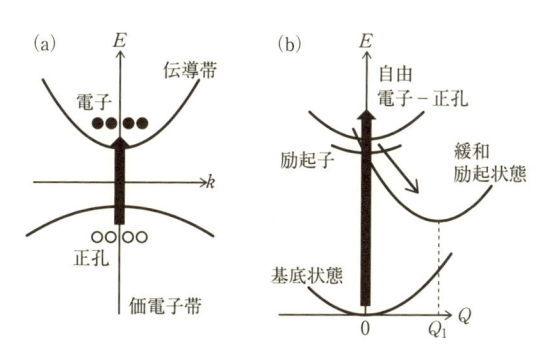

図5.1　（a）絶縁体における光励起の概念図．（b）励起状態における格子配置の変化を表す断熱ポテンシャル．

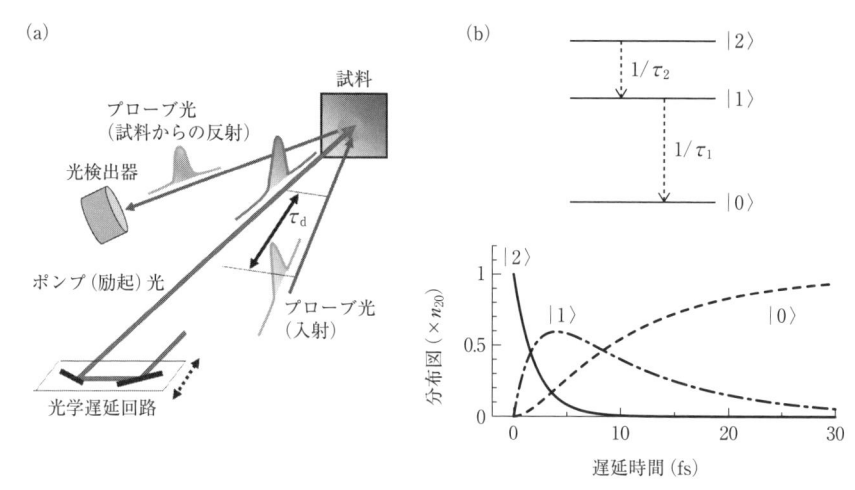

図 5.2 (a) 反射型ポンプ-プローブ分光測定の模式図．(b) 3 準位系における緩和過程の模式図とそのレート方程式の解．$|2\rangle, |1\rangle, |0\rangle$ の分布数の変化 $n_2(t), n_1(t), n_0(t)$ をそれぞれ実線，一点鎖線，破線で示す．

る．また，図 5.1 (b) は，光励起された自由電子-正孔や励起子のエネルギーを，原子（格子）の座標 Q の関数として描いた断熱ポテンシャルである．Q の原点は，電子基底状態における安定配置にとってある．励起された電子や励起子の周りの格子の安定構造は，$Q=0$ から $Q=Q_1$ へと自発的に変化する．こうした格子配置の変化によっても物質の色が変化する．本章では，電子の実励起によって物質に生じる色の変化を，第 4 章で述べたフェムト秒レーザーによってスナップショット観測する方法について紹介しよう．

物質中の電子や原子の運動は，フェムト秒（10^{-15} 秒，fs）〜数ピコ秒（10^{-12} 秒，ps）の時間スケールで進行する．1 ナノ秒（10^{-9} 秒，ns）程度の時間スケールで進行する光強度の変化は，フォトダイオードとオシロスコープを用いて電気的に測定することができる．しかし，それよりも速いダイナミクスを捉えるには，フェムト秒光パルスを用いた時間分解計測が必要となる．ポンプ-プローブ分光は，そのもっとも基本的な測定法である．この方法では，ポンプ（励起）光によって物質に生じる光学的な性質（透過率，反射率，偏光度など）の変化をプローブ（探査）光によって測定する実験手法である．ポンプ光，プローブ光として用いるパルスの幅とほぼ同程度の時間分解能で，時間軸上のダイナミクスを追跡できる．反射型ポンプ-プローブ分光測定の概念図を図 5.2 (a) に示す．コー

ナーキューブミラーと自動並進ステージからなる光学遅延回路を用いて，励起光（ポンプ光）に対しプローブ光をτ_dだけ時間遅延させる．この方法によって過度的な反射率変化を時間領域で直接追跡できる．光学遅延回路におけるコーナーキューブミラーの位置を，1.5 μm のステップで動かすことによって 10 fs 秒の時間間幅での測定が可能になる．光の速さが 30 万 km/s であることを利用して，時間を変えるという手続きを，位置を変えることに置き換えていることに注目してほしい．

このような測定によって得られる時間軸上の反射率変化（ΔR）は，もっとも簡単には，ポンプ光とプローブ光が時間幅を持つことによる装置応答関数を $G(t)$，物質系の動力学関数（δ 関数的な励起，プローブ光に対する応答）を $K(t)$ とすると，観測される時間発展は，畳み込み積分を用いて，

$$\Delta R(\tau_d) \propto \int_{-\infty}^{\tau_D} K(\tau_d - t) G(t) dt \tag{5.1}$$

と表すことができる．装置応答関数としては，ポンプ光とプローブ光の相互相関関数やそれをフィットしたガウス関数などを用いることが多い．また，$K(t)$としては，単純な指数関数のほか，たとえば，図 5.2 (b) に示すような $|2\rangle, |1\rangle, |0\rangle$ という 3 準位間の緩和過程を記述するレート方程式（式（5.2））の解（式（5.3））などがしばしば用いられる．

$$\begin{aligned}\frac{dn_2(t)}{dt} &= -\frac{n_2(t)}{\tau_2}, \\ \frac{dn_1(t)}{dt} &= \frac{n_2(t)}{\tau_2} - \frac{n_1(t)}{\tau_1}, \\ \frac{dn_0(t)}{dt} &= \frac{n_1(t)}{\tau_1}.\end{aligned} \tag{5.2}$$

$$\begin{aligned}n_2(t) &= n_{20} \exp(-t/\tau_2), \\ n_1(t) &= \frac{n_{20}\tau_1}{\tau_2 - \tau_1}\left[1 - \exp\left\{-\left(\frac{1}{\tau_2} - \frac{1}{\tau_1}\right)t\right\}\right]\exp\left(-\frac{t}{\tau_1}\right), \\ n_0(t) &= \frac{n_{20}}{\tau_2 - \tau_1}\left[\tau_1\left(1 - \exp\left\{-\frac{t}{\tau_1}\right\}\right) - \tau_2\left(1 - \exp\left\{-\frac{t}{\tau_2}\right\}\right)\right].\end{aligned} \tag{5.3}$$

$n_2(t), n_1(t), n_0(t)$ は，準位 $|2\rangle, |1\rangle, |0\rangle$ それぞれの分布数を表し，時間原点において，各準位 $|2\rangle, |1\rangle, |0\rangle$ の分布の初期値は，$n_{20}, 0, 0$ とする．$|2\rangle$ から $|1\rangle$，$|1\rangle$ から $|0\rangle$ への単位時間当たりに流出，流入する分布数をそれぞれ $1/\tau_2 = 0.5, 1/\tau_1 = 0.1$ とすると，式（5.2）の時間プロファイルは図 5.2 (b) のようになる．τ_1, τ_2 の次元は時間である．透過率や反射率の変化が，$n_2(t), n_1(t), n_0(t)$ の各々や，あるい

はそれらの重ね合わせを反映している場合には，対応する時間プロファイルを $K(t)$ として用いればよい．もし $G(t)$ の幅が，τ_1, τ_2 の時間スケールよりも十分に短ければ，式 (5.1) は，ほぼ式 (5.2) と同じプロファイルを与えるが，$G(t)$ の幅が大きくなるにつれ，減衰や立ち上がりの時間はなまり，装置応答関数を反映したプロファイルとなる．これを実験から得られたプロファイルと比較することによって，τ_1 や τ_2 を求めることができる[1]．

ポンプ-プローブ分光によって測定される，透過率，反射率や偏光特性の変化は，光励起によって生じる電子や原子の状態変化を反映したものである．スペクトル形状の変化やその時間発展から，電子の非平衡分布や，励起状態における電子間相互作用，電子-スピン相互作用，電子-格子相互作用を経て起こるさまざまなダイナミクスが観測できる．このようなポンプ-プローブ分光を，光化学反応の経路を明らかにするために適用した研究が1999年度のノーベル化学賞を受賞している [5-1]．化学反応は，原子と原子の化学結合（つまり電子雲）が，切れたりつながったりすることであるが，100 fs あるいはそれよりも短い時間領域の超高速スナップショットによって，結合が切れ，新しい結合ができる瞬間をとらえることが可能となる[2]．一方，多数の電子と原子から構成される固体では，電荷，軌道，スピン，格子などの間に働く相互作用が物質を支配している．複雑に絡み合うそれらの相互作用を，実時間領域で"分解"することによって物質の成り立ちを理解することができる．今世紀に入って，遠赤外（テラヘルツ：THz）から紫外光領域まで，チューナブルな超短パルス光源が普及したことにより，超高速時間分解分光は，完全に物性研究のツールとしての移行を完了しつつある．実際の物性研究の事例は第6章に譲り，本章では，この測定法によって，どんなことがわかるのかについて，筆者の研究の周辺から概略を述べたい．

5.1.1 いろいろな時間分解測定法Ⅰ：透過，反射

図5.3にいろいろな時間分解分光のプローブを模式図として示した．また，実験光学系を，図5.4に示す．ポンプ-プローブ法としては，透過（吸収），反射（図5.4 (a)）をプローブとして用いる方法が一般的であり，とくに半導体，絶

---

1) ここで挙げた例では，反射率の変化が単純に励起状態や光生成物の分布数に比例すると仮定したが，実際には，複雑に変化する．励起状態の密度や電子温度，格子配置の変化なども考慮する必要がある．
2) このダイナミクスは，式 (5.2) のような確率過程では記述できない．

5.1 超高速時間分解分光

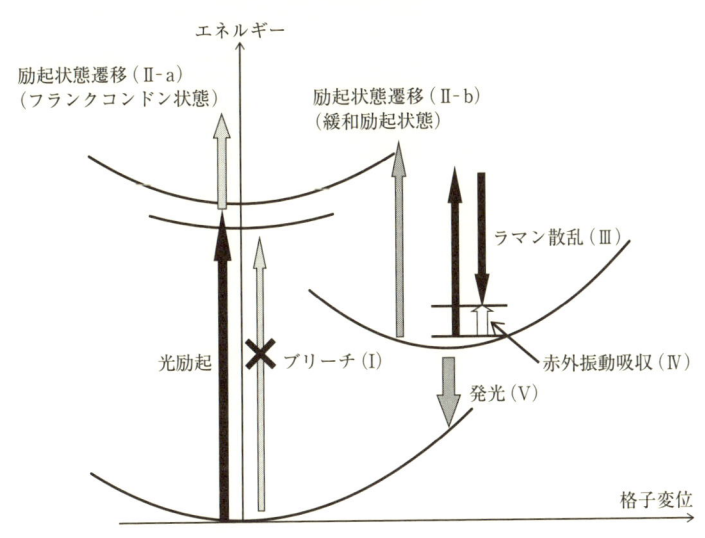

図 5.3 時間分解分光におけるいろいろなプローブの模式図.

縁体では，バンドギャップや励起子吸収（反射）近傍における測定が頻繁に行われている．ポンプ-プローブ反射/吸収測定において観測されるもっとも基本的な信号は，基底状態の電子密度の減少と励起状態の占有によるバンド間/励起子遷移強度の減少であり，吸収や反射率の減少（ブリーチ，褪色）として観測される（図 5.3 (I)）．また，励起状態に分布ができることによって，その励起状態からより高いエネルギーの励起状態への遷移による反射/吸収の増加も観測される（図 5.3 (II-a)(II-b)）．透過と反射測定は，試料の形状や透過率，反射率の大きさによって使い分けられる．これらの測定は，光キャリアや励起子のダイナミクスを調べる上できわめて有効である一方，信号に励起と基底の両方の状態の寄与が含まれることや，終状態が特定できない遷移が含まれるなど，解釈が困難であることも多い．そのため，励起状態やその緩和過程の全体像を理解するためには，遠赤外から紫外線の領域にわたる広い帯域における測定が必要となる．

また，2 次非線形光学効果の大きな強誘電性物質や電気光学結晶では試料での SHG 発生をプローブとして用いることもできる．SHG や，テラヘルツ光の発生は，物質内の巨視的な対称性の破れを表す指標となるため第 6 章で述べる光誘起相転移の研究ではしばしば用いられる．ポンプ-プローブ反射/吸収の信号には，励起光とプローブ光の時間原点付近に，第 3 章で述べた 4 光波混合や誘導ラマン

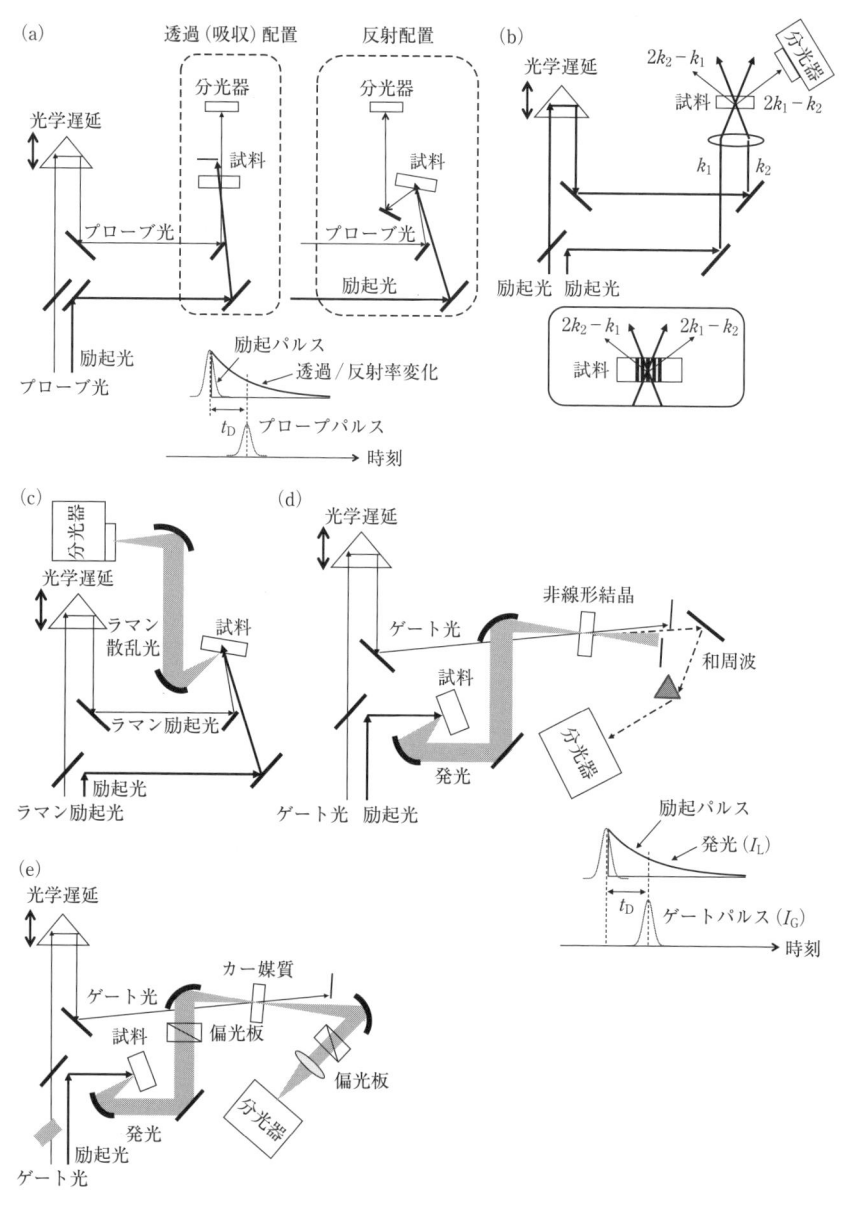

図 5.4 いろいろな超高速分光の測定法の模式図．(a) ポンプ-プローブ反射型測定．(b) 縮退四光波混合．(c), (d) 時間分解発光分光 (アップコンバージョン法)．(e) 時間分解発光分光 (カーゲート法)．

過程などの非線形分極による変調信号が現れることがある [5-2]．図 5.4（b）に，2 ビーム型の縮退 4 光波混合の実験配置を示した．この配置では，波数ベクトル k_1 と k_2 の励起光に対して，$2k_1-k_2$ あるいは $2k_2-k_1$ の方向に，3 次の非線形分極による光が放出される [5-3]．この信号は 2 つの光によって生じた分極が互いに干渉して干渉縞を形成し，その干渉縞が入射ビーム自身を回折すると考えてもよい．図 5.4（b）の挿入図は，この様子を模式的に表したものである．四波混合の信号は，分極のコヒーレンスによって生じるものなので，しばしば 100 fs 程度あるいはそれよりも短い時間で減衰する．より詳細には，考えている電子準位間の遷移が，均一広がり（相互作用によって励起状態の寿命が有限であることによって生じる幅）を持つのか，不均一広がり（電子準位を取り巻く環境が異なることによって，準位差のエネルギーが少しずつ異なることによる幅）を持つのかによって，位相緩和時間（T_2）の取り扱いは異なる．均一広がりが支配的な系では，4 光波混合によって生じた信号の時間波系を自由誘導減衰と呼び，不均一広がり系では，光エコーと呼ぶ [5-3] [3)]．

このような非線形分極は，反射や透過率の変化を観測するポンプ-プローブ分光にも影響を与える [5-4, 5-5]．ポンプ光とプローブ分光が時間的に交わる時間原点付近，すなわち，分極のコヒーレンスが保たれている位相緩和時間内で観測される非線形分極の効果は，コヒーレントアーティファクトとも呼ばれる．アーティファクトとは，通常，物性そのものには由来しない測定上の問題によって発生する信号のことを指すが，この場合は必ずしもそうではない．たとえば，励起光によって生じ吸収の減少から，3 次の非線形電気感受率 $\chi^{(3)}$ を非線感受率の値を見積もることも原理的には可能となる [5-4, 5-5]．ただし，以下のような注意が必要である．第 3 章で述べたように，$P^{(3)}=\varepsilon_0\chi^{(3)}E^3=\varepsilon_0\chi^{(3)}|E|^2E=\varepsilon_0\chi^{(3)}IE$ だから，3 次非線形分極に起因する吸収係数の変化は，励起光強度 I に比例する．一方，励起光強度に比例した分布が励起状態に生じた場合，それによって起こる吸収変化や反射率変化の飽和も，ある光強度領域では，励起光の強度に比例する．したがって，この効果も，形式的には 3 次の非線形分極によるものとみなすことができる．しかし，励起光によって生じた電子分極のコヒーレンスが失われた後

---

3) 二ビーム型の四光波混合測定では，均一，不均一を区別することはできない．電子分極の干渉を起こす 2 本のビームのほかに，もう 1 本回折光（プローブ光）を用いる 3 ビーム測定では，前者は指数関数的減衰，後者は，エコー信号（第 1 ビームと第 2 ビームを照射した後，それらの時間差に等しい遅延時間を経て観測されるパルス状の信号）が観測される [5-3]．

の吸収の変化については,「励起電子状態を,線形応答として観測している」と考えるのが自然である.

5.1.2　いろいろな時間分解測定法II：ラマン散乱,発光

　反射や吸収のポンプ-プローブ測定は,得られる情報は多いが,多くの過程を含むため一般に解釈が難しい.そのような場合,ラマン散乱(図5.3 (III),図5.4 (c))や,発光(図5.3 (V),図5.4 (d),(e))の時間分解測定を併用することも有効である.時間分解ラマン散乱は,格子振動や分子振動の状態を通じて励起状態における構造や格子温度に関する知見を与える.ラマン散乱とは,入射光に対し,格子振動や分子振動の振動量子であるフォノンのエネルギー分だけ高い(低い)光子エネルギーを持つ散乱光が観測される現象であり,格子や分子の構造に関する情報を得られる.同様に中赤外や遠赤外(THz)光による振動吸収(反射)スペクトル(図5.3 (IV))によっても類似の情報が得られるが,ラマン散乱は,中間状態を介した2次の光学過程であるので,通常の反射や吸収を与える光学遷移とは選択則が異なる[4].励起光の入射後,吸収や反射測定用のプローブ光の代わりにラマン励起光を照射し,その散乱光のスペクトルを観測することによって光励起後の電子の緩和[5-7]や格子(分子)変位[5-8]のダイナミクスを追跡することができる.ただし,時間分解ラマン測定では,ラマン励起光としてフェムト秒パルスを用いた場合,そのスペクトル幅によってラマン測定の周波数分解能が制限されるという問題が生じる.しかし,この問題は,誘導ラマン過程を用いた方法によって解決することができる.励起光,ラマン励起光の後にさらに反射や吸収測定用の白色プローブ光を用いる3パルス測定では,プローブパルスによって測定される反射や吸収スペクトルに,誘導ラマン散乱による利得,損失の寄与が観測される[5-9].ラマン励起光に狭帯域のパルスを用いれば,周波数分解能を,(励起-プローブパルスの)時間分解能とは独立に決めることができる[5-10].

　発光は,ほとんどの場合最低電子励起状態から基底状態への間で起こるので,そのダイナミクスは反射や吸収測定に比べはるかに理解しやすい.ピコ秒よりも

---

4)　通常ラマン散乱と呼ばれるのは,このようなフォノン・ラマン過程であるが,関与しているのがフォノンであることは本質ではない.ラマン散乱の詳細についてはほかの教科書に譲るが,赤外吸収とは選択則が異なる(遷移の終状態が異なる対称性を持つ)という点が重要であって,実際,電子ラマン散乱では,フォノンではなく電子状態の情報が得られる[5-6].

短い時間領域の測定法としては，発光とゲートパルス和周波発生（アップコンバージョン）法（図5.4 (d)(f)）[5-11]や光カーシャッターを用いたカーゲート法（図5.4 (e)）[5-12, 5-13]がある．これらの時間分解発光測定は，第2章で述べた非線形光学効果を応用したものである．アップコンバージョン法では，BBOなどの2次の非線形光学結晶を用いて，発光をゲート光で和周波へ上方変換（アップコンバート）して測定する．一方，3次の非線形光学効果であるカー効果を用いたカーゲート法では，カー媒質を直交配置にした偏光板の対で挟んだカーシャッターを用いる．発光は，垂直配置の偏光板対によって遮光されているが，ゲート光によって生じたカー媒質での偏光回転により発光が観測される．いずれの方法においても，発光用の励起光と，ゲート光の時間差を変化させることによって発光の時間プロファイルを測定できる．固体の光励起によって起こる応答は，スペクトル領域，時間領域のいずれにおいてもきわめて多彩なものであり，対象とする物質と現象に応じてこれらのさまざまな測定手法を有効に使い分けることが必要となる．以下ではこれらの時間分解分光によって観測される固体の励起状態ダイナミクスの具体例を紹介する．

5.1.3 時間分解分光で何がわかるのか：バンド間励起とフランクコンドン状態

1980年代の初め以降，固体における光励起状態の超高速ダイナミクスの研究は，無機半導体や共役ポリマーから，強相関電子系まであまりにも広範にわたる[5.14〜5.20]．ここで紹介するのは，その中のごく限られた断片的なものである．具体的な例を挙げる前に，まず，光学ギャップを持つ（つまり非金属的な）分子や固体を光励起するとはどういうことなのかをもう少しきちんと考えておこう．そのためには，可視光が直接共鳴する価電子やHOMOの電子と格子との相互作用を考える必要がある．図5.1 (b) や図5.3に示したように，電子基底状態と電子励起状態は異なる格子配置を安定点として持つ．このことは，電子励起状態が電子-格子相互作用によって格子の配置を変化させることを意味している．ここでは，図5.5に示した基底状態と励起状態の格子配置の模式図を用いて，フェムト秒領域のポンプ-プローブ分光で何が見えてくるのかを考えてみたい．電子基底状態と電子励起状態は，第2章で述べた，分子軌道のHOMOバンド，LUMOバンドや，絶縁体（半導体）の価電子帯と伝導帯に対応する．バンドギャップ近傍の電子励起として，自由な電子正孔対（光キャリア）のほか，伝導電子と価電子正孔がクーロン相互作用によって結合した励起子状態が存在するのは

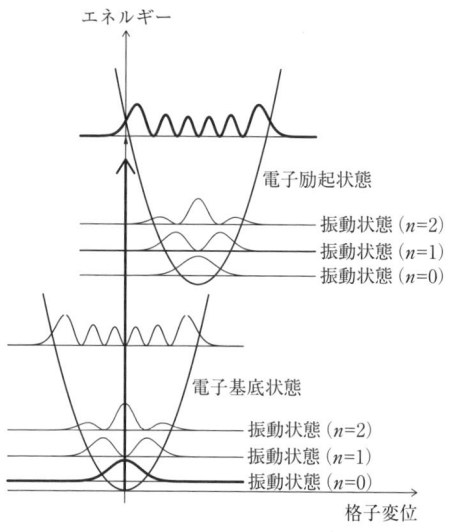

図5.5 電子基底，励起状態と振動状態の模式図．

2.5節ですでに述べたとおりである．

第2章では考慮しなかったが，電子と格子は本来不可分であり，電子励起を行う場合でも，格子の寄与を考える必要がある．図5.5では，励起光による電子励起を表す矢印は，電子基底状態から励起状態へ垂直に，すなわち，格子配置を変えずに遷移している．この"垂直遷移"のもっとも簡単な（あるいは古典的な）説明は，「電子の運動は格子の運動に比べて十分に（質量比から見積もって，およそ1000倍）速いので，格子配置の変化は電子励起に追随できない」，というものである．この垂直遷移で励起された格子配置が不安定な状態はフランクコンドン状態（Franck-Condon principle）と呼ばれている．より詳細（量子力学的）には，以下のように理解できる．一般に，電子と原子からなる系において，電子基底状態 ε_i，振動状態 ν_i から電子励起状態 ε_f 振動状態 ν_f への遷移確率 μ_{fi} は，電気双極子近似のもとで以下のように表すことができる．r と R はそれぞれ，電子と原子の座標を表す．

$$\mu_{fi} = \langle \varepsilon_f \nu_f | -e\sum_i r_i + e\sum_I Z_I R_I | \varepsilon_i \nu_i \rangle$$
$$= -e\sum_i \langle \varepsilon_f | r_i | \varepsilon_i \rangle \langle \nu_f | \nu_i \rangle + e\sum_I Z_I \langle \varepsilon_f | \varepsilon_i \rangle \langle \nu_f | R_I | \nu_i \rangle \quad (5.4)$$

ここで，電子系の波動関数の直交性を用いると，第2項は0になるから，式

(5.4) は，

$$\mu_{fi} = -e\sum_i \langle \varepsilon_f | r_i | \varepsilon_i \rangle \langle \nu_f | \nu_i \rangle = \mu_{\varepsilon_f \varepsilon_i} S(\nu_f, \nu_i).$$

ただし，$\mu_{\varepsilon_f \varepsilon_i} = -e\sum_i \langle \varepsilon_f | r_i | \varepsilon_i \rangle, \quad S(\nu_f, \nu_i) = \langle \nu_f | \nu_i \rangle.$ (5.5)

となる．$S(\nu_f, \nu_i)$ は電子基底状態と電位励起状態における原子の波動関数の重なり積分を表し，フランクコンドン因子と呼ばれる．この式は，原子波動関数の重なり積分が，電子遷移の遷移確率の係数として寄与することを意味する．図5.5は，電子基底状態（ε_i）と電子励起状態（ε_f）における原子の波動関数の振幅（の2乗）を模式的に描いたものである．たとえば，電子基底状態における原子波動関数（原子の振動基底状態 $n=0$）は，変位0のあたりの振幅が大きい．電子基底状態と，励起状態に対する原子配置の安定点が離れている場合，$S(\nu_f, \nu_i)$ は電子起状態における振動基底状態ではなく，より高い振動状態に対して大きな値を持つ．この場合，電子遷移は，電子励起状態の最低原子振動状態ではなく振動励起状態へ起こることになる．これが，図5.3におけるフランクコンドン状態への垂直遷移に対応する．光学遷移が起こるおおよその時間スケールは，遷移エネルギーの逆数程度（$\hbar/2\mathrm{eV}$，あるいは光の電場振動の周期~2 fs）であり，ほとんどの原子や分子の固有振動の周期よりもはるかに短い．このような電子状態のみが光励起によって変化し，原子が追随できていない非平衡な状態がフランクコンドン状態である．時間分解分光は，この電子と格子の自由度が分離した状態が，電子間や電子-格子相互作用を経て準安定状態へと至る過程をとらえることができる．

5.1.4 励起状態における電子間散乱と電子-格子相互作用

光学遷移が起こる時間は，上に述べたように可視～近赤外光領域の光を用いた場合，~2 fs 程度であり，電子間相互作用による電子の散乱時間（数fs～数十fs）よりも速い．したがって，もし電子の散乱時間よりも短いパルス光を用いることができれば，励起状態が，電子間の散乱過程を経て電子温度が定義できる準平衡状態へ至る過程を見ることができる．一方，電子間散乱よりも遅い時間スケールでは，今度は電子-格子相互作用が重要な役割を果たす．電子-格子相互作用がそれほど大きくない場合，たとえば，GaAs などの半導体などでは，電子系のエネルギーは光学型フォノンや音響フォノンとして放出され試料の温度を上げる [5-21]．一方，より電子-格子相互作用の強い系，言い換えると図5.5において，

電子基底状態の安定格子配置と，電子励起状態の配置が大きく異なるイオン結晶などの場合は，単なる格子温度の上昇とは異なった現象として，局所的な原子の移動（格子欠陥の生成）が起きる [5-22].

ここでは，光励起状態の緩和過程の代表的なものとして，以下の2つの実験結果を挙げておきたい．GaAs などの半導体では，バンド構造を自由に制御できる量子井戸構造の作製技術が1980年代に飛躍的に発展し，電子，光産業分野でもあらゆる応用への展開が行われてきた [5-23, 5-24]．ここで紹介する実験結果は，量子井戸構造が開発，製作された当時のものであるが，光と物質の相互作用としての興味は，電子-格子相互作用が比較的小さく，電子間相互作用による電子の準熱平衡化と電子-格子相互作用による有効電子温度の減少（格子温度の上昇）が明確に観察できることであった [5-21]．もう1つの例は，岩塩結晶，すなわち塩化ナトリウムである．この物質は，1.1節でも述べたように無色透明なイオン結晶だが，光照射によって色中心と呼ばれる格子欠陥が形成されることによって透明な結晶が着色する [5-22]．色中心は，電子励起状態が，強い電子-格子相互作用を介して格子を歪ませることによって形成される．その生成過程は固体中の光化学反応とも呼ばれる歴史的な問題であり，各時代が持つもっとも短パルス光を用いて研究が行われてきた．ここで紹介するのは，当時普及しはじめた 50～100 fs のパルスを用いて行ったものである．

5.1.5 量子井戸半導体における電子間散乱と電子-格子相互作用

1980年代の前半，可視光領域のフェムト秒色素レーザーが開発されたことに伴って，バルク半導体や量子井戸半導体の光励起キャリアや励起子の超高速ダイナミクスが精力的に研究された．ここでは，その代表的なものとして，GaAs/AlGaAs 量子井戸の結果 [5-25] を紹介しよう．図5.6 (a) は，光励起によって，キャリア（自由電子正孔対）が生成したことに伴う透過率の変化を示す過渡スペクトルである．興味深いことに，励起光のエネルギーを移動させると，それに伴って透過率変化のエネルギーも移動する．つまり励起直後の透過率変化のスペクトルは，電子が与えられたエネルギーを反映している．一方，図5.6 (b) は励起光のエネルギーを 1.51 eV に固定して，過渡スペクトルの時間を示している．励起直後は，励起エネルギーに近い位置（図5.6 (a) のポンプ（⬇）で示した部分）が変化しているが，約 200 fs の間に，低エネルギー側へ動いていくことがわかる．この物質では，電子と光学型格子振動の相互作用の時間スケ

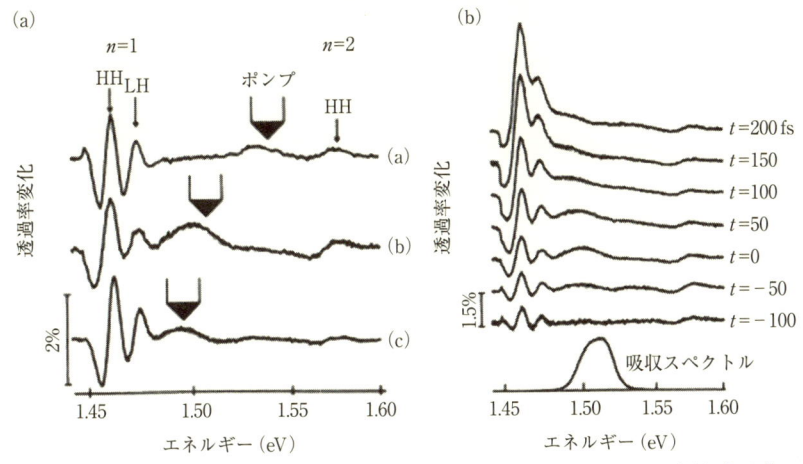

図 5.6 (a) GaAs/AlGaAs 量子井戸におけるポンプ-プローブ分光の励起波長依存性 [5-25], (b) 過渡吸収スペクトルの時間発展 [5-26].

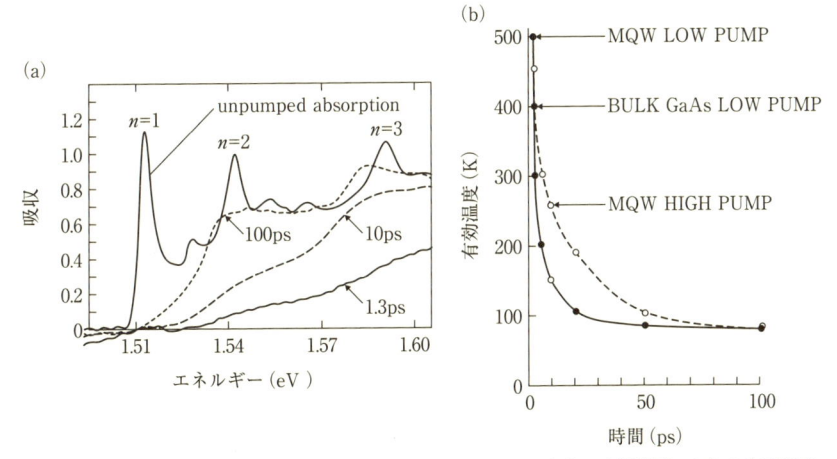

図 5.7 (a) GaAs/AlGaAs 量子井戸におけるポンプ-プローブ分光の時間発展, (b) 2 次元電子温度の時間発展 [5-26].

ールはおおむね 300 fs 程度と考えられていることを考慮すると，100 fs 以内で起こる超高速過程は，電子間の散乱による電子系の平衡化（電子温度が定義できるようになること）によるものと考えられる．また，図 5.7 (a) は，ピコ秒以降のより遅い時間領域の吸収スペクトルの変化である [5-26]．伝導帯の電子と価電子帯の正孔の分布に応じた吸収飽和による褪色（吸収の減少）のスペクトルを，

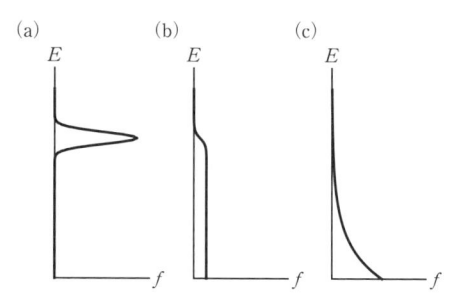

図 5.8 伝導帯の電子分布関数 $f(E)$ の模式図. (a) 励起直後, (b) 電子系の準熱平衡状態 (フェルミ-ディラック分布), (c) 電子-格子系の平衡状態.

電子と正孔の分布確率をそれぞれ 2 次元のフェルミ分布を仮定して表すと, キャリアの有効温度を計算することができる [5-21]. そのようにして評価したキャリアの有効温度の時間発展を図 5.7 (b) に示す. 励起後数十 ps の時間スケールで, キャリア温度が, ~500 K から試料温度の 77 K へと低下する. これらのキャリア温度の減少は, 電子-格子相互作用によって起こる, 電子温度の減少 (格子温度の上昇) と解釈することができる.

図 5.8 は, 伝導帯の電子分布関数 $f(E)$ の時間変化を模式的に表したものである[5]. 励起した瞬間 (a) は, 励起終状態の近傍に局在した電子は, 電子間の散乱過程によって, 電子温度を反映したフェルミ-ディラック (Fermi-Dirac) 分布 (b) へと至る. さらに時間が経過すれば, 電子-格子相互作用によって電子-格子系として温度が定義できるようになり, 伝導体の底周辺に分布する (c). さらにもっと遅い時間領域では, 光学型格子振動のエネルギーは, 音響型格子振動との相互作用によって結晶中に拡散すると考えられる. これらの電子間相互作用と電子-格子相互作用によってドライブされる熱平衡化過程は, 2 温度モデルなど, 電子系と格子系それぞれの比熱およびそれらの結合定数によって記述できるものとして扱われてきた. しかし, 後で述べるように, 最近の実験では, 電子や格子がコヒーレントに (振動の位相をそろえた状態で) 動き, コヒーレンスを保った状態で電子や原子の振動モード間の相互作用が進行する過程も実測されており, 初期過程に関しては, 必ずしも 2 温度モデルでは記述しきれないことも指摘されている.

---

5) 価電子帯の分散は小さい (有効質量が大きい) ため, スペクトル形状に与える影響は小さいと考えられている.

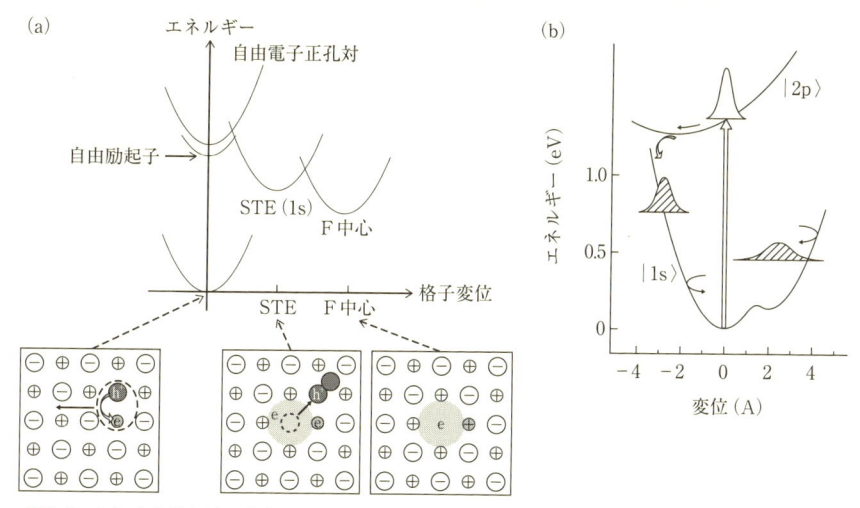

図5.9 (a) 自由励起子,自由電子正孔対と自己捕獲励起子(self-trapped exciton：STE) の断熱ポテンシャル面の模式図．(b) 自己捕獲励起子の1sおよび2p状態の断熱ポテンシャル面の模式図((b)は,[5-27]より転載)．

5.1.6 電子–格子相互作用が強い物質における自己捕獲励起子のダイナミクス

上に述べた半導体の例では，電子励起状態のエネルギーは，バルク結晶格子の光学フォノンや音響フォノンを放出することによって緩和することができた．一方，より電子–格子相互作用が強い系では，フランクコンドン状態の大きな格子の不安定性を緩和するには，もはや熱振動としての結晶格子のフォノン放出では間に合わず，新しい安定配置へと原子を動かさなくてはならない．このような励起キャリアや励起子の周りの格子の局所構造を歪ませた"緩和励起状態"は，ポーラロンや自己捕獲励起子として知られる [5-22]．これらのいわゆる"緩和励起状態"は，色中心などの点欠陥生成の前駆状態の起源として広範な研究がなされている．図5.9 (a) に，光キャリアや励起子から，自己捕獲励起子や格子欠陥への緩和過程を模式的に示した．アルカリハライドにおける典型的な自己捕獲励起子は，さまざまな実験から，図5.9 (b) のようにハロゲン (陰) イオンの欠陥に束縛された電子と，格子間に押し込まれたアルカリ (陽) イオン上に局在した正孔のペアからなると考えられている．結晶中のある場所の化学結合が切れたり，新たにつながったりする様子は，光化学反応による"分子"の形成と考えることもできる．また，代表的な色中心であるF中心は，そのようなペアが解離してハロゲンイオン欠陥 + 電子が独立したものと考えてよい [5-22]．

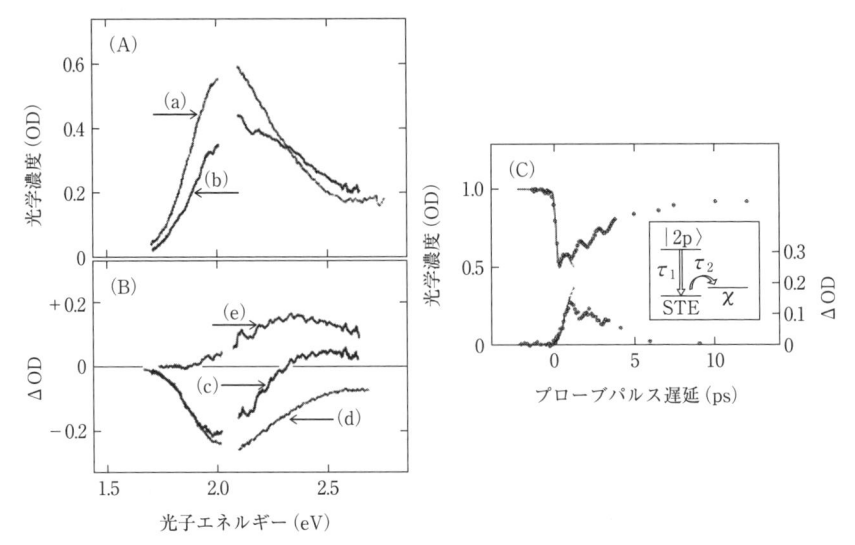

図 5.10 (A) (a) 第 2 励起パルス照射前（第一励起パルス励起後）の，自己捕獲励起子による吸収スペクトル．(b) 第 2 励起パルス照射後 0.1 ps の過渡吸収スペクトル．(B) (c) 上図の (a) と (b) の差分スペクトル．(d) 予想される自己捕獲励起子のスペクトル．(e) (c) と (d) の差分スペクトル．(C) 自己捕獲励起子と"X"の時間発展．[5-27] より転載．

ここでは，そのようなアルカリハライドにおける自己捕獲励起子の研究分野において，フェムト秒レーザーが本格的に導入された最初の例を紹介しよう [5-27]．NaCl（岩塩）結晶は，約 9 eV のバンドギャップを持つ無色透明な結晶であるが，低温でナノ秒の紫外線パルスの 2 光子励起によって光キャリアを生成すると，図 5.10（A）上図内の (a) に示すような ~2 eV (600 nm) に吸収が生じる．この 300 μs の寿命を持つ吸収は，強い電子-格子相互作用によって生成した自己捕獲励起子の最低束縛電子状態（$1s$ 状態）から励起状態（$2p$ 状態）への光学遷移によるものである．この実験では，この自己捕獲励起子の寿命内に，さらに 2 eV のフェムト秒パルスを用いて，$1s$ 状態にある自己捕獲励起子を $2p$ 状態へと再励起している．同じく図 5.10（A）上図内の (b) に示す $1s$-$2p$ の励起直後に観測されるスペクトルは，(a) と比較して，低エネルギー側の吸収が減少し，高エネルギー側の吸収が増大している．(a) と (b) の差分スペクトルを図 5.10（A）下図内の (c) に示した．このような $1s$-$2p$ 吸収の減少は，自己捕獲励起子の $1s$ 状態の分布数の減少と，$2p$ 状態の占有に伴って起きるブリーチ（褪色）によるものである．一方，高エネルギー側の吸収の増加は，この物質では通

常見られない異なる格子配置の自己捕獲励起子や格子欠陥（ここでは，Xと呼んでいる）が生成していることを示している．図5.10（A）下図内の（d）と（e）は，自己捕獲励起子の吸収帯の形状を用いて，（c）のスペクトルを自己捕獲励起子と新たに生じた状態Xを分離したものである．実は，当時，アルカリハライドの自己捕獲励起子は，物質に応じて異なる形態をとることが注目を集めていたが，Xは，この「ほかの物質で見られる，異なる形態の自己捕獲励起子」を準安定状態としてとらえたものである．

　図5.10（B）に，1s-2p励起をした後の，自己故捕獲励起子とXの吸収の時間プロファイルを示す．自己捕獲励起子が，2p状態から，1s状態へ時定数およそ3 ps で，周期1.1 ps の振動を伴いながら回復する様子が見られる．一方，Xもほぼ同じ時定数で減衰するが，注目すべきことに，振動の位相が，自己捕獲励起子のものとはちょうど半周期（π）ずれている．この論文の著者らは，図5.9（b）のようなポテンシャル面を用いた解釈を行っている．すなわち，2p状態に励起された自己捕獲励起子は，自己捕獲励起子および，それとは少し格子配置の異なる状態Xとの間を振動的に行ったり来たりしながら，元の自己捕獲励起子の1s状態へと，約3 ps で緩和する．また，2p状態からの緩和に伴う1sポテンシャル面上の格子のダイナミクスによってF中心と呼ばれる格子欠陥の生成も同時に起こると考えられている．このようなポテンシャル面状の格子波束のダイナミクスは，ノーベル化学賞を受賞した光化学反応の分子ダイナミクスに対するアプローチ [5-1] を固体に拡張したものであり，自己捕獲励起子は固体中の光化学反応によって作りだされた「分子」であるという描像はここでも有効である．

　以上のように，電子–格子相互作用の強い系では，単なる格子温度の上昇にとどまらない，よりダイナミックな現象が起こる．NaCl（アルカリハライド）以外にも，たとえば，1次元物質である，共役ポリマー [5-28~5-29] や，ハロゲン架橋白金錯体 [5-30~5-33] でも，緩和励起状態のダイナミクスが観測されている．ハロゲン架橋白金錯体は，図5.11（c）のように，+2価と+4価の白金（Pt）がハロゲンイオンを挟んで交互に並んだ混合原子価錯体であり，4価の白金がハロゲン陰イオンを引き寄せることによってパイエルス転移（倍周期化）を起こしている．Pt^{2+}からPt^{4+}への電荷移動励起によってPt^{2+}–Pt^{4+}→Pt^{3+}（正孔）–Pt^{3+}（電子）という励起子が形成されるが，同時にハロゲンイオンは白金に引き寄せられる理由を失うので，その励起子のサイトは局所的に倍周期構造を解く．これが，ハロゲン架橋錯体における自己捕獲励起子である．この物質では，

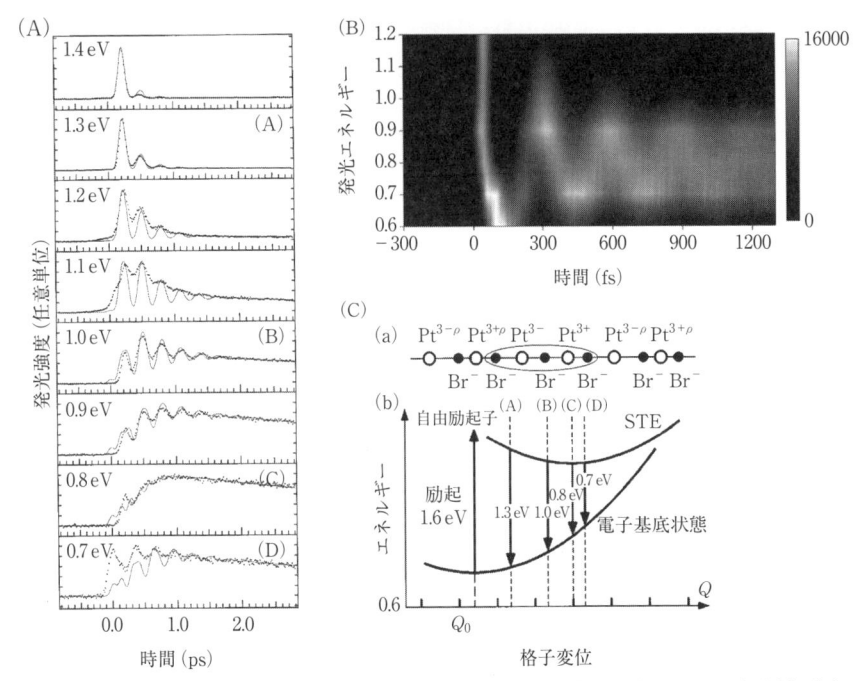

図 5.11 (A) 1 次元ハロゲン架橋白金錯体 [Pt(en)$_2$][Pt(en)$_2$Br$_2$](ClO$_4$)$_4$ における時間分解発光分光の時間プロファイルと (B) 発光エネルギーの時間変化．自己捕獲励起子の断熱ポテンシャル面状の波束運動 (C) を反映した振動的な振る舞いが見られる．[5-30, 5-31] より転載．

自己捕獲励起子から基底電子状態への発光がハロゲンイオンの変位ダイナミクスを反映して明確な振動を示すことなどが報告されている [5-30〜5-33]．図 5.11 に示すように，自己捕獲励起子が，ポテンシャル面上を振動しながら，準熱平衡状態へ至る様子が明確にとらえられている．このような発光測定では，遷移の始状態と終状態が，比較的考察しやすい第 1 励起状態と，電子基底状態であること（ポンプ-プローブにおける励起状態吸収/反射の場合は，終状態が帰属の困難な高励起状態）であるため，ポテンシャル面に関するより詳細な情報を引き出すことも可能となっている．とくに，この例では，振動モードの解析が容易な擬 1 次元系を対象にしていることから，原子波束の運動を再現して見せることに成功している [5-31]．

5.1.7 金属の光励起状態

本書では，光学ギャップを持つ絶縁体物質の光学応答をおもに議論してきた

が，光学ギャップのない金属に関しても簡単に触れておこう．この場合には，緩和過程はもう少し簡単になる．電子は光のエネルギーを得て電子温度を上昇させ，フェルミ面近傍での電子の分布関数

$$f = \frac{1}{1+\exp\left(\dfrac{-E-E_f}{k_\mathrm{B}T}\right)}$$

が変化する．上に述べたように，電子間の散乱時間～100 fs 程度の時間内に電子温度が定義できるようになる．一方，電子-格子相互作用によって電子系と格子系が準平衡状態に達するにはもう少し時間（1～2 ps 程度）がかかる．いくつかの金属では，反射型ポンプ-プローブ分光によってこのような電子温度の上昇と，緩和が観測され，2 温度モデルと呼ばれる簡単なモデルによる解析が行われている [5-34]．

$$C_\mathrm{e}(T_\mathrm{e})\frac{\partial T_\mathrm{e}}{\partial t} = -g(T_\mathrm{e}-T_\mathrm{l}) + S(z,t),$$

$$C_\mathrm{l}\frac{\partial T_\mathrm{l}}{\partial t} = g(T_\mathrm{e}-T_\mathrm{l})$$

$C_\mathrm{e}, C_\mathrm{l}$ はそれぞれ，電子と格子の比熱，$T_\mathrm{e}, T_\mathrm{l}$ は電子温度と格子温度，g は電子-格子相互作用の結合定数，$S(z,t)$ は，吸収されたエネルギーを表し，試料の深さ方向の距離 z と時間 t の関数として表されている．このような解析法は，電子温度の上昇よりも遅い時間領域におけるダイナミクスを理解する上では有効である．

5.1.8 半導体（絶縁体），誘電体におけるコヒーレントフォノン

中赤外から可視光領域における反射率や透過率の変化は，ほとんどの場合，光励起によって生じる電子状態の変化を反映したものと考えてよい．しかし，そのような場合でも，格子振動や分子振動が，電子遷移の遷移強度や遷移エネルギーに変調を与えることによって時間軸上の振動構造として観測できる．前節のアルカリハライドや白金錯体の例では，強い電子-格子相互作用によって自己捕獲励起子という固体中の"分子"が生成し，その振動を電子状態の変化を介して観測することができた．しかし，それほど電子-格子相互作用が強くない通常の半導体や誘電体においても，格子振動が時間軸の振動として観測されることがある．この"コヒーレントフォノン"[5-35～5-38] と呼ばれる現象は，主に 2 種類の異なる発生機構によって生じると考えられている．1 つは，図 5.12（a）に示すよう

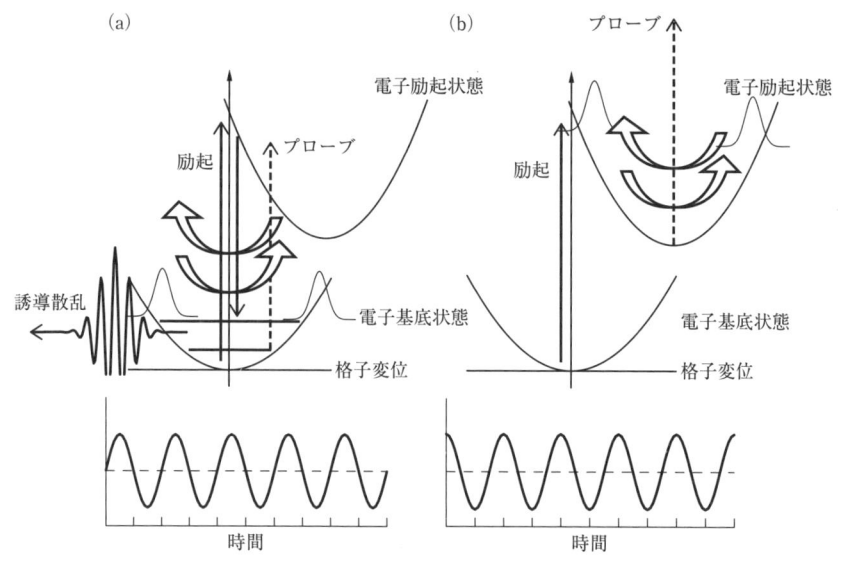

図 5.12 コヒーレントフォノンの生成機構．(a) 変位励起（DECP）機構，(b) 瞬時誘導ラマン（ISRS）機構．

に，フランクコンドン状態が持つ格子不安定性によってコヒーレントフォノンが励振される変位励起機構（displacive excitation of coherent phonon：DECP）[5-39] である．電子励起状態がフランクコンドン配置から，安定配置へと緩和する過程で，断熱ポテンシャル面上にコヒーレント（位相のそろった）な格子振動が励振される．もう1つの過程（瞬時誘導ラマン過程：impulsive stimulated raman scattering：ISRS）[5-40] では，図 5.12（b）に示すように，フェムト秒パルスのスペクトル幅内に存在する周波数成分 ω_1 と $\omega_2(\omega_1>\omega_2)$ によって周波数差 $\omega_1-\omega_2$ に対応する格子振動が，電子基底状態に強制励振される．

DECP と ISRS は，実励起に伴って励起状態に生成される（DECP）過程と，実励起を伴わない基底状態における格子振動の励振（ISRS）という意味で異なったものであるが，共鳴励起条件ではしばしば，両方が同時に観測される．これらを区別する実験的な方法としては，共鳴，非共鳴の結果を比較する方法，振動の初期位相（DECP では，振動の変位が有限の値から始まる（コサイン型）のに対し，ISRS では，振動が変位 0 から始まる）を調べる方法などがある．このような DECP と ISRS によって生じる振動の初期位相の違いは，図 5.12 を用いて直感的に理解することもできるが，ここでは古典的な振動のモデルを使って確

認しておこう [5-39, 5-40].

5.1.9　コヒーレントフォノンの発生機構Ⅰ：変位励起機構 [5-38]

アンチモン（Sb），ビスマス（Bi），テルル（Te）などの半金属や，セレン化インジウム（InSe），ガリウムヒ素（GaSe），硫化ガリウム（GaS）などの半導体結晶では，励起子吸収やバンドギャップを超えるエネルギーで光励起（実励起）をした場合の反射型ポンプ-プローブ分光の時間プロファイルに，A_1モードフォノンの実時間振動構造が現れる（図5.13）．これらの振動は，後に述べるISRS機構による変調に比べて概して信号が大きい（＞数十％）．いま，反射率変化 ΔR の振動が，A_1モードの格子の安定配置 $Q_0(t)$ が，$n(t)$ に依存することによって駆動されると仮定する．このとき，電子基底状態の格子の平衡配置を $Q_0=0$ とする．光励起により伝導電子がキャリアとして生成され，緩和すると考えると，キャリア密度の時間変化 $n(t)$ は，

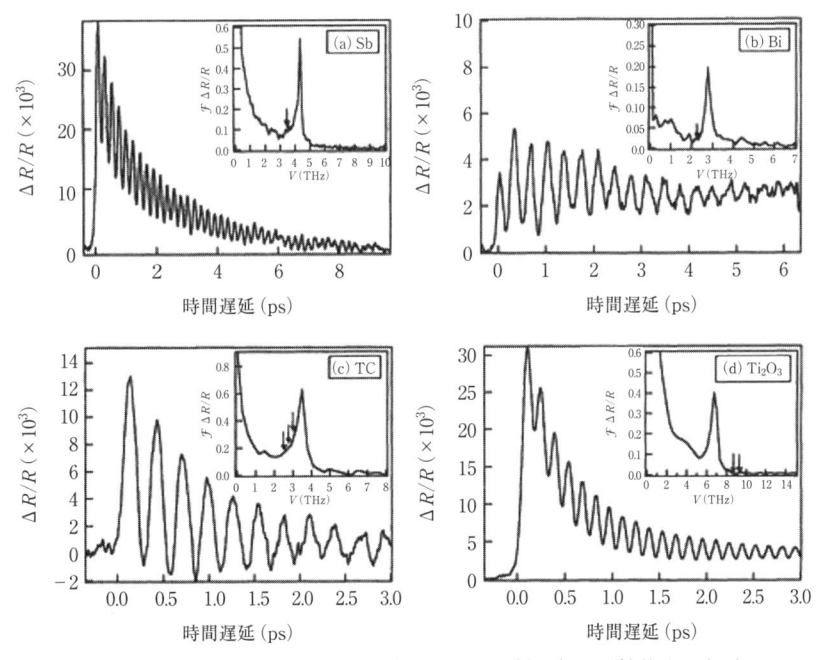

図5.13 Sb（左上），Bi（右上），Te（左下），Ti_2O_3（右下）の反射型ポンプ-プローブ分光で観測されるコヒーレントフォノン．[5-39] より転載．

$$\frac{\partial n(t)}{\partial t} = \rho P_{\text{int}}(t) - \beta n(t) \tag{5.6}$$

と表すことができる．右辺第 1 項は，伝導帯へのキャリアの生成レートであり，ρ を比例定数として励起密度 $P_{\text{int}}(t)$ に比例する．第 2 項は，電子基底状態への緩和を表しており，β は緩和レートを表す比例定数である．さらに，

$$Q_0(t) = \kappa n(t) \tag{5.7}$$

とすると，（κ は，比例定数）．A_1 モードの格子座標 $Q(t)$ の運動方程式は，次のような減衰調和振動として表すことができる．

$$\frac{\partial^2 Q(t)}{\partial t^2} = -\omega_0^2(Q(t) - Q_0(t)) - 2\gamma \frac{\partial Q(t)}{\partial t}. \tag{5.8}$$

ここで ω_0 はコヒーレントフォノンの角周波数，γ はその減衰定数である．ω_0 は，光励起により変化しないとする．励起光が有限のパルス幅を持つことから，光励起キャリアの時間変化を，

$$n(t) = \rho L_{\text{pump}} \int_0^\infty g(t-\tau) e^{-\beta\tau} d\tau \tag{5.9}$$

として，式 (5.8) を解くと，

$$Q(t) = \frac{\omega_0^2 \kappa \rho L_{\text{pump}}}{(\omega_0^2 + \beta^2 - 2\gamma\beta)} \int_0^\infty g(t-\tau) \left[e^{-\beta\tau} - e^{-\gamma\tau} \left(\cos(\Omega\tau) - \frac{\beta'}{\Omega} \sin(\Omega\tau) \right) \right] d\tau \tag{5.10}$$

となる．ただし，

$$P_{\text{int}}(t) = L_{\text{pump}} g(t) \tag{5.11}$$

とした．L_{pump} は，励起光の単位面積当たりの強度，$g(t)$ は

$$\int_{-\infty}^{\infty} g(t) dt = 1 \tag{5.12}$$

で与えられるパルス波形であり，

$$\Omega \equiv \sqrt{\omega_0^2 - \gamma^2}, \tag{5.13}$$

$$\beta' = \beta - \gamma \tag{5.14}$$

である．ここで R を励起以前の反射率とすると，励起光による反射率変化は，

$$\frac{\Delta R(t)}{R} = \frac{1}{R} \left[\left(\frac{\partial R}{\partial n} \right) n(t) + \left(\frac{\partial R}{\partial Q} \right) Q(t) \right] \tag{5.15}$$

により与えられる．この式で，右辺第 1 項は，式 (5.9) で与えられる光励起によるキャリア密度 $n(t)$ の変化からの寄与，第 2 項は式 (5.10) で与えられるフォノンの変位からの寄与である．なお，ここでは，A_1 モードのコヒーレントフ

ォノンの発生の起源を $n(t)$ と考えたが，電子温度の上昇によると仮定してもほぼ同じ結果が得られる．また，式 (5.15) にも本来は，電子温度の変化による項が含まれるが，ここでは簡単のため考えないことにする．

$$R = \frac{(n_1-1)^2 + n_2^2}{(n_1+1)^2 + n_2^2} \tag{5.16}$$

$$\varepsilon(\omega) = \varepsilon_1(\omega) + i\varepsilon_2(\omega) = (n_1 + in_2)^2 \tag{5.17}$$

などを考慮して，式 (5.9)，(5.10) および式 (5.15) より，

$$\begin{aligned}\frac{\Delta R(t)}{R} &= AL_{\text{pump}} \int_0^\infty g(t-\tau) e^{-\beta\tau} d\tau \\ &+ BL_{\text{pump}} \frac{\omega_0^2}{\omega_0^2 + \beta^2 - 2\gamma\beta} \int_0^\infty g(t-\tau) \left\{ e^{-\beta\tau} - e^{-\gamma\tau} \left(\cos(\Omega\tau) - \frac{\beta'}{\Omega} \sin(\Omega\tau) \right) \right\} d\tau \end{aligned} \tag{5.18}$$

となる．ここで，

$$A = \frac{1}{R} \left\{ \left(\frac{\partial R}{\partial \varepsilon_1}\right)\left(\frac{\partial \varepsilon_1}{\partial n}\right) + \left(\frac{\partial R}{\partial \varepsilon_2}\right)\left(\frac{\partial \varepsilon_2}{\partial n}\right) \right\} \rho \tag{5.19}$$

$$A = \frac{1}{R} \left\{ \left(\frac{\partial R}{\partial \varepsilon_1}\right)\left(\frac{\partial \varepsilon_1}{\partial n}\right) + \left(\frac{\partial R}{\partial \varepsilon_2}\right)\left(\frac{\partial \varepsilon_2}{\partial n}\right) \right\} \rho \tag{5.20}$$

とした．

$\beta, \gamma \ll \omega_0$ であるなら，β' および Ω の定義より，式 (5.18) で残る項は，$\cos(\omega_0\tau)$ の項である．レーザーのパルス幅が十分に狭ければ，$g(t)$ は δ 関数で与えられ，式 (5.18) は，

$$\frac{\Delta R(t)}{R} = AL_{\text{pump}} e^{-\beta t} + BL_{\text{pump}} \frac{\omega_0^2}{\omega_0^2 + \beta^2 - 2\gamma\beta} [e^{-\beta\tau} - e^{-\gamma\tau} \cos(\Omega t)] d\tau \tag{5.21}$$

となる．式 (5.21) に示されるように，反射率変化に現れる DECP 機構で生成されるコヒーレントフォノンによる振動構造の振幅は，励起光強度に比例し，その位相は cos 型である．

5.1.10 コヒーレントフォノン発生 II：誘導ラマン過程 [5-39]

図 5.14 に，3 ビーム型の誘導散乱実験によって得られたペリレンのコヒーレントフォノンを示す [5-40]．この実験自体は，通常のポンプ-プローブ実験とは異なるが，2 ビーム型の反射や透過型ポンプ-プローブ測定でも，フェムト秒励起パルスの広いスペクトルの幅内の異なる周波数成分によって同様な信号がしば

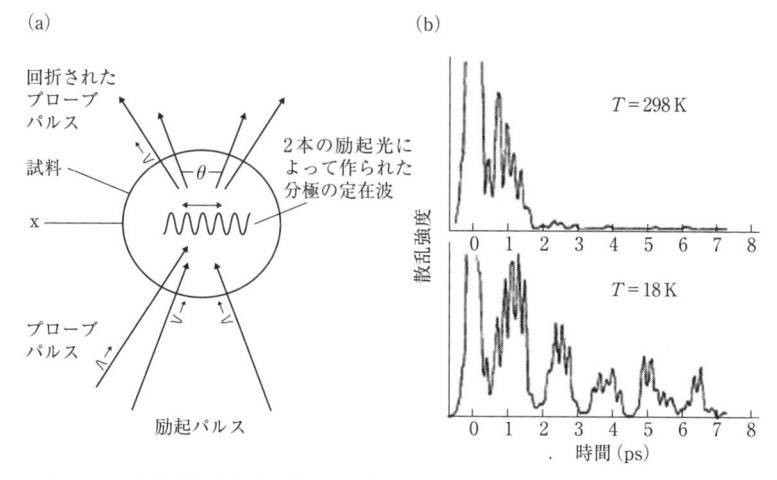

130   5. 超短パルス光を用いた時間分解測定

図 5.14 (a) 誘導散乱実験の模式図．(b) ペリレンの誘導ラマン散乱の時間発展．[5-40] より転載．

しば現れる．通常のラマン散乱が，ω_i を入射して，$\omega_i \pm \omega_R$ の散乱光が放出される過程であるのに対し，誘導ラマン散乱は，ω_i と $\omega_i \pm \omega_R$ の光を入射することによって，その差周波である ω_R の非線形分極を発生させ，ω_R の格子振動を強制的に励振させる過程である．ここでは，励起光の光子エネルギーが，励起子やバンドギャップのエネルギーより十分に低く，パルスの照射によって励起子やキャリアが生成（実励起）されないとする．光学的に等方な結晶にレーザーパルスを垂直入射した場合における，光学振動モードに対する誘導ラマン散乱の運動方程式は

$$\frac{\partial^2 Q}{\partial t^2} + 2\gamma \frac{\partial Q}{\partial t} + \omega_0^2 Q = \frac{1}{2} N \alpha L_{\text{pump}} \tag{5.22}$$

と書くことができる．調和振動の安定点は，DECP の場合と異なり，原点にあることに注目してほしい．ここで，N はフォノンの密度，α は偏光に関するテンソルである．入射レーザーパルスを

$$L_{\text{pump}} = \varepsilon_{\text{pump}}^2 e^{-t^2/\tau_L^2} \cos^2(\omega_L t) \tag{5.23}$$

とする．ここで $\varepsilon_{\text{pump}}$ は励起光の電場，τ_L はパルス幅，ω_L はレーザーの中心波長の振動数である．$t=0$ での励起パルスの強度が最大となり，試料に到達するとして，式 (5.8) と同様に解く．式 (5.23) を式 (5.22) に代入すると，

$$\frac{\partial^2 Q}{\partial t^2} + 2\gamma \frac{\partial Q}{\partial t} + \omega_0^2 Q = \frac{1}{4} N \alpha \varepsilon_{\text{pump}}^2 e^{-t^2/\tau_L^2} \tag{5.24}$$

となる．これを解くと，

$$Q(t>0) = Q_0 \varepsilon_{\text{pump}}^2 e^{-\gamma t} \sin(\omega_0 t) \tag{5.25}$$

となる．ここで，振動振幅を

$$Q_0 = \frac{\pi^{1/2} N \alpha \tau_L e^{-\omega_0^2 \tau_L^2/4}}{4\omega_0} \tag{5.26}$$

とした．DECP機構の場合と同様に，式（5.25）を式（5.26）に代入すると，

$$\frac{\Delta R(t)}{R} = C \varepsilon_{\text{pump}}^2 e^{-\gamma t} \sin(\omega_0 t) \tag{5.27}$$

を得る．ここで，

$$C = \frac{1}{R}\left\{\left(\frac{\partial R}{\partial \varepsilon_1}\right)\left(\frac{\partial \varepsilon_1}{\partial Q}\right) + \left(\frac{\partial R}{\partial \varepsilon_2}\right)\left(\frac{\partial \varepsilon_2}{\partial Q}\right)\right\} Q_0 \tag{5.28}$$

である．したがって，ISRS機構において，コヒーレントフォノンの初期位相はsin型であるが，コヒーレントフォノンの強度は，DECP機構と同様に励起光強度に比例する．

5.1.11 量子力学的な波束の運動

上記のコヒーレントフォノンの説明は，格子の運動を古典的に記述したものである．ここでは，フランクコンドン因子の説明の場合と同様に，振動励起状態を量子力学的に扱うことによってコヒーレントフォノンを考えてみよう．量子力学では，波束という概念を用いて，古典論における時間発展運動との対応を考えることができる．波束は，波数k，固有エネルギー$E_k = \hbar^2 k^2/(2m)$の固有状態の混合状態として定義される．詳細は量子力学の教科書を参照されたいが，1次元（x軸）上の自由粒子の波束は，

$$\Psi(x, t) = \int_{-\infty}^{\infty} a(k) e^{ikx} e^{-iE_k t/\hbar} dk \tag{5.29}$$

と表すことができる．初期値をたとえば以下のようなガウス関数と仮定して，

$$\Psi(x, 0) = \int_{-\infty}^{\infty} a(k) e^{ikx} dk = N e^{-\alpha_0 x^2}, \tag{5.30}$$

フーリエの定理を用いることにより，展開係数は，

$$a_k = \frac{1}{2\pi} \int_{-\infty}^{\infty} \Psi(x, 0) e^{-ikx} dx = \frac{1}{2\pi} \sqrt{\frac{\pi}{\alpha_0}} e^{-k^2/4\alpha_0} \tag{5.31}$$

と求めることができるので

$$\Psi(x,t) = Ne^{-\alpha_t x^2 + i\gamma_t/\hbar},$$
$$\alpha_t = \alpha_0 / \left(1 + \frac{2i\hbar\alpha_0 t}{m}\right), \quad \gamma_t = \frac{i\hbar}{2}\ln\left(1 + \frac{2i\hbar\alpha_0 t}{m}\right) \tag{5.32}$$

となる.式 (5.32) は,ガウス形状の波束が自由粒子として運動する様子(時間発展)を表している.エネルギー軸上の固有状態を足し合わせることによって時間軸上の情報を得られる,ということは,周波数分解能と時間分解能が,フーリエ変換で結ばれる不確定性の関係にあることに対応している.

ここでは,より一般的なガウス波束の表式

$$\Psi(x,t) = N\exp\left[-\alpha(x-x_t)^2 + \frac{i}{\hbar}p(x-x_t) + \frac{i}{\hbar}\gamma_t\right] \tag{5.33}$$

を仮定して,調和ポテンシャル面上の格子の運動を考察しよう.ただし,$x_t, \alpha_t, p_t, \gamma_t$ は波束のパラメータであり,時間に対して変化する.x_t, α_t, p_t は,それぞれ,波束中心の位置,幅,運動量を表す.式 (5.33) を調和振動のポテンシャル $V(x) = 1/2 m\omega x^2$ を含む時間依存シュレーディンガー方程式に代入して時間発展させると,

$$\frac{d\alpha_t(t)}{dt} = -\frac{2i\hbar}{m}\alpha_t(t)^2 + \frac{i}{2\hbar}m\omega^2, \tag{5.34}$$

$$\frac{dx_t(t)}{dt} = \frac{p_t(t)}{m}, \tag{5.35}$$

$$\frac{dp_t(t)}{dt} = -m\omega^2 x_t(t), \tag{5.36}$$

$$\frac{d\gamma_t(t)}{dt} = \frac{p_t(t)}{2m} - \frac{1}{2}m\omega^2 x_t(t)^2 - \frac{\hbar^2}{m}\alpha_t(t). \tag{5.37}$$

x_t と p_t について解くと,それぞれ,

$$x_t(t) = x_0 \cos\omega t + \frac{p_0}{m\omega}\sin\omega t, \tag{5.38}$$

$$p_t(t) = p_0 \cos\omega t - m\omega x_0 \sin\omega t. \tag{5.39}$$

また,α の時間発展も以下のように求めることができる.

$$\alpha_t = \frac{m\omega}{2\hbar}\left(\frac{\alpha_0 \cos\omega t + i\dfrac{m\omega}{2\hbar}\sin\omega t}{i\alpha_0 \sin\omega t + \dfrac{m\omega}{2\hbar}\cos\omega t}\right). \tag{5.40}$$

ただし,x_0, α_0, p_0 は,それぞれ波束の位置,幅,運動量の初期値を表す.いま,

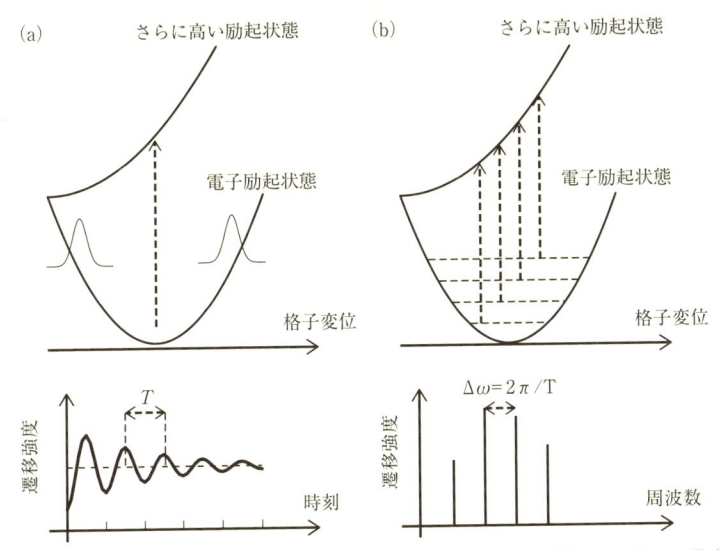

図 5.15 (a) 固有振動の時間軸上の振動構造と (b) 周波数軸上の遷移スペクトルの模式図.

波束の初期値に対して,$\alpha_0 = m\omega/(2\hbar)$ とすれば,どの時刻においても,波束の幅は変化しない.波束の位置と運動量の平均値が式 (5.35), (5.36) にしたがい,波束の幅も一定の,この状況は,完全に古典論と対応する.α_0 が $m\omega/(2\hbar)$ に等しくないときも,波束の中心は,古典的な運動をするが,幅は変化する.$\alpha_0 < m\omega/(2\hbar)$ の場合,$x=0$ の近傍では把捉は狭く,変位が最大になる付近では広がる.逆に $\alpha_0 > m\omega/(2\hbar)$ の場合には,$x=0$ の近傍では把捉は広く,変位が最大になるところでは広がる.

図 5.12 のようなポテンシャル面上の格子の運動が,波束の運動として記述できることがわかった.次に,このような波束の運動としてのコヒーレントフォノンが,どのように励振されるのかについて考えてみよう.DECP 機構の場合,励起パルスのスペクトル幅が,電子励起状態における格子振動のエネルギー量子に比べて十分に広ければ,複数の振動励起状態を同時に生成することになる.この広帯域のスペクトルによって「複数の振動励起状態を同時に生成する」という励起の方法が,式 (5.29) のように波束を作ることに対応する.同様に,ISRS の場合,広帯域スペクトルによる波束は,電子基底状態に生成される.すなわち,時間軸上での波束の振動を捉えるためには,複数の固有状態を混ぜ合わせる,という意味で,(混ぜ合わせたエネルギーの幅はボケるので) 必ず周波数分解能を犠牲にしなければならない.つまり同じ固有振動の,時間軸上の振動 (図

5.15（a））と周波数軸上の振動準位間の遷移（図5.15（b））を同時にとらえることはできない．

5.1.12 波束の運動と緩和

ところで，フランクコンドン状態に励起された電子状態は，格子との相互作用によって，振動励起状態間を緩和して準安定状態へ移行することはすでに述べた．この描像と，広帯域のスペクトルによって生成された電子励起状態における格子波束の運動はどのような関係にあるのだろうか？

励起光のスペクトルの幅が振動量子エネルギーに比べて狭い場合，図5.15（a）のように，電子励起状態において，振動励起状態はフォノン逐次的に，あるいは同時に複数のフォノンを放出して準安定状態へと緩和する．一方，広帯域スペクトルによって波束が生成される場合（図5.16（b））でも，いずれは同様に準安定状態へと緩和する．複数の固有状態の足し合わせによって波束が生成するためには，固有状態間の位相関係が固定されている（コヒーレントである）必要がある．前項で取り上げた孤立した調和振動の例では，振動を減衰させる緩和がない限り，波束はいつまでも崩れることはない．しかし，ポテンシャルの非調和性がある場合や，ほかの振動モードとの相互作用などによって位相が乱される場合には，コヒーレント状態は消失し波束は消える．さらに位相が乱された振動励起状態は，狭帯域のスペクトルで励起した場合と同様に，フォノンを放出して平衡状態へと緩和する．

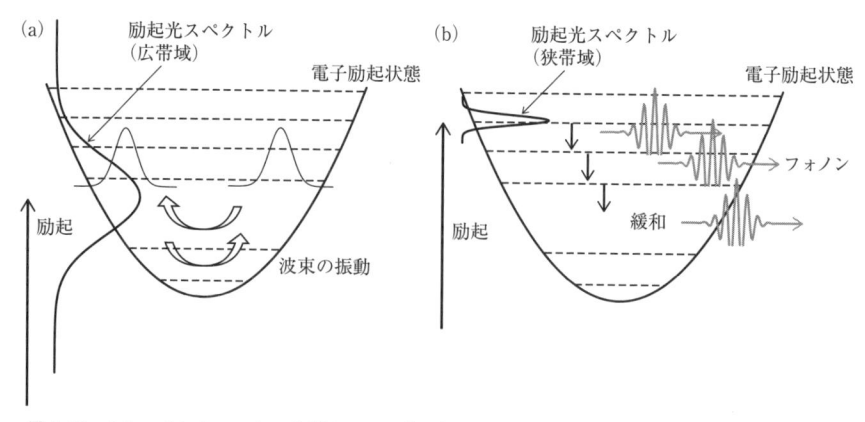

図5.16 （a）フランクコンドン状態からの振動励起状態の緩和と（b）電子励起状態における波束の振動の模式図．

5.1.13 最近の展開

コヒーレントフォノンは，今日では観測されること自体，とくに目新しいものではない．しかし，緩和過程や光誘起現象に寄与するフォノンモードのアサインや，光化学反応を原子波束の運動として観測するためには，励起，プローブ波長や偏光をうまくデザインすることが必要となる．最近では，複数のフェムト秒パルスによって，このようなコヒーレント振動の振幅を逐次的に増大させて構造相転移へと導こうという試みも行われている [5-41]．また，強いコヒーレントフォノンの励振は，テラヘルツ光の発生を可能にすることが期待されている [5-42, 5-43]．

ところで，DECP の場合，ISRS のように生成プロセスそのものがコヒーレントな（電子分極の位相が保たれている，あるいは，非線形分極として電場で展開できる）過程では必ずしもない．すなわち，コヒーレントに生成された電子分極

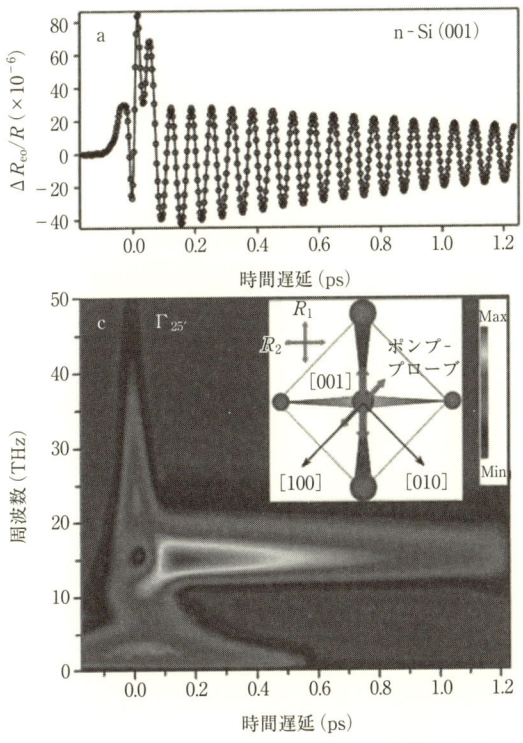

図 5.17 Si におけるコヒーレントフォノンの時間波形（上）とそのスペクトログラム（下）．[5-44] より転載．

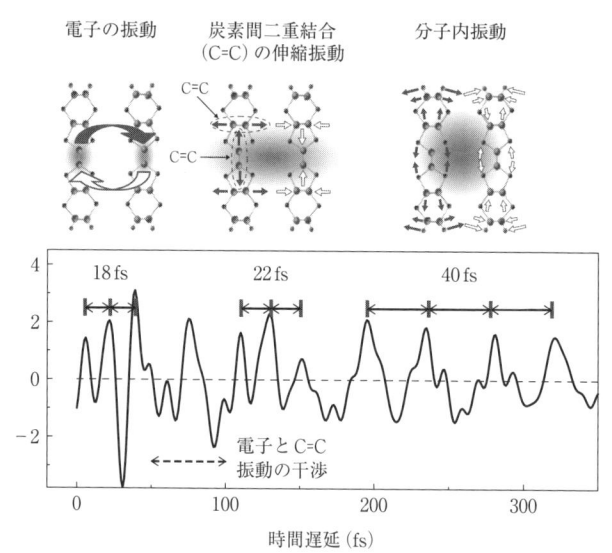

図 5.18 有機半導体 $\alpha\text{-}(ET)_2I_3$ におけるコヒーレント電子振動と，格子（分子内）振動．[5-45, 5-46] より転載

が，電子間や電子-格子間の相互作用を介して，直接励起した電子状態以外の電子や，格子を揺り動かす過程が含まれている．これが固体における「光と物質の相互作用」の本質であり，近年の〜10 fs パルス光の物性研究への本格的な応用によって，ようやく時間軸上での探索が可能になってきたのである．

図 5.17 は，Si をバンド間励起することによって発生するコヒーレント光学フォノンを EO 検出法によって観測した時間波形である [5-45]．100 fs 以降では，明確なコヒーレントフォノン（周期 66 fs, 15.2 THz）が観測されるが，それに先立って，時間の初期では，電子励起による瞬時応答成分とコヒーレントフォノンの量子力学的な干渉（ファノ干渉）を反映する時間プロファイルが観測されている．

さらに最近では，格子振動のみならず，光励起によって生じる電子のコヒーレンスや，励起状態において電子-格子相互作用が始まる瞬間までもとらえられている．図 5.18 に示すように，最近，有機半導体 $\alpha\text{-}(ET)_2I_3$ では，10 fs パルスによる励起直後に，電子のコヒーレントな振動が，わずか 2 周期程度であるが明確に観測され，50 fs 程度の間に格子（分子内 C=C）振動との相互作用を始める様子がとらえられている [5-45, 5-47]．次章で詳しく述べるように，この物質は，強

相関電子系としてよく知られている分子性結晶であり，クーロン反発によって電荷が動けなくなった電荷秩序型の絶縁体（強誘電体）に分類される．一般に有機物質では，無機物質比べてサイト間の移動積分やクーロン反発のエネルギースケールはおよそ1桁小さい．そのため，電子の運動もはるかに遅く，10 fsのレーザーによって捉えることができるのである．

かつては，光による電子応答は，すべて周波数領域の分光によって明らかにできると言われたこともあった．しかし，複雑な準位構造をもつ固体においてはこれは必ずしも正しくない．上記のC=C伸縮振動（20 fs）やペロブスカイト型酸化物の遷移金属‐酸素間の振動（～40 fs）など，電子と強く相互作用しているいろいろな振動モードを実時間軸上で観測できるようになった現在，定常分光ではわからなかった，非平衡な電子や原子の運動が明らかになりつつある．このような手法は，その物質がなぜその形態をとっているのかという"物質の成り立ち"を探ることをも可能にする．それについては第6章で述べることにして，次項では，実際のポンプ‐プローブ分光の実験の詳細について一例をあげる．

5.1.14　フェムト秒ポンプ‐プローブ実験の実際：近‐中赤外光領域におけるフェムト秒ポンプ‐プローブ測定

本項では，一般的に用いられている近‐中赤外100 fsパルスを用いたポンプ‐プローブ反射測定の光学系やデータ取得の方法についての具体的な方法を述べておこう [5-47]．図5.19に測定装置のダイアグラムを示す．OPAの出力光には，シグナル光，アイドラー光，DFG光など異なる非線形光学過程によって発生する複数の波長の光が含まれている．この中から，波長選択（ダイクロイック）ミラーや偏光素子を用いて，使用する光を取り出す．OPA1から出射するプローブ光は，自身によって試料を励起する効果が無視できる程度まで減光され，ピンホールでビーム整形される．その後，試料の手前でビームスプリッターにより2つに分けられ，1つは参照光として検出器で検出される．もう一方の光は，放物面鏡でクライオスタット中の試料に集光される．励起光は，OPA2から出射し，500 Hzで動作するチョッパーを通過した後，放物面鏡によって試料表面に集光される．再生増幅器をベースにした実験では，プローブ光と励起光のスポットサイズはおおよそ100～200 μm と500 μm 程度に設定することが多い．試料から反射したプローブ光は，波長選択フィルタや偏光素子（励起光とプローブ光の偏光が直行している場合）によって励起光の散乱光を除去した後，検出器で検出され

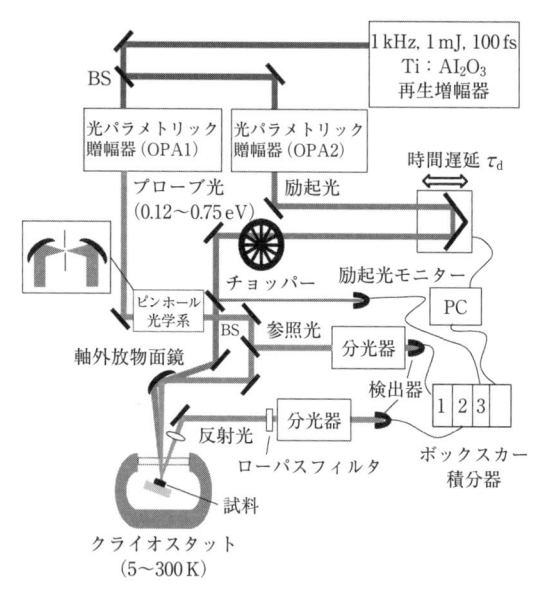

図 5.19 近-中赤外 100 fs パルスを用いた反射型ポンプ-プローブ分光測定の光学系.

る.検出器には,InGaAs(近赤外),HgCdTe や InSb(中赤外)などが用いられる.光赤外光用の光学系においては,Ag ミラー,CaF_2,ZnSe のレンズ,ビームスプリッターを用いる必要がある.しかし,第 4 章でくわしく述べたように,(とくに 50 fs よりも短いパルスを用いる場合には)群速度分散によるパルスの広がりを避けるため,試料の前ではレンズなどの透過デバイスは極力用いるべきではない.試料冷却器の窓など,避けられない媒質に関しては,あらかじめその媒質の屈折率分散を考慮したプリチャープをかけておく必要がある.

検出された反射光と参照光の信号は,それぞれ別のボックスカー積分器①,②に入力される.ボックスカー積分器は,ここでは信号のサンプリングのみを行っており,信号は 1kHz 繰り返しの直流電圧 (A_i, B_i) に変換される(図 5.20).この信号を GPIB 経由で PC に送り,PC 上で,反射率信号 $R_i = A_i/B_i$ を求める.この操作を行うことで,反射光信号の強度の揺らぎに起因する雑音が,参照光で規格化されることにより除去され,S/N 比が改善される.励起光は,再生増幅器のポッケルスドライバからのトリガ信号と同期したチョッパーによって間引かれ,500 Hz で試料に照射されている.このため,励起光による反射率変化を ΔR

5.1 超高速時間分解分光

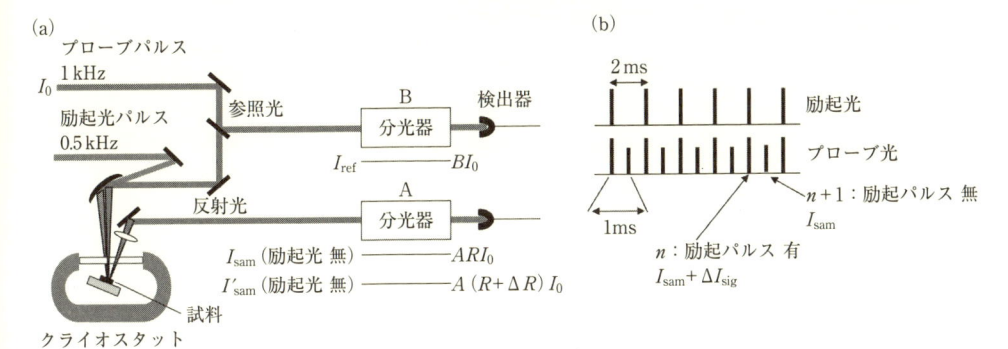

図 5.20 信号検出の模式図.

とすると，得られる反射率信号は，R，$R+\Delta R$，R，$R+\Delta R$，R，…の繰り返しとなる．ここから反射率変化 ΔR を得るために，PC において $(R+\Delta R)-R$ の演算を行い，得られた ΔR 信号の積算を行う．この結果得られる ΔR の値と，PC によって制御される電動ステージの位置情報から得られる遅延時間 τ_d を合わせて記録することで，$\Delta R(\tau_d)$ が得られる．ΔR の符号（正，負）の判定と R と $R+\Delta R$ の区別は，チョッパーによって間引かれた後の励起光パルスによって行うことができる．

試料からの反射光の検出される信号 I_{sam} を，試料の反射率を R，定数 A を用いて次式のように書く．

$$I_{sam} = ARI_0. \tag{5.41}$$

一方，参照光の信号を I_{ref} として以下のように書く．

$$I_{ref} = BI_0. \tag{5.42}$$

ただし，B は定数である．また，励起光パルスが試料に入射している場合，反射率が R から $R+\Delta R$ に変化したとする．その際の反射光の信号 I'_{sam} は

$$I'_{sam} = A(R+\Delta R)I'_0 \tag{5.43}$$

となる．また，このときの参照光 I'_{ref} を

$$I'_{ref} = BI'_0 \tag{5.44}$$

と書く．ここで，プローブ光強度の揺らぎに起因する雑音を除去するため，式 (5.41)，式 (5.43) をそれぞれ式 (5.42)，式 (5.44) で割ると，それぞれ

$$\frac{I_{sam}}{I_{ref}} = \frac{ARI_0}{BI_0} = \frac{AR}{B}, \tag{5.45}$$

$$\frac{I'_{sam}}{I'_{ref}} = \frac{A(R+\Delta R)I'_0}{BI'_0} = \frac{A(R+\Delta R)}{B} \tag{5.46}$$

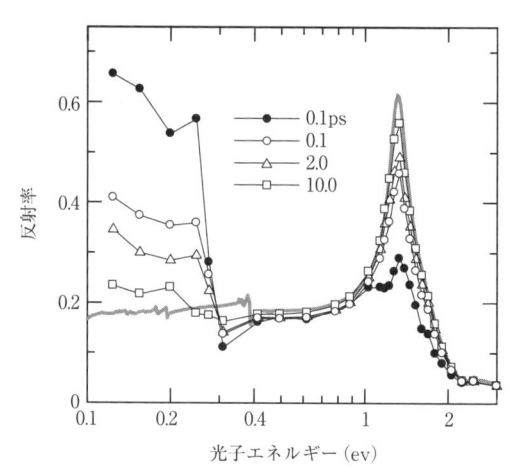

図 5.21 次元ハロゲン架橋ニッケル錯体 [Ni(chxn)$_2$Br]Br$_2$ の過渡反射スペクトル (300 K) [5-48, 5-49].

となる. 式 (5.45), 式 (5.46) から反射率変化 $\Delta R/R$ を求めると

$$\frac{\Delta R}{R} = \frac{I'_{sam}/I'_{ref} - I_{sam}/I_{ref}}{I_{sam}/I_{ref}} \quad (5.47)$$

となる.

励起光パルスは, 再生増幅器のポッケルスドライバからのトリガ信号と同期したチョッパーによって, 1発ごとに間引かれ (1 kHz → 0.5 KHz) 試料に照射されている. このため, 検出される試料からの反射光は, 励起光が無い場合の"I_{sam}/I_{ref}"と励起光がある場合の"I'_{sam}/I'_{ref}"の繰り返しとなる (図 5.19 (b)).

ここから反射率変化 $\Delta R/R$ を得るために, PC において $\frac{I'_{sam}/I'_{ref} - I_{sam}/I_{ref}}{I_{sam}/I_{ref}}$ の演算と積算を行う. この結果得と, PC によって制御される光路差調整用電動ステージの位置情報から得られる遅延時間 τ_d と併せて記録することで, $\Delta R/R(t)$ が得られる. ここで, $\frac{I'_{sam}/I'_{ref} - I_{sam}/I_{ref}}{I_{sam}/I_{ref}}$ の符合の判定は, チョッパーによって間引かれた後の励起光パルスの一部を検出すること (図 5.19 の励起光モニター) で行っている.

図 5.21 に, このようにして求めた過渡反射スペクトルの例として 1 次元ハロゲン架橋ニッケル錯体 [Ni(chxn)$_2$Br]Br$_2$ の光励起後の過渡反射スペクトル

（300 K）を示す．灰色実線は，定常状態の反射スペクトルを表す．励起後ただちに（0.1 ps 後），絶縁体の電荷ギャップを反映する 1 eV の反射ピークが消滅し，代わりに赤外光領域に金属のドルーデ反射が現れる（6.6節参照）．

5.2 テラヘルツ時間領域分光

本節では，テラヘルツ（THz）時間領域分光について概説する．THz 光とは，波長が数十～数百 μm 程度のいわゆる遠赤外光領域の電磁波である．この領域の分光測定は，古くからフーリエ変換赤外（FT-IR）分光などによって行われてきたが，最近，高出力かつ高安定なフェムト秒レーザーの普及が，この波長領域の光源開発と分光測定に飛躍的な発展をもたらした．また，この波長領域では，光の振動数が低いため試料からの透過や反射光の振幅と位相を時間軸で直接測定することができるので，透過率や反射率のスペクトルから（K-K 変換なしに）光学定数を決められる．時間軸上の電場振動波形を直接測定することから，THz 時間領域分光（THz time-domain spectroscopy：TDS）と呼ばれている．TDS 自体は，本来，定常状態の分光測定法であるが，i) THz 光の発生と検出にフェムト秒レーザーを用いていること，ii) 光励起-THz プローブ分光などの過渡分光にも応用が容易であることから本節で紹介する．THz 光の発生と検出は，光スイッチ（オーストンスイッチ）や光伝導アンテナを用いる方法と，2次の非線形光学効果による方法がある．ここではまず，THz 光の発生と検出について簡単に説明した後，測定された時間波形から光学定数を求めるデータ解析の方法について述べる．

5.2.1 光スイッチによる THz 光発生

半導体中に発生させた光キャリアに，バイアス電圧を印可して過渡電流を誘起すると，その過渡電流による双極子放射によって THz 光を発生させることができる [5-50~5-52]．フェムト秒レーザー励起によって，電流の変調をサブピコ秒の時間スケールで起こせば，発生する電磁波も同じ時間スケールのモノサイクルパルスとなる．このような半導体素子は，光伝導アンテナあるいはオーストン（Auston）スイッチ [5-53] と呼ばれる．その模式図を図 5.22 に示す．光伝導スイッチは半導体基板上に金属で回路をつくり，スイッチとなる部分には空間的な微小ギャップが作られる．このギャップ間に適当なバイアス電圧を印加し，ギャ

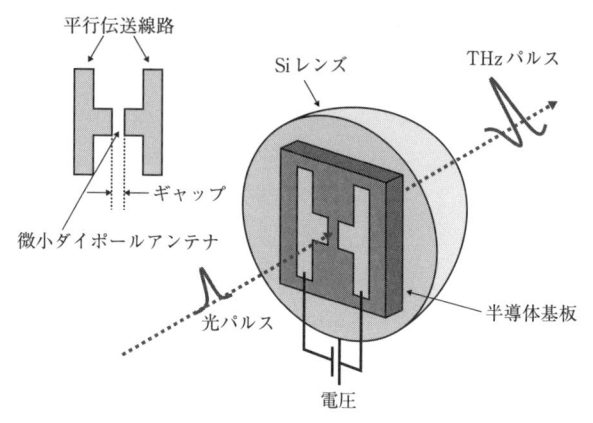

図5.22 光伝導アンテナの模式図.

ップに半導体のバンドギャップよりも高いエネルギーを持ったレーザーパルスを照射すると，半導体に電子，正孔の自由キャリアが生成されて，パルス状の過渡電流が生じる．レーザー照射による電流 $j(t)$ は過渡的な光伝導率を $\sigma(t)$ と仮定すると

$$j(t) = \frac{\sigma(t)E_{\text{bias}}}{\frac{\sigma(t)Z_0}{1+n_{\text{d}}}+1} \tag{5.48}$$

で与えられる [5-54]．（ただし，Z_0 は真空の特性インピーダンス，n_{d} は半導体の THz 領域の屈折率）上式の分母は励起されたキャリアによりバイアス電場 E_{bias} がスクリーニングされる効果を表している．

双極子放射による電磁波は遠方では

$$E_{\text{THz}}(t) \propto \frac{\partial J(t)}{\partial t}, \tag{5.49}$$

$$J(t) = \frac{1}{l_{\text{eff}}} \int_{\text{gap}+\text{アンテナ}} j(t) d\vec{r} \tag{5.50}$$

で与えられる．ただし，l_{eff} はアンテナの実効長である．$j(t)$ の積分はアンテナを含む全領域について行う．このように電流の一階時間微分で THz 光の時間応答が記述されるので THz 光発生は短パルス幅が狭いほど得られる THz 光のパルス幅も狭くなり，広帯域なスペクトルが得られることがわかる．以下のように，$\sigma(t)$ はレーザーの強度プロファイル $I(t)$ とキャリア寿命 τ_{c} できまる．

$$\sigma(t) = e\mu n(t) = \frac{e\mu}{h\nu\delta} \int_0^\infty I(t-t')\exp\left(-\frac{t'}{\tau_{\text{c}}}\right)dt'. \tag{5.51}$$

ただし，e は電子電荷，$h\nu$ は光子のエネルギー，μ は移動度，δ は半導体へのレーザーの侵入長である．通常，励起に用いるレーザーのパルス幅 τ_p はキャリア寿命に比べて短いので，$\sigma(t)$ の立ち上りはレーザーのパルス幅で決まり，立ち下りはキャリア寿命で決まる．しかし，$\tau_p \ll \tau_c$ の超短パルスを用いて，高周波の THz 電磁波を発生する場合には，キャリア寿命ではなくレーザーパルス幅に制限を受ける． THz 発生用の基板としては，低温成長ガリウムヒ素（LT-GaAs）が用いられることが多い．LT-GaAs は過剰の As を含み，欠陥が多数存在してキャリアの捕獲または，再結合中心となるため，非常に短いキャリア寿命（<1 ps）を示す [5-55, 5-56]．とくに，検出に光伝導アンテナを用いる場合は，キャリア寿命に比例して熱雑音のレベルが上がるので，キャリア寿命の短い半導体を用いることが有効である．また，一般にアンテナからの電磁波の放射は数十度にわたる広角度に分布することから，全反射による損失を避けるために図 5.22 のように THz 域で吸収損失の少ない高抵抗の半導体レンズ，たとえば超半球状の Si レンズなどに発生用基板を密着させて使われる．

5.2.2 光伝導アンテナによる THz 光検出

　光伝導アンテナを用いた THz 光検出は，発生方法の逆過程を用いる．THz パルスは，軸外し放物面鏡を用いて光伝導アンテナ素子に集光させる．この時同時に検出に用いる光伝導アンテナのギャップに THz 光の入射方向とは反対側からプローブ光パルスを照射することによりゲートをかける．検出側の光伝導ギャップ中に励起されたキャリアが電磁波の電場によって加速され微弱な電流パルスが生じるが，この電流の平均値 $\bar{J}_{pc}(\tau)$ 直流電流成分は電磁波の振幅波形 $E_{THz}(t)$ とキャリア密度 $n(t)$ のコンボリューションに比例する．

$$\bar{J}_{pc}(\tau) \propto e\mu \int_{-\infty}^{\infty} E_{THz}(t) n(t-\tau) dt \tag{5.52}$$

ここで μ はキャリアの移動度，τ は THz 電磁波に対するプローブ光パルスの時間の遅れである．キャリア密度 $n(t)$ は THz 発生法で述べた式（5.51）で同様に与えられる．キャリアの寿命が電磁波のパルス幅に比べて十分短ければ $n(t)$ は δ 関数的になり，式（5.52）で与えられる信号電流は，THz 電磁波の電場波形を与えることになる．

5.2.3 2次非線形光学効果を用いた THz 光の発生

再生増幅器など，低繰り返しの高出力光源を用いる場合，THz パルスの発生，検出には，非線形光学効果を用いることが多い．反転対称性のない物質では，2次の非線形光学によって，SHG や OPA などの波長変換が可能になることはすでに第3章で述べた．非線形光学効果による THz 発生も，同様に DFG 過程あるいは OR 過程によると考えることができる．フェムト秒レーザーは，パルス幅とフーリエ変換の関係で結ばれるスペクトル幅を持つ．そのスペクトル幅の中の任意の周波数成分の間で DFG 過程による光が発生する場合，低周波数側の限界は0，高周波数側の限界はスペクトルの帯域で決まる．したがって，帯域幅の広い短パルスレーザーは，広帯域の THz 光を発生することを可能にする．実際の結晶においては，$\chi^{(2)}$ は3階テンソルであるため，THz 電磁波の発生強度は，入射電場ベクトルと結晶軸の相対角 θ に依存し，また帯域は位相整合条件に依存する．ZnTe の (110) 面に THz 電磁波が垂直に入射する場合，

$$E_{\text{THz}} \propto \left\{-3\left(\sin^2\theta - \frac{2}{3}\right)^2 + \frac{4}{3}\right\}^{\frac{1}{2}} \tag{5.53}$$

である [5-58]．ただし，THz 電磁波の偏光方向は ZnTe の [001] 方向と角度 θ をなしているとする．差周波発生などのように3つの波が相互作用する場合，それらの波数ベクトルを k_1, k_2, k_3 その周波数をそれぞれ $\omega_1, \omega_2, \Omega = \omega_1 - \omega_2$ とすると位相不整合因子は，

$$\frac{\sin^2(\Delta k L/2\pi)}{(\Delta k L/2\pi)^2} = \text{sinc}^2\left(\frac{\Delta k L}{2\pi}\right) = \text{sinc}^2\left(\frac{L}{2L_c}\right) \tag{5.54}$$

で与えられる．ただし，$\text{sinc}^2(x) = \text{sinc}^2(\pi x)/\pi x$ で，L は結晶の厚さ，$\Delta k = |k_1 - k_2 - k_3|$ は3つの波の位相のずれである．L_c は実効コヒーレンス長で

$$L_c = \frac{\pi}{\Delta k} \tag{5.55}$$

で定義される．このとき L_c は

$$L_c = \frac{\lambda_{\text{THz}}}{2|n_g - n_{\text{THz}}|} \tag{5.56}$$

で与えられる [5-57]．ここで n_{THz} は周波数 Ω における非線形結晶の屈折率，λ_{THz} は真空中の周波数 Ω の THz 光の波長，n_g は励起レーザーパルスの群屈折率である．

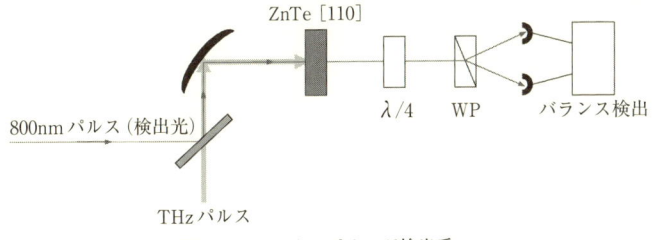

図 5.23 EO サンプリング検出系.

5.2.4 2 次非線形光学効果による THz 光の検出

THz 光の検出法にも非線形光学結晶を用いることができる. この方法は, 電気光学 (EO) サンプリング法 (図 5.23) として知られている [5-58]. EO 効果は THz 電場による 2 次の非線形光学過程 (ポッケルス効果光) を利用したものであり, 高強度, 低繰り返し光源では, この方法が一般的である. THz 電場 E_{THz} を EO 結晶に入射させると, 中心対称性のない結晶の場合, 2 次の非線形分極によって, 2 つの直交成分の屈折率に差が生じて, その屈折率異方性の差が検出光の偏光回転によって検出される. 屈折率異方性によって直行成分に生じる位相差 Γ は, 偏光回転角が小さい場合

$$\Gamma = \frac{2\pi}{\lambda} n^3 \gamma_{41} d E_{THz} \tag{5.57}$$

で与えられる. ただし, 各定数は THz 電磁波が ZnTe 結晶の (110) 面に垂直に入射する場合 (n は屈折率, γ_{41} はポッケルス係数, d は ZnTe 結晶の厚さ, λ は検出光の波長) である. このように位相差が与えられることにより直線偏光が楕円偏光へと変化する. 位相差を与えられ楕円偏光にされた検出光をウォーラストンプリズム (Wollaston prism：WP) で 2 つの偏光成分 (I_1, I_2) に分けてバランス検出器で受け, それぞれの強度の差分を検出している. Γ と強度差 ΔI の関係は

$$\Delta I = I_1 - I_2 \propto \Gamma \tag{5.58}$$

となり, Γ は E_{THz} に比例しているから ΔI の測定により THz 電場の振幅が測定可能となる.

5.2.5 THz 時間領域分光の測定法

実際の光学系の概略を図 5.24 に示す. フェムト秒レーザーパルスは, ビームスプリッター (beam splitter：BS) により THz 光発生用と検出用に分けられ

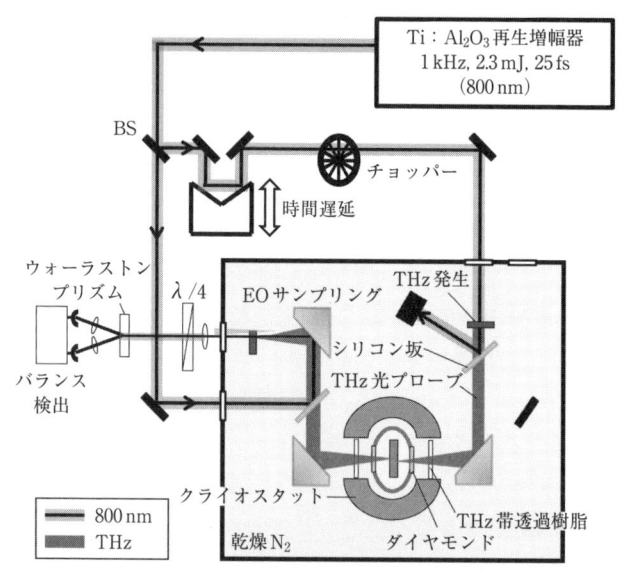

図 5.24 THz 光の発生と検出：光学系.

る．THz 光発生用パルスは，非線形光学素子（ZnTe, GaP, GaSe, DAST）に集光され THz 光が発生する．発生した THz パルスは，試料を透過した後，軸外し放物面鏡を用いて電気光学結晶（ZnTe, GaP）に集光させる．このとき，同時に検出用レーザーパルスを照射することによりゲートをかけ，上で述べた電気光学検出（EO サンプリング）法により THz 光を検出する．THz 光発生のレーザーパルスと検出用レーザーパルスとの時間遅延は，コーナーキューブミラーによって制御した自動並進ステージを用いて，検出用レーザーパルスの光路長を変化させることによって制御している．THz 光が伝搬する経路は，空気中の水分子による吸収の影響を避けるため，真空状態や乾燥ガス雰囲気に保つ必要がある．図 5.25 (a), (b) に実際に観測した，THz 時間波形と，これをフーリエ変換して求めたスペクトルを示す．時間波形を見ると，モノサイクルに近い電場が発生していることがわかる．また，スペクトルの重心は低エネルギー側にあり，~4 meV で最大強度を示す．

5.2.6 光学定数の導出

TDS では，THz 電場強度の時間波形から，光学定数を決定することができる

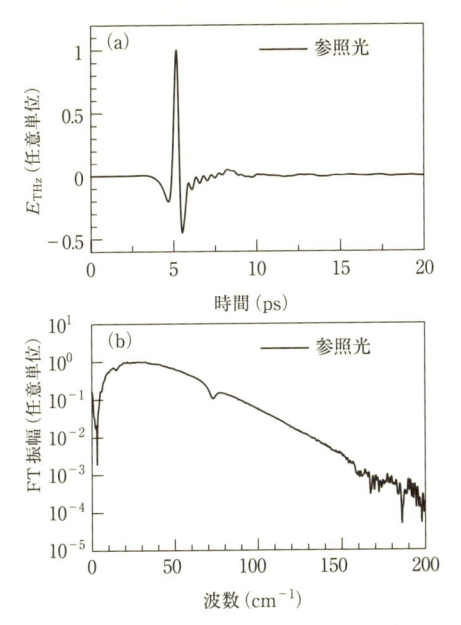

図 5.25 THz 時間波形とスペクトル. 発生, 検出に ZnTe を用いた場合.

[5-59～5-62]. 反射率から, 屈折率 n, 消衰係数 κ, 光学伝導度 σ, 誘電率 ε などの光学定数を求める場合, 広い周波数領域の測定データからクラマース-クローニッヒ (KK) 変換を行うことで測定対象の光学定数を求めなければならなかった. 通常の反射や透過測定では光の強度スペクトルのみで位相の情報は得られないからである. しかし, TDS では物質の応答関数を, 位相も含めて実時間で観測できるので, KK 変換を用いることなしに THz 領域の光学定数を得ることができる. 時間領域分光の結果から, 光学定数を求めるためには, 以下の手順が必要となる.

(1) THz 電場の時間波形を測定し, 実験的な複素透過率 $\tilde{t}_{\mathrm{meas}}(\omega)$ を求める.
(2) 光学応答のモデルを仮定し, 複素透過率 $\tilde{t}_{\mathrm{theo}}(\tilde{n}, \omega)$ の表式を求める.
(3) 実験的な複素透過率と, モデルによる複素透過率の表式が等しいと仮定する. つまり

$$\tilde{t}_{\mathrm{meas}}(\omega) = \tilde{t}_{\mathrm{theo}}(\tilde{n}, \omega) \tag{5.59}$$

を計算することで, 光学定数 $\tilde{n}$ を求める.

いま, THz 電場の時間波形 $E(t)$ をフーリエ変換すると, 振幅スペクトル

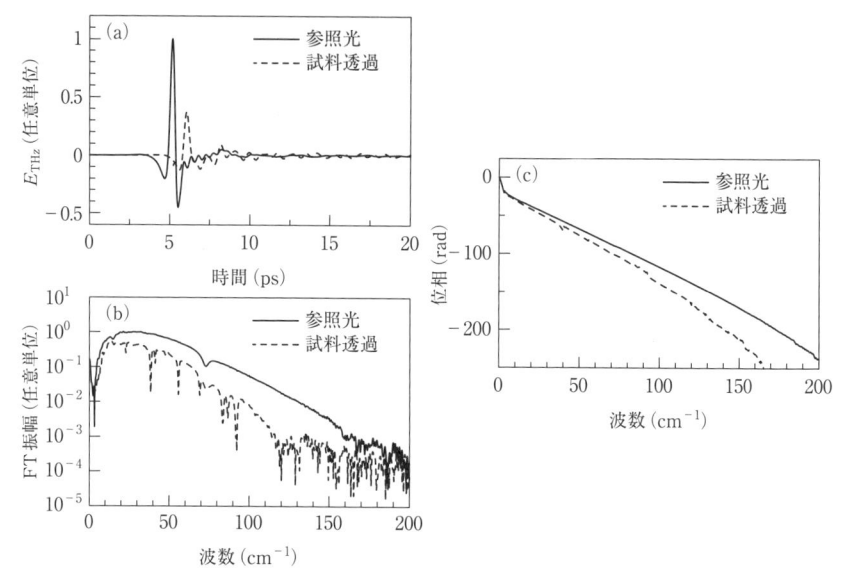

図 5.26 κ-$(ET)_2ICu_2(CN)_3$(10 K, E//b) の透過スペクトル (a) THz 電場波形, (b) 強度, (c) 位相. 実線：試料なし, 点線；試料透過.

$|\tilde{E}(\omega)|$ と位相スペクトル $\theta(\omega)$ を得る．

$$\frac{1}{2\pi}\int_{-\infty}^{\infty}E(t)\exp(i\omega t)dt = \tilde{E}(\omega) = |\tilde{E}(\omega)|\exp\{i\theta(\omega)\}. \quad (5.60)$$

試料を挿入したときと，挿入しない場合のフーリエ変換スペクトルを，それぞれ添え字 sam および ref とすると，実験的な複素透過率 $\tilde{t}_{meas}(\omega)$ は次のように表すことができる．

$$\tilde{t}_{meas}(\omega) = \frac{\tilde{E}_{sam}(\omega)}{\tilde{E}_{ref}(\omega)} = \frac{|\tilde{E}_{sam}(\omega)|}{|\tilde{E}_{ref}(\omega)|}\exp[i\{\theta_{sam}(\omega) - \theta_{ref}(\omega)\}]. \quad (5.61)$$

図 5.26 に，実験から得られた κ-$(ET)_2Cu_2(CN)_3$(10 K, E//b) の (a) THz 電場の時間波形，(b) 強度スペクトル，(c) 位相のスペクトルを示す．また，図 5.27 には，(a) 屈折率，(b) 消衰係数，(c) 誘電率，(d) 光学電導度をそれぞれ示す．

5.2.7 光励起-THz プローブ分光

THz 光領域は，1 meV から数十 meV($10 \sim 500 \, cm^{-1}$) のエネルギー領域に相当する．このエネルギー帯域には，半導体における光キャリアや励起子，有機物

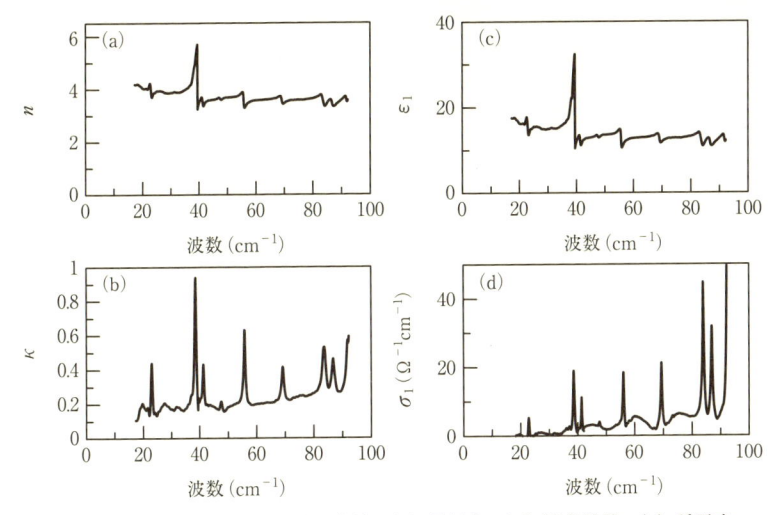

図 5.27 図 5.26 から得られた光学定数．(a) 屈折率，(b) 消衰係数，(c) 誘電率，(d) 光学伝導度．

質における分子間振動，強相関不良金属や電荷密度波の低エネルギー素励起など物性物理として興味深い対象が数多くある．光励起による素励起のダイナミクスをフェムト秒やピコ秒の時間領域で観測することはきわめて重要である．

図 5.28 は，光励起後の THz 領域の過渡吸収測定装置の模式図である．前節で述べた時間領域分光に励起光を試料に導く光学系が加わっている．EO 検出のためのゲート光と THz プローブ光の遅延時間を制御するための光学遅延回路のほかに，励起光と THz プローブ光（あるいは励起光とゲート光）間の遅延時間を制御するためにもう 1 つ光学遅延回路があることが特徴である．

3 つのパルス（励起光，THz プローブ，ゲート光）の時間的な関係を図 5.29 に示してみよう．それぞれのパルスの照射時刻（試料表面に到達する時刻）を t_p, t_{THz}, t_g と表すことにする．また，図 5.28 の実験配置では，ゲート光に対する励起光と，THz プローブ光の時間差（$\tau_d = t_g - t_p$, $\tau = t_g - t_{THz}$）が可変になっている．たとえば，励起後時刻（$\tau_d - \tau = t_{THz} - t_p$）において観測される THz プローブ光の変化は，励起光とゲート光の間隔 τ_d を固定し，THz プローブ光とゲート光の間隔 τ を変化させながら電場強度を測定すればよい．この時，THz プローブ光にはチャープがかかっており，実は，励起光と THz プローブ光の時間差はプローブ光のエネルギーに依存する．しかし，その効果は，τ_d をが固定さ

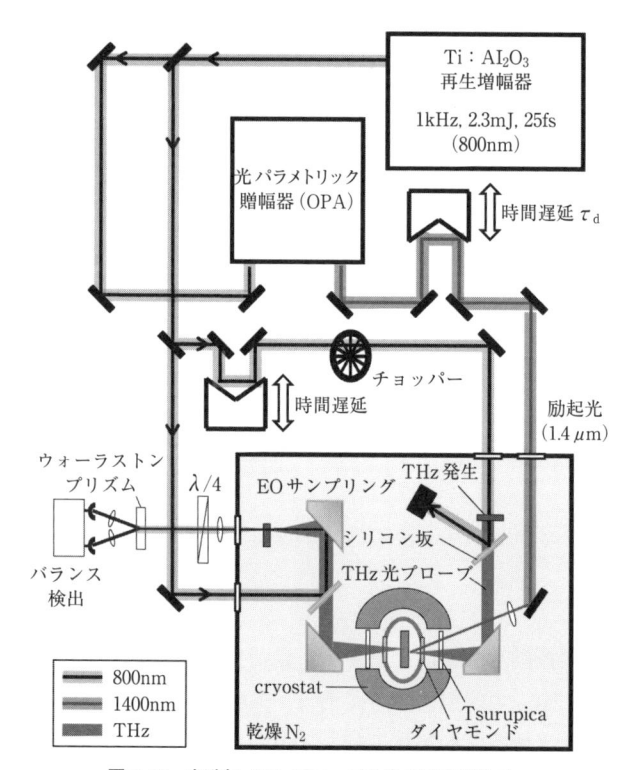

図5.28 光励起-THzプローブ分光の測定光学系.

れていることによって補正されている.

一例として，図5.30に，光励起-THzプローブ法によって得られた量子井戸半導体（GaAs）における結果を示す[5-64]．$1s$状態にある重い正孔の励起子を共鳴励起した場合には，$1s$状態から$2p$状態への励起子の内部遷移が〜7 meVに観測される．一方，自由電子-正孔対を励起した場合には，励起直後に，ドルーデ成分と励起子の成分が同時に現れ，時間の経過とともに，ドルーデ成分は減少して励起子の成分が増加する．このようなスペクトルの変化は，光キャリアの$1s$励起子への緩和が，サブナノ秒で進行する様子を直接とらえたものである．この結果は，可視光領域のポンプ-プローブ実験や時間分解発光分光測定から予想されていた自由電子-正孔対や励起子のダイナミクスをようやく明確な形で示したものと言える．間接遷移半導体のSiにおいては，高密度光キャリアのダイナミクスを反映するTHzスペクトルが詳細に調べられている[5-65]．しかし，

5.2 テラヘルツ時間領域分光

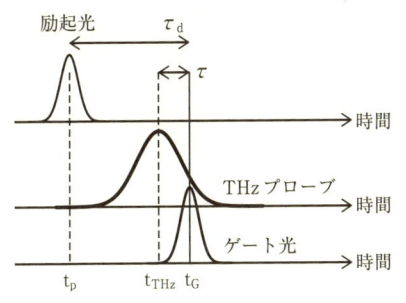

図 5.29 光励起-THz プローブ分光における 3 つのパルス（励起光，THz プローブ，ゲート光）の時間的な関係．

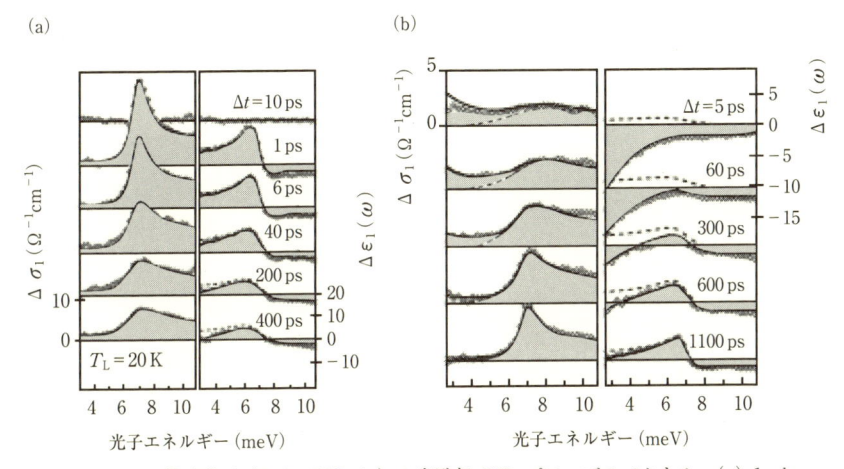

図 5.30 GaAs 量子井戸（GaAs/AlGaAs）の光励起-THz プローブスペクトル．(a) 1s hevy hole（重い正孔）励起子を共鳴励起した場合，(b) 自由電子-正孔対を励起した場合．左：光学伝導度の変化，右：誘電率の変化．点線は，励起子成分のみ，実線は，励起子＋自由電子正孔対を考慮したモデルによる計算．[5-64] より転載．

THz 光でそのような，"きれいな"光キャリアや励起子だけではない．遷移金属酸化物や有機物質では，強い電子間相互作用によって，このエネルギー領域に，電子相関によって生じる電子の集団励起が現れることがある．

図 5.30 (a) は，有機半導体 $\kappa\text{-}(ET)_2Cu_2(CN)_3$（10 K，E//c）における光照射後 0.1 ps，7 ps の光学電導度の変化を示す [5-64]．この物質は，強誘電リラクサーによる誘電異常を示し，$30\,\text{cm}^{-1}$（~ 1 THz）に，その誘電異常に関係した電荷の集団励起が観測されている（図 5.31 (b)）．この ~ 1 THz の応答は，電子相関

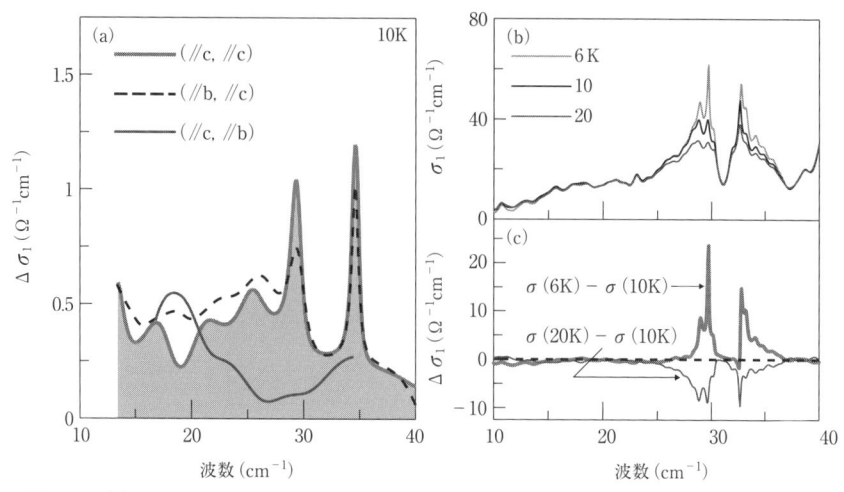

図 5.31 (a) κ-$(ET)_2Cu_2(CN)_3$(10 K, E∥c) における光照射後 0.1 ps の光学電導度の変化. (b) 定常光学伝導度スペクトル. (c) 温度差分スペクトル. 太線 (6 K と 10 K の差分) は温度低下を表し, 細線 (20 K と 10 K の差分) は温度上昇を示す. [5-66] より転載.

のよって生じる電荷の偏りが微視的な双極子を形成し, その微視的な双極子が集団応答を示すことによると考えられている.

図 5.31 (a) に示した励起直後 (0.1 ps) に観測される光学電導度の増加は, 分極ナノドメインの成長を示している. このスペクトルの変化を, 図 5.31 (c) の温度差分スペクトルと比べてみると, 光励起によって, 電子の有効温度が減少しているように見える. この物質のように, 電子やスピン, 格子の自由度が競合している系では, 光励起によってエネルギーやエントロピーを増大させても, 自由度間のエネルギーのやり取りによって, このようなこと (ある自由度に限定すれば有効温度が下がる) が起こり得るのかもしれない. 光による"電子の冷却"は, 物質系をうまく選べば, 光誘起強誘電性や強磁性, あるいは, 光誘起高温超電導などにつながる可能性が期待される.

本書では詳しく触れられなかったが, 最近発生が可能になった数百 kV/cm にも及ぶ高強度の THz 光を用いることで, 低エネルギーのフォノンの非線形励起 [5-67] や, 衝突電離によるキャリア増幅 [5-68] などが実現されている. これらの結果は, 従来の光励起によるキャリア, 励起子生成や, 励起状態における電子格子相互作用を介したフォノンダイナミクスとはまったく異なった世界が展開されることを予感させる [5-69〜5-72].

6 光誘起相転移の超高速ダイナミクス

　第5章では，量子井戸半導体やイオン結晶，金属錯体などにおいて，光を照射すると色がブリーチ（褪色）したり，あるいは透明だった波長領域に吸収が現れる例を紹介した．これらは，光キャリアや励起子の生成と，あるいは電子間，電子–格子間の相互作用を経た緩和過程や過渡的な格子欠陥の生成として理解できる．一方，第2章で紹介した強相関電子系物質においては，母体結晶の光学ギャップそのものが大きく変化したり，場合によっては消失してしまうような，より劇的な"光による物質の色の変化"が観測される．本章では，そのような光によって物質の電子状態や結晶構造が変質してしまう現象，すなわち，光誘起相転移について紹介する．

　物質の色や電気伝導性，磁性などの性質を光で自由自在に操る（図6.1）ことは，光科学の重要な目標の1つである．超高速演算や通信の動作原理としてだけではなく，「好きな時刻に，好きな場所に，好きな物質相を作る」時空間上での

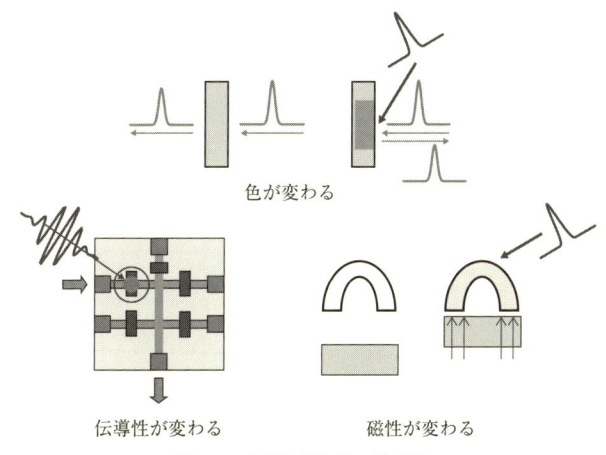

色が変わる

伝導性が変わる　　　磁性が変わる

図6.1　光誘起相転移の模式図1

図 6.2 光誘起相転移の模式図 2.

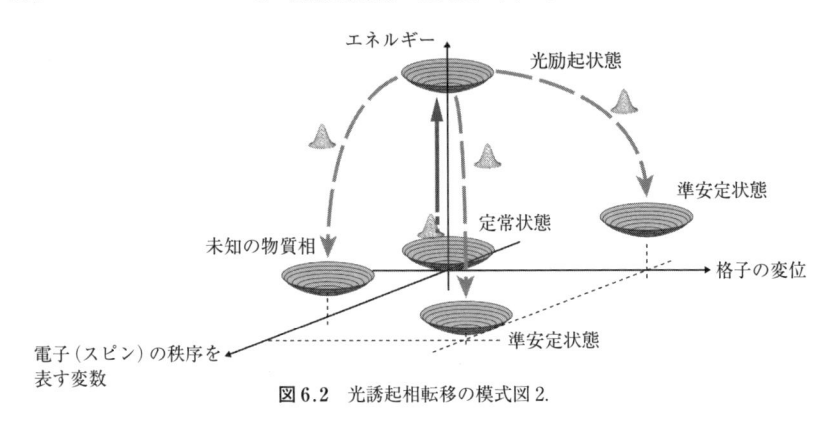

物質設計の戦略としても期待が大きい．遷移金属の酸化物や錯体，低次元有機伝導体などのいわゆる強相関電子系物質では，電子（スピン）間相互作用や電子-格子相互作用が競合することによって，しばしば数多くの準安定状態が存在する（図 6.2）[6-1〜6-8]．光励起による少数のキャリアや励起子の生成を引き金として，物質をこのような準安定な物質相へと移行させる試みは，光科学と物性物理学のクロスロード（交差点）としても注目されている．このような光励起状態における協力現象は，総称して"光誘起相転移"と呼ばれており，第 5 章でふれた自己捕獲励起子や局所的な欠陥生成とは区別した議論がなされている．光誘起相転移の研究は，1980 年代から 1990 年代の前半にかけてすでに開拓的な報告がなされているが，1990 年代後半から今世紀にかけてのフェムト秒チタンサファイアレーザーとパラメトリック増幅器の普及によって飛躍的な発展を遂げた[6-9〜6-12]．本章では，超短パルスレーザーを用いた研究に携わってきた"当事者"の一人として，この分野の研究の推移を少々主観的に紹介することにしよう．

6.1 相 転 移

光誘起相転移の話を始める前に，相転移の熱力学的な取扱いについてごく簡単におさらいしておこう．熱力学の第 2 法則によれば，物質はヘルムホルツ（Helmholz）の自由エネルギー（$F = U - TS$，U：内部エネルギー，S：エントロピー，T：温度）を減少させるように変化する．すなわち，内部エネルギーを低く，エントロピーを大きくするように安定化する．水の相転移（図 6.3（a））を例に挙げると，エントロピーの小さな低温状態では，内部エネルギーが小さい

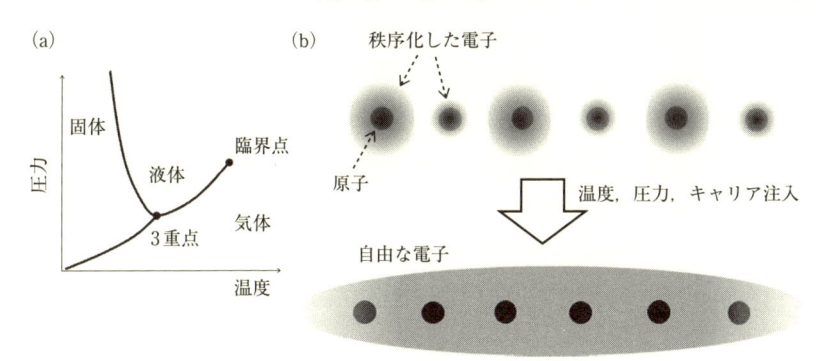

図 6.3 (a) 水分子の相図. (b) 電子の秩序（絶縁体：上）から，自由電子（金属：下）への相転移の模式図.

ことが大きな利得となるので，水分子は分子間の相互作用によって凍結（秩序化）する．一方，エントロピーの大きな高温では，乱雑な状態，すなわち気体が安定となる．水分子に限らず，物質中では，電子や原子あるいは，スピン，電気双極子の集団が凍結や融解を起こすことによって，絶縁体-金属転移や強磁性，強誘電転移，超伝導などの相転移が起こる．図 6.3 (b) は，クーロン反発によって秩序化した電子（絶縁体）から自由電子（金属）への相転移の模式図である．このような相転移の本質は，きわめて多くの微視的要素からなる系を舞台としていることである．

一方，前章までに述べてきた，自由電子-正孔対や励起子などの光励起状態は，基本的には単一粒子として扱われることが多い．その理由は，励起エネルギーが電子やスピンの秩序形成を特徴づける相互作用のエネルギーに比べてはるかに大きいからである．このような高いエネルギーを持つ孤立粒子の生成を，低エネルギー粒子の集団的な変化である相転移へと導くにはどのようなシナリオがあり得るのだろうか？　光誘起相転移という現象は，そのような問いに対する1つの答えである．

相転移という現象は，本来，均一な平衡状態から別の平衡状態への移行を意味することが多いが，ここでは少し拡大解釈をして，準安定な状態へ（または，準安定な状態から）の移行も含めることにしよう．たとえば，光照射の瞬間だけ色が変わる，絶縁体が金属（超伝導）になる，非磁性物質が磁石になるといった現象はどのように起こるのだろう．10 ピコ秒，つまり 1000 億分の1秒の間しか存在しない磁石や強誘電体，超伝導の可能性やその性質を調べることは，応用上の使い道は別にしても，たとえば「その物質が，なぜ，（定常状態において）超伝

導を示さないのか？」「超伝導を示す物質と示さない物質の違いは何か？」という基礎科学の問題を考える上では有効なアプローチとなるだろう．そこでは，相分離，相関長，臨界現象など熱力学的な概念が重要な役割を果たす．本書では，そうした側面に関してあまり触れてこなかったので，光誘起相転移の話を始める前に，相転移の熱力学的な取扱いついてごく簡単に復習しておくことにする．ここではもっとも基本的なモデルであるイジング（Ising）模型を用いた説明を紹介する．詳しくは熱力学や統計力学の教科書を参照されたい [6-13〜6-17]．

6.1.1 相転移と対称性の破れ

イジング模型は，スピンの秩序状態（磁性体）を記述するためのものであるが，ほかの色々な相転移の定性的な理解にも役立つことが知られている．たとえば，上向きスピン，下向きスピンをそれぞれ，電荷のある，なしに置き換えれば，電荷秩序を表すことも可能となる．

ハミルトニアンは，

$$H = -J\sum_{i,j}\sigma_i\sigma_j - H_{\text{ex}}\sum_i \sigma_i + E_0 \tag{6.1}$$

と書くことができる．$\sigma_i = \pm 1$ は，各サイトに上向き，下向きスピンが存在することを意味し，H_{ex} は外部磁場，J はスピン間に働く交換相互作用を表す．各サイトの平均の磁化 m と，全磁化 M を定義すると，分子場近似（平均場理論）の下で式 (6.2) が成り立つ．

$$M/V = \langle \sigma_i \rangle \equiv m = \tanh((zJm + H_{\text{ex}})/(k_B T)). \tag{6.2}$$

$H_{\text{ex}} = 0$ の場合には，自由エネルギーは

$$F = -k_B T \log Z, \tag{6.3}$$

$$Z = \sum_{\sigma_i = \pm 1} e^{-\frac{H}{k_B T}} = e^{-\frac{1}{2}\beta Jm^2 V}[2\cosh((zJm + H_{\text{ex}})/(k_B T))]^V \tag{6.4}$$

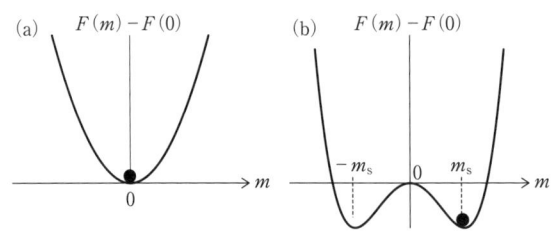

図6.4 イジング模型から導かれる自由エネルギー．(a) 高温，(b) 低温．

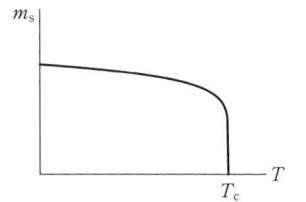

図6.5 正方格子イジング模型による m_s の温度依存性．

で与えられる．図 6.4 に示すように，高温では，$m=0$ が安定であり自発磁化は生じないが，低温では，自発磁化 $m=\pm m_s$ を生じる．このことは相転移の重要な特徴である．"対称性の破れ"として理解できる．すなわち，高温ではエントロピーの大きな高対称状態が安定だが，低温では内部エネルギーが小さい低対称状態が安定となる．

6.1.2 臨界指数

相転移近傍での振る舞いをもう少し詳しく見てみよう．式 (6.2) は，$H_{ex}=0$ の転移温度近傍で m が小さければ，

$$m = \beta zJM - \frac{1}{3}(\beta zJM)^3 + \cdots \tag{6.5}$$

と展開でき，

$$m_s \propto |T-T_c|^{1/2} \tag{6.6}$$

とみなすことができる．ただし，$T_c = zJ/k_B$ である．式 (6.5) は，もちろん $m=0$ という解を持つが，図 6.4 から明らかなように，低温では，$\pm m_s$ のほうが安定な解である．式 (6.6) は，自発磁化の大きさが，転移温度近傍（$T<T_c$）でどのように変化するのかを表しており，$|T-T_c|$ の肩の指数を臨界指数という．この場合（平均場理論）の臨界指数は 1/2 である．一般的に自発磁化 m_s の臨界指数は β で表され，2 次元正方格子のイジング模型では，オンサガー（Onsager）とヤン（Yang）により $\beta=1/8$ という厳密解が与えられることがわかっている（図 6.5）．

臨界指数は，そのほかの物理量，帯磁率 $\chi = \lim\limits_{H_{ex}\to 0} M/H_{ex}$ や，比熱 C についても議論されていて，それぞれの臨界指数は，γ や α で表され，それらはスケーリング則と呼ばれる関係によって結ばれるが，ここでは立ち入らない．ただし，相関長の臨界指数 ξ については触れてこう．相関長は 2 次相転移（熱の発生や吸収，構造変化を伴わない相転移）を記述する上で欠かせない概念の 1 つである．2 次相転移では，秩序のない状態から，秩序状態へ至る際に，まず短距離の局所的な秩序がクラスターとして形成され，それが転移温度で巨視的に広がる．このような短距離秩序は，"ゆらぎ"と呼ばれ，クラスターの大きさの目安は相関長 ξ として以下のように表される．

$$\xi \propto |T-T_c|^{-\nu} \tag{6.7}$$

6.1.3 臨界緩和：ファンホーブの現象論

以上のような，相転移温度の近傍での振る舞いを臨界現象と呼ぶが，これまで述べてきたのは，みな平衡状態における物理量に対する臨界現象であった．しかし，ダイナミックな現象にも臨界現象は反映される．この動的な臨界現象を説明するために，図6.6に示すようなギンツブルグ-ランダウ（Ginzburg-Landau：GL）の自由エネルギーを用いることにしよう．GLの自由エネルギー $F(m)$ は，以下の式（6.8）で与えられる．

$$F(M) = \frac{1}{2}aM^2 + bM^4 + cM^6 + \cdots - H_0 M. \tag{6.8}$$

ただし $b>0$ とする．M は秩序変数（式（6.2）の m を一般化したもの）を表す．図6.6の曲線は i → ii → iii の順に $a(>0)$ の値が小さくなり，iii $(a=0)$，から iv $(a<0)$ で a の符号が変わる．これが相転移に対応する．今，i) の温度における安定点から，外場によって図中の P の位置に状態を変化させたとしよう．このとき P の状態は熱力学的な復元力によって，元の安定点に戻ろうとする．しかし，その復元力は，相転移温度に近づくほど（i → ii → iii）弱くなり，緩和時間は発散的に増大する．このような秩序変数の緩和は，定性的には以下のようなファンホーブ（van Hove）理論によって理解することができる．いま，秩序変数の時間発展 $M(t)$ は，$F(M)$ の傾きに比例した復元力によって緩和すると考え，θ を係数として，

$$\frac{dM(t)}{dt} = -\theta \frac{dF(M)}{dM} \tag{6.9}$$

という微分方程式で表されるが，式（6.8）の2次までをとると，

$$\frac{dM(t)}{dt} = -2\theta a(T)M(t) \tag{6.10}$$

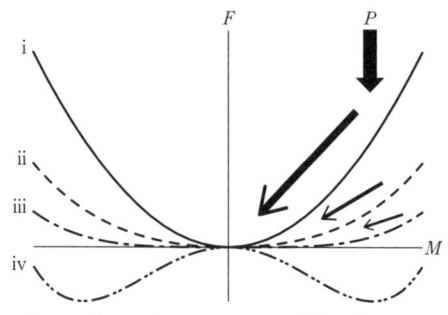

図6.6 ギンツブルグ-ランダウの自由エネルギー．
　　　(a) 高温，(b) 低温．

となる．この微分方程式の解はただちに，

$$M(t)=M(0)\exp\left(\frac{t}{\tau(T)}\right), \qquad \tau(T)=\frac{1}{2\theta a(T)} \qquad (6.11)$$

と解くことができる．拡張されたランダウの理論によれば[6-13]，

$$a(T) \propto (T-T_C)^\gamma \qquad (6.12)$$

だから，

$$\tau(T) \propto \frac{1}{(T-T_c)^\gamma} \qquad (6.13)$$

が導かれる．このファンホーフの臨界緩和理論では，式 (6.12) のランダウ理論を介して平衡状態（帯磁率）の臨界指数 γ（2次元イジングモデルでは，$\gamma=7/4$）を用いているのが特徴である．この理論は，定性的な理解には有用だが，現在ではこの臨界指数は間違っていることがわかっており，非平衡現象では平衡現象とは異なる臨界指数を用いることが受け入れられている．一般的には，式 (6.7) で導入した相関長の臨界指数 ν と非平衡系の臨界指数である動的臨界指数 z を用いて，

$$\tau(T) \propto \frac{1}{(T-T_c)^{\nu z}} \qquad (6.14)$$

と表される．最近の2次元のイジングモデルを用いたモンテカルロシミュレーションによれば，$\nu z = 2.1665$ という値が得られている [6-18]．

6.1.4 相転移の不均一性と核生成

ある特定の相の安定性や，安定相の近傍でのゆらぎについて述べてきたが，その揺らぎが大きくなって，ある相から別の相への相転移が起こる場合のことについて考えてみよう．揺らぎは，外場や温度変化によって与えられるが，ここでは，式 (6.1) のイジングモデルに戻って，図 6.4 (b) の低温相，すなわち，自発磁化が生じている状態に磁場をかけて $-m_s$ の状態から，m_s の状態への相転移が起きるとする．まず，図 6.7 (a) のように，弱い磁場を $-m_s$ の磁化が生じる（スピンがそろう）方向（負の方向）にかけておいて，次に磁場の方向を正の方向に反転させ，磁場を大きくしていく．すると，図 6.7 (b) のように，$-m_s$ の状態は準安定となる．この状態は，温度変化による相転移（たとえば水→氷）の場合の過冷却に対応するものである．さらに正方向の磁場を大きくすれば，図 6.7 (c) のようにバリアは消失し，状態は最安定な m_s へと移行する．磁化が逆

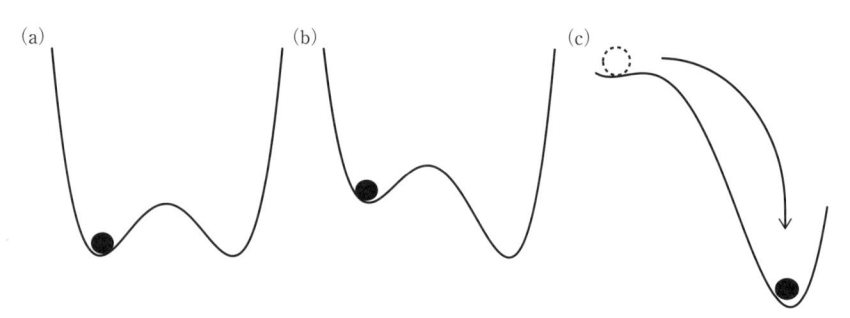

図 6.7 イジング模型の自由エネルギー．図 6.4（b）に磁場をかけた場合の模式図．(a) 磁場 0, (b) 磁場小, (c) 磁場大.

方向（正方向）にそろった状態 m_s から始めて，$-m_s$ へ相転移させる場合には，m_s が準安定になる負の磁場領域が存在する．このような，準安定な極小点に状態はある領域は，一次相転移におけるヒステリシスの起源として知られている．

一般に，このような温度や外場によってある相が不安定化し，その秩序が壊れていく様子は，秩序変数に対する運動方程式ランジュバン（Langevan）方程式によって詳細な研究が行われている．コンピュータシュミレーションを用いると，急冷や磁場の反転の直後には，微視的な 2 相の共存状態が存在するが，時間の経過とともに，それぞれの相は，より巨視的なドメインとして安定化して行く様子が示されている．このようなある準巨視的なドメインの成長は，核生成と言われている．核生成に必要な自由エネルギーの変化は，

$$\Delta F = 4\pi\sigma R^2 - \frac{4}{3}F_v R^3 \qquad (6.15)$$

と表される．σ は，単位面積当たりの界面エネルギーの損失（表面自由エネルギー），F_v は，体積増加による利得エネルギーである．ΔF は，図 6.8 に示すように，臨界半径 $R_c = 2\sigma/F_v$ で最大値 $\Delta F^* = 16\pi\sigma^3/3F_v$ をとり，$R > R_c$ で減少する．すなわち，$R < R_c$ のドメインは消滅し，$R > R_c$ のドメインは成長する．つまり，小さな核は，不安定であり消滅するが，ある程度大きな核ができれば後は自然に成長する．

6.1.5　光励起状態と相転移の普遍性："1 個，2 個，…" から "たくさん" へ

相関長や臨界緩和，核生成といった相転移の熱力学的な概念は，光誘起相転移の理解にも不可欠である．光キャリアや励起子などの少数の微視的な粒子を，不

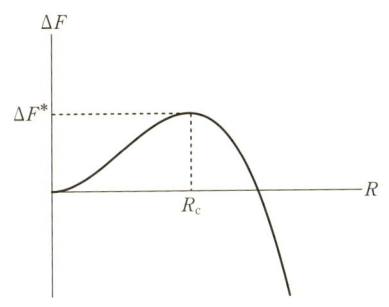

図 6.8 半径 R の核を生成するために必要な自由エネルギーの変化.

安定相の中に半ば強引に作り出すことをきっかけにしている光誘起相転移では，時間的，空間的な不均一性は通常の相転移以上に重要な意味を持つからである．光励起状態を種とする核やドメイン（クラスター）の生成は，図 6.7（b）（c）における最安定点から準安定点，あるいは準安定点から最安定点への移行に対応すると考えてよいだろう．ただし，"揺らぎ" としての光キャリアや励起子は，定常状態からきわめて高い（〜eV）エネルギー状態にあり，その意味では，基底状態のごく近傍（〜meV）で議論される通常の相転移や臨界性とは異なった特徴を持っていても不思議はない．

一般に，臨界現象などの熱力学的な性質は物質の微視的な性質にはよらない，というのが相転移の普遍性（ユニバーサリティ）である．微視的な電子構造を直接反映する光励起状態（1 個，2 個，…）からそのような普遍性を持つ相転移（たくさん）へ，いつ，どのようにつながるのか？という問いが，光誘起相転移のもっとも本質的な問題であろう．本章で述べる光誘起相転移と通常の相転移との類似点や相違点には何らかのヒントが隠されているはずである．

6.2 歴史的背景

本節では，この分野の研究の歴史的な背景について，おもに実験的な側面から振り返っておきたい．もっとも古い光誘起相転移の論文は，次節で述べるスピンクロスオーバー錯体 [6-19] に関するものである [6-20]．この時点（1984 年ごろ）では，光誘起相転移という名前ではなく，LIESST（light induced excited spin state trapping）と呼ばれていた．しかし，現在の光誘起相転移に直接つながる

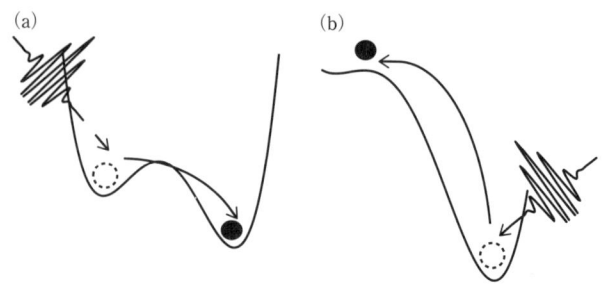

図 6.9 (a) 過冷却状態（ヒステリシス内）から安定状態への光有機相転移，(b) 安定状態から準安定状態への過渡的な"相転移"の模式図．

きっかけは，1990年代前半に行われたポリジアセチレン [6-21] と1次元電荷移動錯体 TTF-CA (tetrathiafulvalene-p-chloranil：テトラシアフルバレンパラクロラニル) [6-22] に関する研究であろう．前者では，明確な一次転移を示す（ヒステリシスが大きい）物質系において，ヒステリシス内の温度領域すなわち，過冷却状態に保持した物質に光を照射することによって，最安定な相へ移行させる（図6.9 (a)）という概念が初めて示された．一方，後者では，一次転移ではあるものの，比較的ヒステリシスが小さい系において，ヒステリシスの外でも，安定状態から，準安定状態への過渡的な"相転移"が起こることが示された（図6.9 (b)）．これらの先駆的な発見に刺激されて，1990年代には，理論と実験のコラボレーションが生まれ，その中で，光誘起協力現象としての特徴；ドメインウォール，閾値，孵化時間，初期状態敏感性，光誘起相転移と温度転移の類似点と相違点などが精力的に議論された [6-9～6-11]．

光誘起相転移の研究におけるもう1つの大きなポイントは，ほぼ同時期（1990年～）に始まった，強相関電子系への展開である [6-23～6-31]．とくに，価数制御されたマンガン酸化物に光を照射することによって，電荷（軌道）秩序絶縁体から強磁性金属への相転移が起こるという劇的な現象は大きな注目を集めた [6-26, 6-27, 6-30, 6-31]．本章では，これらの研究の"その後の10年（2000年～）"において，超高速分光というアプローチが，光誘起相転移の研究においてどのような役割を果たしたのかを紹介したい．低次元有機電荷移動錯体を中心に，遷移金属錯体，酸化物における光誘起相転移（絶縁体-金属転移，スピン転移，中性-イオン性転移）の超高速ダイナミクスを概説する．また，最近の展開として，光の電場振動の2～3周期に匹敵する極超短パルスや，テラヘルツ光を用いた先端分光

によって光誘起相転移の何がわかるのかについても簡単に触れる.

6.3 光誘起相転移とは何か

6.3.1 スピンクロスオーバー錯体

　光誘起相転移という現象は，多くの場合図 6.2 に示すように，光のエネルギーによって，物質の状態をもっとも安定な基底状態から，準安定な相へ移行させることに対応する．しかし，この過程は，前節までに述べてきた光キャリアや励起子の生成や緩和とは，何が異なるのだろうか？　光励起状態が，どのようなプロセスを経て物質を準安定状態へ導くのかという疑問は，今なお，完全に理解されているわけではない．しかし，以下に示すスピンクロスオーバー錯体（鉄ピコリルアミン錯体）や，擬 1 次元有機電荷移動錯体（TTF-CA）では，そのヒントが観測されている．それは，光照射時間や光の強度と相転移効率の関係に見られる孵化時間，および閾値である．ここでは，まず，スピンクロスオーバー錯体の孵化時間や閾値について解説し，そのあと，次節では TTF-CA における時間分解分光の結果から，この閾値特性の起源について考察しよう.

　スピンクロスオーバー錯体における光誘起相転移の特徴は，光誘起相が永続的に，あるいはマイクロ秒〜秒の時間スケールの比較的長い時間スケールで安定なことである．そのため，光誘起相の性質を明らかにするために X 線構造解析やラマン散乱などが容易に行えるという利点がある.

　図 6.10 に示す鉄系ピコリルアミン錯体（[Fe(2-picolylamine)$_3$] Cl$_2$EtOH）は，Fe^{2+} を 6 つの窒素原子が取り囲んだ八面体構造をユニットとする物質である [6-19]．Fe の 3d 軌道は，窒素（N）の配位子場，つまり Fe の 3d 軌道と N の 2p の相互作用によって，図 6.10 のように 2 つの e_g 軌道と 3 つの t_{2g} 軌道に分裂する．このとき，Fe-N 間の距離に応じて e_g-t_{2g} 間の配意子場分裂エネルギー（10 Dq）が変化する．Fe-N 間の距離が短い低温（<約 120 K）では，分裂エネルギーが大きい．このとき Fe^{2+} の d 電子 6 個は，下準位である t_{2g} の軌道をすべて占有して，低スピン（$S=0$）状態を取る（図 6.10 (a)）．一方，Fe-N 間の距離が長く分裂エネルギーが小さい高温では，電子は，上準位の e_g 軌道にも分布し，さらにフント結合（サイトの全スピンを最大にするような相互作用）によって高スピン（$S=2$）状態となる（図 6.10 (b)）.

(a) $S=0$（低温）　　　(b) $S=2$（高温）

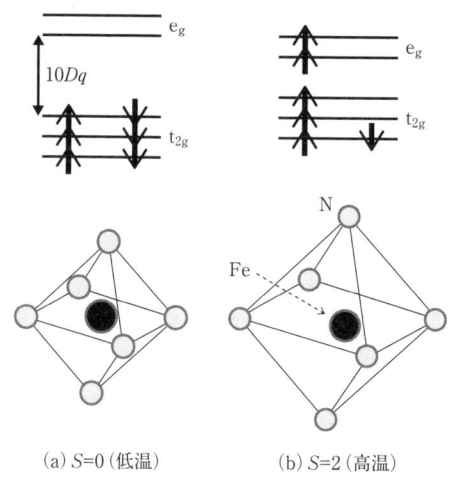

図 6.10 鉄系ピコリルアミン錯体におけるスピン転移の模式図．(a) 低スピン（$S=0$）状態，(b) 高スピン（$S=2$）状態．

6.3.2 光スピン転移における閾値と孵化時間

さて，この物質の低温相である低スピン状態に光照射（Fe の d-d 遷移を励起）を行うと，高スピン状態が生成する [6-32~6-35]．その初期過程は，八面体が，光励起状態で生ずる電子-格子相互作用によって Fe-N の距離が変化するためと考えられている．実際の光誘起相転移はより複雑であり，このような局所的な八面体の歪みを核として，より巨視的な構造変化が（たとえば弾性エネルギーの損失を避けるために）逐次的に起こると考えられている [6-36]．この物質の光誘起相転移に関して指摘されている重要な特徴として，光照射時間，光強度と相転移効率の間に，"孵化時間"，"閾値特性" [6-32] などの特徴的な関係があることや，光誘起相が，高温相とは異なる構造を持つこと [6-33] などが報告されている．ここでは，この孵化時間と閾値特性について考えてみよう．

図 6.11 は，光相転移の効率を，(a) 光強度と (b) 照射時間の関数として示した模式図である．光強度は，単位時間当たりの光子数を表すのに対し，照射時間は，物質に入射した総光子数を示すと考えてよい．(a) では，弱い光の照射では相転移は起こらず，ある閾値強度（$\sim 10^{18} \mathrm{cm}^3/\mathrm{s}$）から急激に相転移効率が立ち上がる [6-32]．また，(b) では，数～数十秒程度の照射時間（孵化時間）を経て初めて相転移が観測される．すなわち，入射総光子数がある値になって初めて相

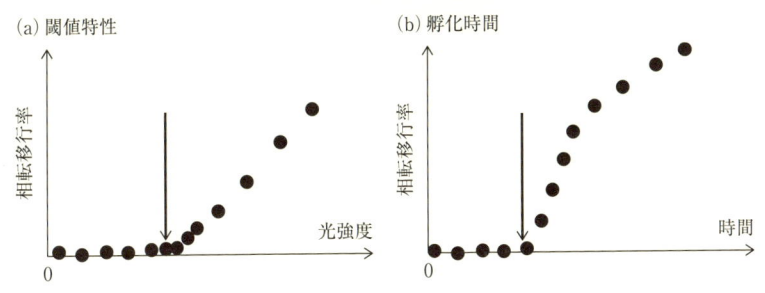

図6.11 (a) 光誘起相転移効率の光強度依存性と，(b) 照射時間依存性の模式図.

転移が起こり始める．

　これらの現象は，光誘起相転移が単なる励起状態の生成とは異なる協力的な非線形現象であることを示す証拠であり，核生成などの相転移の概念によって定性的には説明できる．つまり，強い光によって高密度に作られた不安定核が，安定核の生成へとつながるのである．ここで言う「協力的な非線形現象」とは，光キャリアや励起子がお互いに働く相互作用によって凝縮相として安定化をはかる，という意味である．具体的な実験結果としては，すでに述べた閾値や孵化時間のほか，光励起によって生成した準安定相の時間軸上の緩和プロファイルに，ドメイン間の相互作用（アブラミ（Avrami）理論）を反映したS字的な振る舞いが現れていることなども知られている [6-34]．最近では，モンテカルロシミュレーションなど理論的な取り組みも進み [6-37]，とくに観測手法が確立しているナノ秒からマイクロ秒よりも時間の遅い領域の振る舞いについては，詳細に理解されつつある．

　スピンクロスオーバー錯体の研究から見えてきた，光誘起協力現象の仕組みを理解するために必要なことは，「閾値よりも弱い光の照射で何が起きているのか？」という疑問に答えること，つまり，相転移を理解するためには，相転移が起きない状況を理解することが重要とも言える[1]．

---

1) スピンクロスオーバー錯体における（光誘起）相転移では，電子の遍歴的な性質はほとんど現れておらず，実質的にはペロブスカイトの構造ひずみによって支配される局在電子（スピン）の問題として取り扱える．スピノーダル分解や核生成などの概念によって比較的よく現象の説明ができるのもそのためと考えられる．以下に述べる，電荷移動錯体や，遷移金属化合物では，電子の遍歴性がより高いため，やや状況は異なる．

6.4 フェムト秒分光による研究のはじまり

6.4.1 光誘起中性-イオン性転移

今から10年以上前，今世紀に入るのとほぼ同時にパルス幅100 fs程度の波長可変超短パルスレーザーを用いた光誘起相転移の実験が本格的に始まった．フェムト秒パルス光を用いた実験の最大の利点は，時間分解測定によって光誘起相の生成と緩和ダイナミクスをリアルタイムで追跡できることにある．光誘起相転移の研究において，明確にそのことが示されたのは，以下に述べる，擬1次元有機電荷移動錯体TTF-CAの光誘起イオン性-中性転移の例だろう[2]．

6.4.2 擬1次元電荷移動錯体TTF-CA

TTF-CA（図6.12）は，電子供与性分子（donor：D）であるTTF分子と電子受容性分子（acceptor：A）であるCA分子が交互に並んだ1次元鎖からなる，交互積層型の電荷移動（charge transfer：CT）錯体である[6-38, 39]．このような交互積層型のCT錯体（図6.13）の基底状態が，イオン性と中性（ファンデルワールス）のいずれの性質を持つかは，DA対をイオン化するために要するエネルギー $I_D - E_A$（I_D：D分子のイオン化ポテンシャル，E_A：A分子の電子親和力）と，D^+A^-（イオン性）格子のマーデルングエネルギー $M = \alpha V_1$（α：マーデルング定数，V_1：D^+A^- 対のクーロンエネルギー）の大小関係によって決まる．すなわち，$I_D - E_A > \alpha V_1$ では中性，$I_D - E_A < \alpha V_1$ ではイオン性の結晶となる．実際には，DA分子間に働くCT相互作用により，完全な中性あるいはイオン性結晶にはならず，平均の電荷移動量 ρ は，0（中性）と1（イオン性）の間の値をとる．TTF-CAの場合，DA対のイオン化エネルギー（$I_D - E_A$）とマーデルングエネルギー M が拮抗しており，$T_{NI} = 81$ K において，中性（高温相：$\rho = 0.3$）からイオン性（低温相：$\rho = 0.7$）へと転移する．イオン性状態では，図6.12（b）の右側に示したように D^+ と A^- の1次元配列をスピンの並びから見れば，スピン $S = 1/2$ の1次元ハイゼンベルグスピン鎖とみなすことがで

---

[2] 後で述べるように，価数制御したマンガン酸化物における光誘起絶縁体-金属転移の例でもすでにこの手法は用いられていた[6-30]が，残念ながら，当時の時間分解能（〜200 fs）は，非常に高速なマンガン酸化物の初期ダイナミクスを捉えるには十分ではなかった．一方，ここで示すTTF-CAの例では，フェムト秒分光でとらえた光誘起相転移のダイナミクスが，前節で述べた"閾値"の理解に重要な役割を果たすことになる．

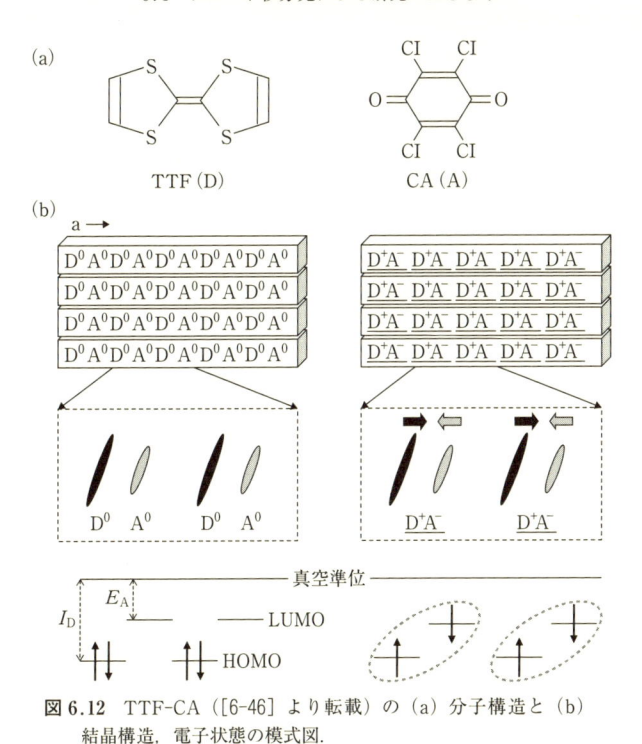

図 6.12 TTF-CA（[6-46] より転載）の（a）分子構造と（b）結晶構造，電子状態の模式図．

きる．もう1つ重要なことは，D^+A^- 鎖が，イオン性相において，スピン-パイエルス機構によって二量体化歪を起こすことである．また，イオン性相における二量体化歪みは3次元秩序を有しており，イオン性相は，強誘電性を示すことが明らかとなっている[3]．この物質では，イオン性→中性，中性→イオン性，双方向の光転移が起こるが [6-22, 6-40〜6-47]，とくにイオン性→中性転移では，光強度に対する明確な閾値が報告されている [6-41]．

6.4.3 光誘起中性-イオン性転移のダイナミクスと閾値

絶縁体や半導体を光励起すると，電子-正孔対あるいは，それらがクーロン力によって束縛し合った励起子が結晶中に生成することは，すでに2.5節で述べた．TTF-CA の最低励起状態は CT 励起子 [… D^+A^- D^+A^- D^+A^- D^0A^0 D^+

---

[3] 強誘電性の詳細なメカニズムに関しては現在も議論が続けられている．K. Kobayashi, S. Horiuchi, R. Kumai, F.Kagawa, Y. Murakami, and Y, Tokura, Phys. Rev. Lett. 108, 237601（2012）．

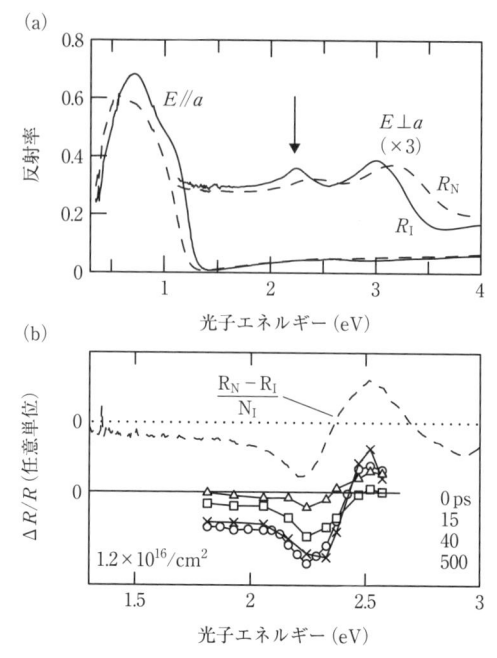

図 6.13 TTF-CA の (a) 反射スペクトル (R_N：中性相 (90 K), R_I：イオン性相), (b) 過渡反射スペクトル (4 K). 励起エネルギー 0.65 eV. [6-42] より転載.

$A^- \ D^+A^- \ D^+A^- \cdots$](イオン性の場合)である．つまり，光励起によって CT 励起子を生成すること自体が，イオン性-中性転移の"種"を作ることにほかならない．問題は，このような"種"が，どのように相転移へと広がっていくのか，という点にある．そのダイナミクスの理解には，ピコ秒，フェムト秒といった高い時間分解能が必要であることは言うまでもないが，より重要なことは，弱励起下で生成される孤立した励起状態のダイナミクスを明らかにすることである．前節のスピンクロスオーバー錯体の項で，「閾値よりも弱い光の照射で何が起きているのか？」という問題について触れたことを思い出してほしい．以下では，弱励起下での単一励起状態のダイナミクスが，励起強度の増加や転移温度近傍でどのように変わっていくのかを，反射型ポンプ-プローブ分光の励起強度依存性から見ていこう [6-42, 6-43, 6-45〜6-47]．

図 6.13 (a) に TTF-CA の偏光反射スペクトルを示す．分子の積層軸（a 軸）方向に偏光した，0.65 eV のピークは，TTF 分子と CA 分子間の CT 遷移によ

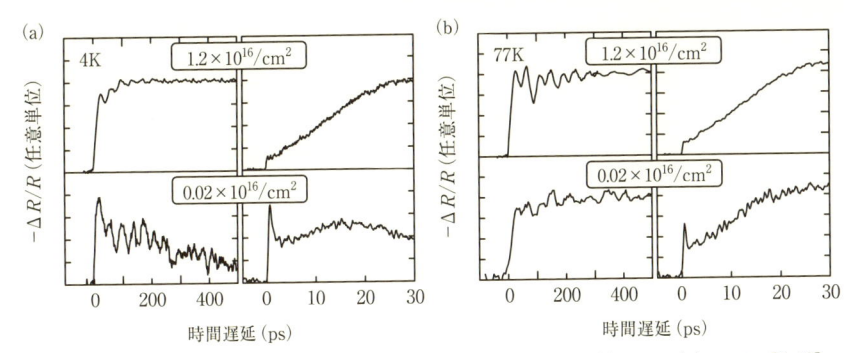

図 6.14 2.25 eV において観測される過渡反射率変化の時間発展. (a) 4 K, (b) 77 K. [6-42] より転載.

るものである.一方,a 軸と垂直に偏光している 2.25 eV および 3.0 eV に見られる構造は,TTF の分子内遷移に対応する.これらの可視〜近紫外域に見られる分子内遷移の構造は,電荷移動量 (ρ) に応じて敏感に変化する [6-48].したがって,イオン性-中性転移に伴う価数変化のプローブとして都合がよい.図 6.13 (b) は,CT 遷移を光子エネルギー 0.65 eV のフェムト秒パルスによって励起した後,遅延時間 t_d 後に測定された過渡的な反射率変化 ($\Delta R/R$) のスペクトルである.励起直後から始まる反射率変化は,40 ps までにほぼ完了し,その後は少なくとも 500 ps 以上まで,大きな変化は見られない.観測された反射率変化のスペクトル形状は,イオン性→中性転移に伴う反射率変化の形状(上の枠)と類似の形状を示すことから,イオン性結晶中に中性状態 (D^0A^0) が生成していることがわかる.

図 6.14 に,(a) 4 K と (b) 77 K(転移温度 ($T_{NI}=81$ K) の直下)における反射率変化 ($-\Delta R/R$) の時間発展を示す.これらの時間プロファイルは,光励起によって生じた中性状態 (D^0A^0) の数の時間変化を示していると考えてよい[4].図 6.14 の右枠に示した初期応答 ($t_d < 30$ ps) から,中性状態が励起後瞬時(時間分解能〜200 fs 以内)に生成されることがわかる.

この実験結果のハイライトは,以下に示すように,光誘起中性状態の寿命が,励起強度に応じて変化することである.(a) 4 K においては,弱励起(N_{ex}:単位面積あたりの励起光子数 $=0.02\times 10^{16}$ 光子/cm²)の場合,中性状態は約 300 ps

---

[4] 数十 ps の周期を持つ振動構造は,おもに瞬時構造変化によって結晶内に生じる衝撃波の伝搬によるものであり,ここでの話に直接関係はない.

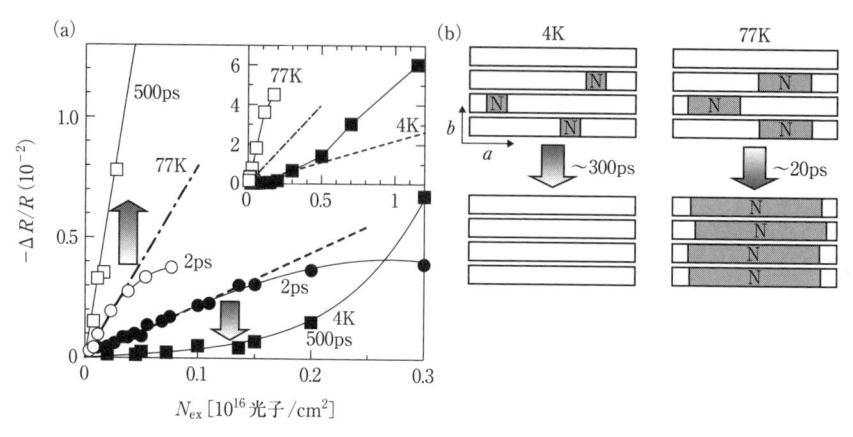

図 6.15 (a) 反射率変化の励起強度依存性と，(b) 励起後の光誘起中性状態の模式図．
[6-42] より転載．

の時定数（τ）で減衰する．それに対し，強励起下（$N_{\rm ex}=1.2\times10^{16}$ 光子/cm^2）では，瞬時応答の後，遅延時間 $t_{\rm d}\sim 20$ ps まで緩やかな増加が観測され，その後は，$t_{\rm d}=500$ ps に至るまで減衰は観測されない．

この実験に先立って，励起後マイクロ秒後の転移効率が，低温でのみ光強度に対して閾値を持つことが明らかになっている [6-41]．実は，上で述べた寿命の変化が，この相転移閾値の起源である，ということが以下の議論からわかる．それぞれの温度における励起強度依存性を図 6.15 に示した．初期生成される中性状態（$t_{\rm d}=2$ ps）の数（●）は，弱励起下において，$N_{\rm ex}$ に比例して増加する．この励起強度領域では，中性状態は時定数〜300 ps で減衰し，$t_{\rm d}=500$ ps（■）では，ほとんど観測されない．しかし，より大きな励起強度（$N_{\rm ex}>0.15\times10^{16}$ 光子/cm^2）では，中性状態の寿命は増加し 500 ps を越える．このために，$t_{\rm d}=500$ ps で観測される中性状態の励起強度依存性には，閾値が存在することになる．これが，マイクロ秒の時間スケールで，閾値的振る舞いが観測された理由である．つまり，閾値強度以下でも，短寿命の中性状態ができていたのである．閾値よりも強い光で励起した場合は，初期生成された中性状態は約 20 ps を要して増殖して安定化する．閾値以下で観測される短寿命の中性状態，および強励起下で観測される長寿命の中性状態は，それぞれ局所的，巨視的な中性ドメインと考えられる．しかし，より想像をたくましくすれば，前者を1次元クラスター，後者を3次元的なドメインと予想することもできる．3次元的なドメインへの増殖過

6.4 フェムト秒分光による研究のはじまり

程は，1次元鎖に垂直な方向のクーロン引力の利得や，2量体化歪みの，強誘電的な3次元秩序による利得が，中性のクラスターが光生成することによって減少することによって起こると考えることもができる．すなわち，初期生成される中性クラスターの密度がある程度高くなったとき，周囲のイオン性相が不安定化し，巨視的な（3次元的な）中性ドメインが形成されるのである．

一方，転移温度直下の77Kでは，閾値特性は観測されていない．0.005×10^{16}光子/cm^{2}という低い励起強度においても，この中性クラスターから安定な中性状態への増殖過程が観測される．これは，転移温度近傍では，価数不安定性の増大によって，中性クラスターの密度が低い場合にも，周囲のイオン性状態がただちに不安定化し，中性状態に転換するという臨界性を示唆している．

ここで，2ps以内（4k）に初期生成される中性クラスターの大きさを見積もってみよう．中性状態の数は，弱励起下においては光強度に比例して増加する．プローブしている波長は，分子内遷移なので，反射率変化の大きさは中性状態のDA対の数に比例すると考えてよい．観測される反射率変化の大きさや，励起光の侵入長さ，単位胞体積，反射損失を考慮すると，4Kにおいて，1光子当たりで生成される中性状態のDA対のは数個から十数個程度と見積もられる．これらがひとまとまりにできているとすると，クラスターの大きさも数個から十数個程度となる．すなわち，2ps以内に生成する相転移の"核"は，すでにただの励起子ではなく，やはり図6.15（b）に示すような励起子クラスターなのである．

閾値という（非平衡ではあるが）一見静的な物理量が，寿命の測定というダイナミックなアプローチによって理解できたことに注目してほしい．フェムト秒分光が，光誘起相転移の研究において果たす役割を明確に示した最初の例と言えるだろう．また，ここでは詳しく述べなかったが，数百フェムト秒の時間スケールでは，1次元の中性ドメインが，DA分子間の光学フォノンによって安定化する様子も観測されている．逆過程である光誘起中性-イオン性転移についても詳しく調べられている．本書で述べた結果は，筆者らが2000年当時得たものであり[6-42, 6-43, 6-45〜6-47]，その後，時間分解の構造解析[6-49, 6-50]や，より高い時間分解能での測定[6-51]と，理論解析[6-52〜6-56]によってより詳細な描像が得られている．

6.5 強相関電子系における光誘起相転移

6.5.1 なぜ強相関電子系なのか

　高温超伝導や巨大磁気抵抗効果で知られる強相関電子系は，現在では，光誘起相転移の研究の主要な舞台であるが，その先駆けとなったのが，本節で紹介する価数制御マンガン酸化物に関する研究である [6-26, 6-27, 6-29]．

　遷移金属錯体や酸化物，あるいは一部の低次元電荷移動錯体などの強相関電子系物質では，電子間の相互作用（電子相関）が絡むことによって，伝導性と磁性の劇的な変化を含むより多彩な光誘起相転移が起こる．詳しくは6.6節で述べるが，モット絶縁体や電荷秩序絶縁体などの，いわゆる強相関絶縁体は，電子間に働くクーロン反発エネルギーが，電子の運動エネルギーよりも十分に大きいために，電子がいわば凍結して動けなくなっている状態であり，"氷"にも喩えられる．光誘起絶縁体-金属転移は，このような電子の氷を，光で（熱的にではなく，電子的に）融解し，再び動けるようにする現象であるとも言える．絶縁体-金属転移は，強相関電子系において，もっとも基本的な現象の1つであり，元素置換による電荷ドープ，圧力や電場，磁場などの印加によってさまざまな研究が行われている．注目すべきことに，この絶縁体-金属転移の周辺では，電荷やスピンの複数の秩序状態のバランスが拮抗するため，磁気転移や強誘電転移，超伝導などのよりエキゾチックな現象が起きることが知られている．したがって，光による絶縁体-金属転移の研究は，伝導性のみならず，さまざまな電子物性の光制御への可能性を拓くことになる．このような研究のきっかけとなった，価数制御したマンガン酸化物における光誘起絶縁体-強磁性金属転移について紹介しよう．

6.5.2 価数制御マンガン酸化物

　ペロブスカイト型マンガン（Mn）酸化物 $R_{1-x}A_xMnO_3$（R：希土類金属，A：アルカリ土類金属）において，MnO_6 八面体中の Mn イオンの電子構造は，e_g と t_{2g} の2つの軌道に分裂している（図6.16）．$x=0$（母体結晶）の場合は，e_g に1個，t_{2g} に3個の電子が入っており，フント結合によって，伝導電子（e_g）と局在スピン（t_{2g}）のスピンの向きは同方向に揃えられる．各 Mn サイトには，e_g 電子が1個ずつ存在するが，この電子は，強いオンサイトクーロン相互作用によって局在し，モット絶縁体を形成する．しかもこの場合は，e_g と t_{2g} のスピンは

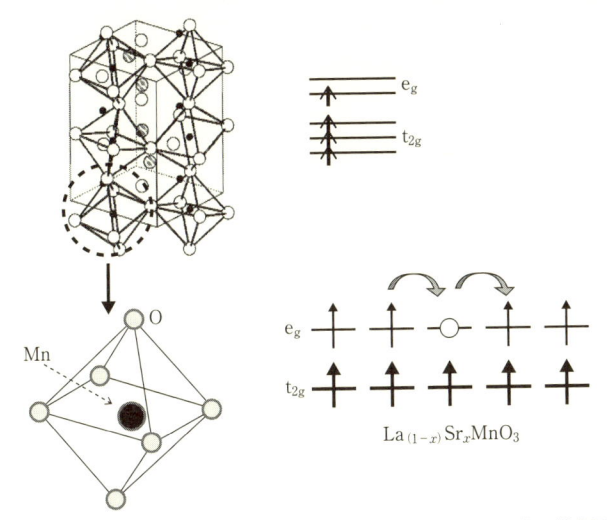

図 6.16 ペロブスカイト型マンガン酸化物の結晶構造と電子状態の模式図.

フント結合により，$S=2$ の局在スピンを作るので，反強磁性絶縁体となる．ここで，希土類金属をアルカリ金属で置換すると，Mn イオンの 3d 電子の数が 4 → 3 となり，e_g 軌道に正孔が導入される．この正孔が Mn サイト間を移動することで，物質は伝導性を持つ．図 6.16 に模式的に示すように，フント結合の制約から，伝導電子は局在スピンを同じ方向に揃えながらサイト間を跳び回ることになり，物質は強磁性金属となる．このような軌道間（サイト内）とサイト間にまたがるスピンの相互作用は，二重交換相互作用と呼ばれている．また，Mn 2 サイト当たりに 1 個の e_g 電子があるような状態（$x=0.5$）では，伝導電子がヤン-テラー歪みと結合し，規則的に並んで絶縁体化することが多い（電荷秩序相転移）．このように，マンガン酸化物では，二重交換相互作用による強磁性金属と，電荷秩序絶縁体が競合しており，正孔濃度 x を変化させることで，物質の性質は大きく変化する．価数制御マンガン酸化物では，このような電荷秩序絶縁体-強磁性金属の転移を光励起によって起こすことができる．可視光や中赤外光領域の反射型ポンプ-プローブ分光 [6-26, 6-27, 6-29] や，時間分解の磁気カー回転測定 [6-57] の結果から，伝導度や磁性の初期応答は，ピコ秒以下の超高速時間領域で始まっており，光誘起相転移の初期過程は，光キャリアドーピングによって瞬時に起こっていることが示唆されている [6-58, 6-59]．しかし，上に述べたように電荷は，八面対のヤン-テラーひずみと強く結合しており，純粋に電子的な

応答とみなすことはできず，格子歪の効果も含まれている可能性もある．価数制御マンガン酸化物における光誘起相転移の初期過程は，現在でも論争が続いており，結論には至っていない [6-60~6-62]．以下では，その後に展開した強相関電子系（遷移金属錯体（6.6節），有機電荷移動錯体（6.7節））における光誘起相転移のダイナミクスへと話を進めたい．

6.6 光モット転移

6.6.1 光で電荷ギャップをつぶす

絶縁体-金属-超伝導あるいは強磁性体-常磁性体といった異なる物質相が，1つの物質系で現れることが，強相関電子系物質の魅力である．すでに述べたように，$3d$ 遷移金属酸化物や有機物質では，電子間のクーロン反発 (U,V) エネルギーが，電子の運動エネルギー $(\sim t)$ と拮抗しているため，電子は，局在（秩序）と非局在（無秩序）の狭間にある．前節で述べたマンガン酸化物の例では，さらに相境界ぎりぎりの状態を価数制御によって準備しておき，"最後のきっかけを光で与える"といった趣きがあった．しかし，母体結晶のモット絶縁体や電荷秩序はより強固な電子の氷であり，この状態を光で金属化することができれば，伝導，磁性の光制御の可能性は大きく広がる．

ここで紹介する超短パルスレーザーを用いた光誘起絶縁体-金属転移は，光励起状態を介して，モット絶縁体（図6.17 (a)）や電荷秩序（図6.17 (b)）などの電子の秩序状態を，過渡的に融解するダイナミックな光誘起現象である．電子間相互作用が物性を支配しているので，大きな構造変化を介することなしに，電子物性を変化させることが可能となる．また電子の秩序は，磁気秩序や強誘電性，超伝導と競合していることも多いため，その光融解は，新たな秩序の再構築をも期待させる．本節では，光モット転移の最初の観測例である1次元ニッケル錯体について紹介したい[5]．

---

5) ここで紹介する，1次元ニッケル錯体では，三次非線形光学効果が大きいことが報告されている [6-63]．$\chi^{(3)}$ が大きい理由は，同一サイトの励起が（強い電子相関によって）できないために，偶，奇パリティの励起状態が縮退しているためと考えられている [6-64]．また，類似の電子構造を持つ，1次元銅酸化物 Sr_2CuO_3 では，$\chi^{(3)}$ が大きいこと [6-65] とともに1ps程度の超高速緩和が観測されている [6-31, 6-66]．このような強相関絶縁体の超高速光応答の起源に関しては，マグノン放出や強い電子格子相互作用など十年以上議論が続いているが [6-67~6-69]，現在でも明確な答えは得られていない．

6.6 光モット転移

(a) モット絶縁体（1/2 フィリング）

運動エネルギー　オンサイトクーロン反発エネルギー

t　U　$U/t \gg 1$

電荷
原子

(b) 電荷秩序（1/4 フィリング）

サイト間クーロン反発エネルギー

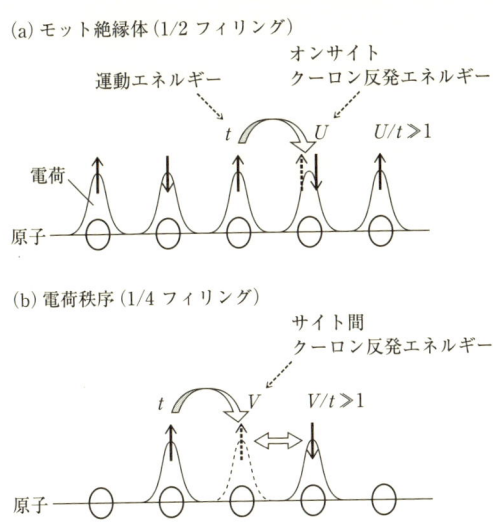

t　V　$V/t \gg 1$

原子

図 6.17 (a) モット絶縁体と (b) 電荷秩序絶縁体の電子状態の模式図

6.6.2 強相関電子系における絶縁体-金属転移

強相関電子系のもっとも基本的な特徴は，価電子配置が金属的（ハーフ（1/2）フィリング，クォーター（1/4）フィリング）であるにもかかわらず，電子間に働くクーロン反発エネルギーが，その運動エネルギーと拮抗することによって，電子が局在化して絶縁体となることである．そのもっとも代表的な例がモット絶縁体である．モット絶縁体は，キャリアドープによって金属へ転移することがある（図 6.18）．もっとも有名な例である 2 次元銅酸化物 La_2CuO_4 を考えよう [6-1]．この物質系では，希土類イオン（La^{3+}）を価数の異なるアルカリ土類イオン（Sr^{2+}）に置換することによって，2 次元的な CuO 面にキャリア（正孔）をドーピングすることができる．この操作は，バンドの占有度合い（フィリング）を変えるため，フィリング制御と呼ばれている．$La_{2-x}Sr_xCuO_4$ において，x を増し正孔濃度を増加させていくと，20 個に 1 個程度置き換えたあたり，すなわち 5% 程度のキャリアドーピングによって金属への転移が起こる [6-1, 6-70]．$La_{2-x}Sr_xCuO_4$ は，低温にすると，このモット転移近傍で超伝導状態となることも知られている．モット転移近傍では，光学伝導度スペクトルは，可視域（約 2 eV）に CT 遷移による大きなピークを持った絶縁体特有の形状から，x の増加に伴って，スペクトル強度は中赤外域へと移動し，ギャップが閉じていく様子が捉えら

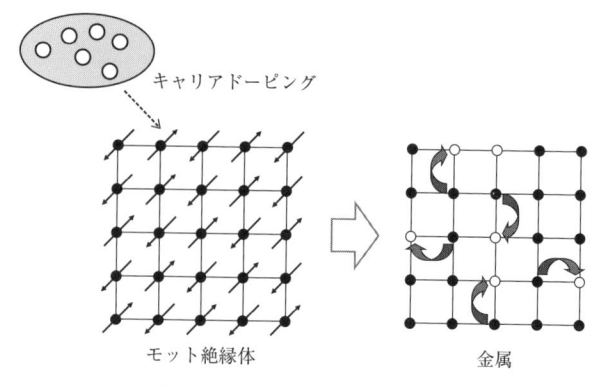

図 6.18 フィリング制御の模式図

れている.このように,赤外から可視までの非常に広いエネルギー領域にわたってスペクトルの変化が生じることが,強相関電子系物質のモット転移の特徴である.光モット転移は,従来キャリアドープによって行われてきたモット転移を,光励起によって起こそうと試みられたものである [6-46, 6-71, 6-72].

6.6.3 ハロゲン架橋ニッケル錯体

まず,この研究で対象とする臭素架橋ニッケル錯体 [Ni(chxn)$_2$Br] Br$_2$ (以下では,Ni-Br と略す) の結晶構造と電子構造について簡単に述べておこう [6-73, 6-74].図 6.19 (a) に,結晶構造を示す.ニッケルイオン (Ni^{3+}) と臭素イオン (Br$^-$) は b 軸に沿って交互に並んでおり,Ni の 3 d_{z^2} 軌道と Br の 4 p_z 軌道によって 1 次元電子系 (図 6.19 (b)) が形成されている.Ni イオンには,有機分子であるシクロヘキサンジアミン ((chxn)=cyclohexanediamine) のアミノ基の窒素 (N) 原子が b 軸に垂直な面内で平面 4 配位し,強い配位子場を形成している.この配位子場によって,Ni^{3+} イオン (3 d^7) は低スピン状態 ((t_{2g})^6(e_g)^1, $S=1/2$) をとり,図 6.19 (b) のように Br$^-$ イオンの方向に広がった 3 d_{z^2} 軌道には不対電子が存在する.したがって,3 d_{z^2} 軌道からなるバンドは 1/2 フィリングであり,通常のバンド理論からは金属になると考えられる.しかし d 電子間に大きなオンサイトクーロン反発 (U) が働くために,d バンドは上部ハバードバンド (upper Hubbard (UH) band) と下部ハバードバンド (lower Hubbard (LH) band) に分裂する.一方,Br の p バンドは,分裂した d バンドの間に位置する.すなわち,この物質は,p バンドから Ni の UH バンドへの

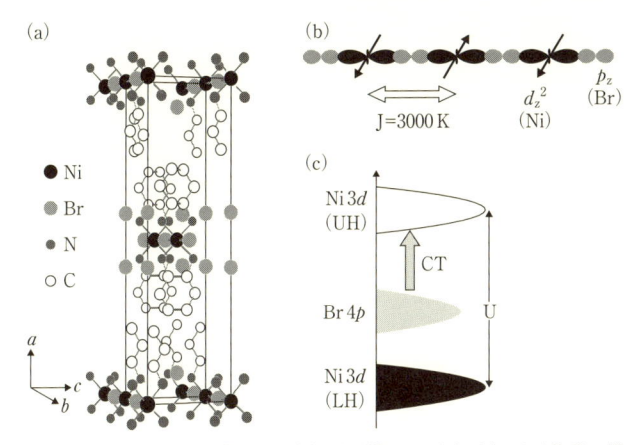

図 6.19 [Ni(chxn)$_2$Br]Br$_2$ の (a) 結晶構造と (b) (c) 電子状態の模式図. [6-72] より転載.

電荷移動(charge transfer:CT)遷移が光学ギャップに対応する CT 型絶縁体(2.6 節)である.この物質は,温度変化による絶縁体-金属転移は観測されておらず,また化学的なドーピングによるフィリング制御も行われていない.

6.6.4 光キャリアドーピングによって金属を創る

CT 型の絶縁体である Ni-Br の場合,光学ギャップ間の光励起は,Br の p バンドに正孔を,Ni の d バンド(UH バンド)に電子を生成することに対応する.これは,光によるキャリアドーピングとみなすことができる.光キャリアドーピングによって引き起こされる電子状態の過渡的な変化を捉えるには,中赤外から可視光領域にわたる広帯域のスペクトルを測定することが鍵となる.

図 6.20 に示すように,2 次元銅酸化物(La$_{2-x}$Sr$_x$CuO$_4$)の化学ドーピングは,光学伝導度スペクトルにおいて,~2 eV($x=0$)に観測される CT バンドのスペクトル強度が,x の増大に伴ってギャップ内(赤外域)へ移行することによって特徴づけられる.光キャリアドーピングによる電子状態の変化を追跡する場合にも,CT バンドが存在する可視域から,赤外域にわたる広範囲の反射スペクトルの変化を検出することが重要となる.本研究では,プローブ光のエネルギーを,可視域(2.5 eV)から赤外域(0.1 eV)まで変化させることができる広帯域の反射型ポンプ-プローブ分光法によって,過渡的な反射スペクトルの測定を行った [6-46, 6-71, 72].その結果をもとに,Ni-Br の光キャリアドーピングによる電

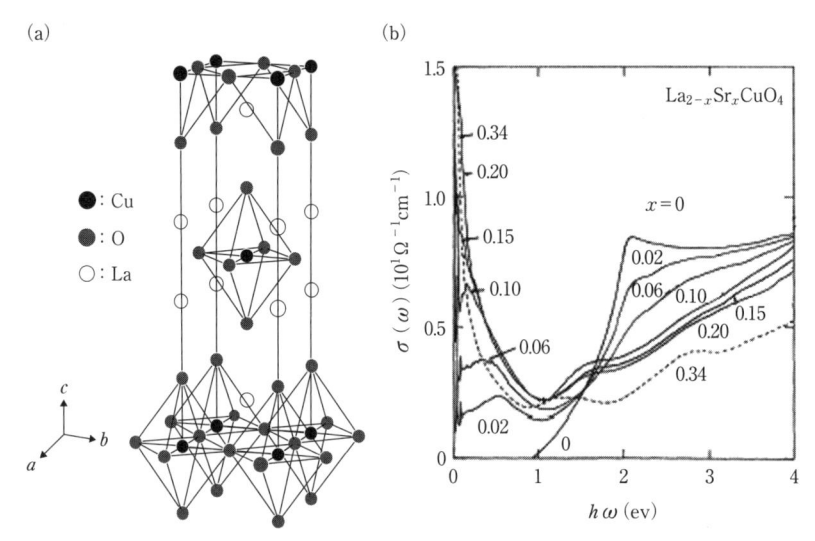

図 6.20 (a) 2次元銅酸化物 La_2CuO_4 の結晶構造と，(b) $La_{2-x}Sr_xCuO_4$ の反射スペクトル．[6-70] より転載．

子状態変化とそのダイナミクスを議論していこう．図 6.21 (a) (b) の灰色線は，Ni-Br 単結晶の 1 次元鎖（b 軸）方向に偏光した光に対する (a) 反射スペクトル，および (b) 光学伝導度（$\sigma(\omega)$）スペクトルである．

光キャリアドーピングのための励起光としては，CT バンドのピークよりわずかに高エネルギー（1.55 eV）のレーザー（パルス幅 130 fs，エネルギー密度 3.6 mJ/cm^2）を用いた．光励起後，時刻 t_d において観測される反射スペクトルを図 6.21 (a) に示してある．励起光およびプローブ光の偏光方向は，いずれも b 軸に平行である．Ni 1 サイト当たりに吸収される光子の平均個数をドーピング量 x_{ph} として定義すると，この励起強度（3.6 mJ/cm^2）は，$x_{ph}=0.5$（Ni 2 サイトあたり 1 光子）に相当する．

図 6.21 (a) からわかるように，励起後，瞬時（$t_d=0.1$ ps）に中赤外域の反射率が著しく増大し，0.1 eV 付近の反射率（$R\sim 0.65$）は，もとの反射率（$R\sim 0.18$）の 360％にも達する．一方，CT バンド近傍の反射率は，ほぼ消失する．これらの反射率変化は，数ピコ秒という非常に速い時間スケールで回復し，$t_d=10$ ps では励起前の反射スペクトルに戻る．このような劇的で，かつ，超高速な反射率の変化，とくに 0.3 eV より低エネルギー側に現れる大きなドルーデ反射帯は，金属相が瞬時に生成し，数ピコ秒の間に消滅していることを明確に示し

6.6 光モット転移

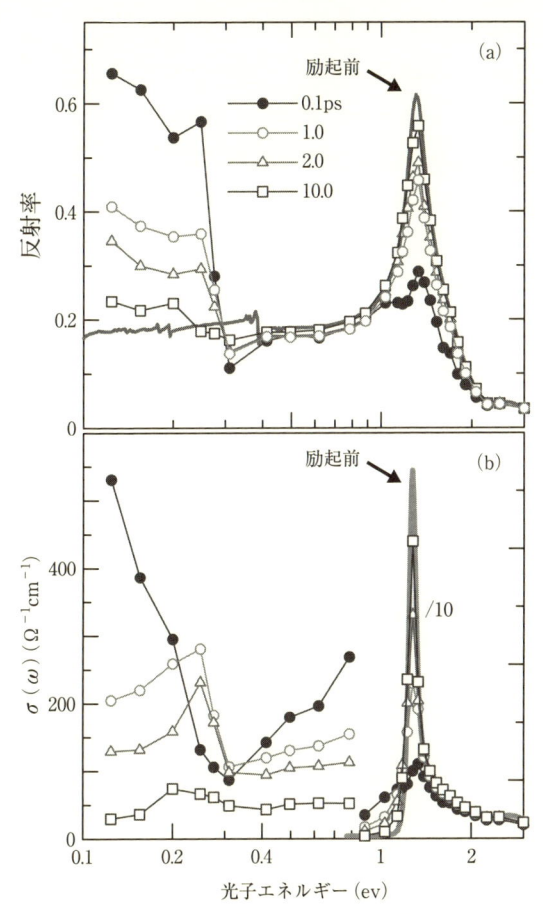

図 6.21 ［Ni(chxn)$_2$Br］Br$_2$ の (a) 過渡反射スペクトル (300 K, 1.55 eV 励起, 3.6 mJ/cm^2) と, (b) クラマース-クローニッヒ変換によって求めた光学伝導度. [6-46] より転載.

ている. その初期応答の速さから, このスペクトルの変化が熱によるものでないことは明らかである.

6.6.5 光学伝導度の変化で見た光誘起絶縁体：金属転移

光誘起反射率変化の起源について詳しい考察を行うには, 2次元銅酸化物の化学ドーピングによるフィリング制御の場合と同様に, クラマース-クローニッヒ

変換を用いて光学伝導度（$\sigma(\omega)$）スペクトルを求めるのが有効である．図6.21 (b) に，そのようにして得られた $\sigma(\omega)$ スペクトルの時間変化を示す．$t_d=0.1$ ps における $\sigma(\omega)$ スペクトルは，低エネルギー側に向かって単調に増加しており，光学ギャップが閉じて金属的な状態が作られていることを示している．詳細は原著論文に譲るが，図6.21 (b) の光学伝導度において，ドルーデ成分の増加分とCTバンドの減少分は，ほぼ対応しており，励起前後のスペクトル強度の総和則は保たれている．さらに，CTバンドからドルーデ成分へ移動したスペクトル強度から，以下の式を用いて，実際に絶縁体-金属転移に寄与している電子数（有効電子数，N_eff）を見積もることができる．

$$N_\text{eff}(\omega) = \frac{2m_0}{\pi e^2 N} \int_0^\omega \sigma(\omega') d\omega'. \tag{6.16}$$

$x_\text{ph}=0.5$ の強励起下においては，金属化に寄与している有効電子数は0.4に達し，励起された電子がすべて金属化に寄与している．このような総和則や，有効電子数を用いた議論は，フィリング制御によるモット転移において標準的に行われているが [6-1]，光誘起相転移においても（少なくとも形式的には）同様な議論ができる．

図6.22は，励起直後（$t_d=0.1$ ps）における $\sigma(\omega)$ スペクトルの励起強度依存性を示す．弱励起下（$x_\text{ph}=6.2\times 10^{-4}$，0.012）では，点線で示すギャップ内吸収に良く似たスペクトルが観測される．このギャップ内吸収スペクトルの起源が，ポーラロンのような局在キャリアと考えられていることを考慮すると，弱励起下では，励起された光キャリアは，1次元系に特有の強い電子-格子相互作用によって瞬時にポーラロンを形成すると考えられる．励起強度を増加させると，スペクトルの重率は徐々に低エネルギー側へ移動し，$x_\text{ph}>0.12$ では，金属的なスペクトル形状を示す．このような励起強度依存性から，光モット転移（光誘起絶縁体-金属転移）は，ポーラロンの形成との競合関係にあって，強励起下において，ポーラロンの形成を凌駕して起こる協力現象であることが示唆される．

このような1次元モット絶縁体の光誘起絶縁体-金属転移は，理論的にも研究が進められており，弱励起では，ホロンとダブロンの対が光キャリアとして生成するのに対し，強励起下ではギャップがつぶれて金属的な状態ができるというスペクトル上の特徴が再現されている [6-75]．ただし，電子-格子相互作用は考慮されていないので，弱励起の実験結果をこの理論と直接比較することはできない．

6.6 光モット転移　　　　　　　　　　　　　　　　　　　　181

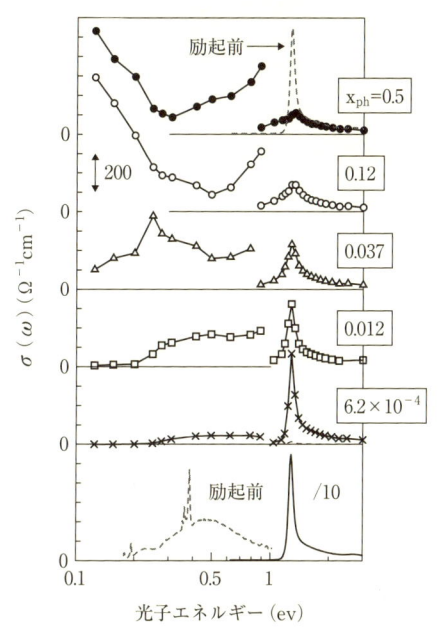

図 6.22　[Ni(chxn)$_2$Br]Br$_2$ の光誘起光学伝導度スペクトルの励起強度依存性.

ここで紹介した光モット転移は，化学的なドーピングを行っていない母体結晶における光誘起絶縁体-金属転移としては（少なくとも分光学的に示したのは）初めてのものである．しかし，この研究に先立つことおよそ 20 年前に，すでに，光誘起絶縁体-金属転移は予言されていた [6-76]．そこで提案された機構は，モット絶縁体や電荷秩序における電子の秩序の融解ではなく，パイエルス相の融解（逆パイエルス転移）と言うべきものであった．この予想で挙げられた物質は，前章でも触れた 1 次元白金錯体であるが，この物質は，光モット転移（絶縁体-金属転移）が初めて明確な形で示された 1 次元ニッケル錯体の類縁物質であることは興味深い．これに関連した報告として，類似の金属錯体である Pd[(chxn)$_2$Br]Br$_2$ では，パイエルス相（CDW 相）の Pd^{2+}-Pd^{4+} 間の電荷移動励起によって，モット絶縁体相への光誘起相転移が起こることも示されている [6-77, 6-78]．光モット転移の研究は，その後，カルコゲナイト酸化物（1T-TaS$_2$）においても報告された [6-79] ほか，次節で述べるように，有機物質でも発見されている．

また，前章で述べたように，1 次元白金錯体では，自己捕獲励起子が生成し，

光誘起絶縁体-金属転移は起きない [6-80, 6-81]．光励起直後に，自己捕獲励起子のような局所的な電子状態へ緩和するのか，絶縁体金属転移のようなより非局所的に広がった状態に移行するのか，を決めている支配要因は何なのであろうか [6-82]．30 年近くを経て，電子の運動エネルギー利得，電子間のクーロン反発エネルギー損失，電子-格子相互作用による格子歪の安定化エネルギーという三者の競合 [6-11, 6-83] がようやく実験的に見えようとしているのかもしれない．

6.7　有機物質の金属化

強相関電子系といえば，$3d$ 遷移金属化合物がすぐ頭に浮かぶが，有機分子からなる結晶においても，絶縁体-金属転移や超伝導などの電子相関に関する研究が行われている．電子伝導性を示す有機分子性結晶は総称して，有機（伝）導体と呼ばれているが [6-5〜6-8]，その中にはモット転移や電荷秩序を示すものも多い[6)]．有機伝導体（図 6.23）における光誘起相転移の研究は，当初，遷移金属酸化物に比べるとやや遅れていたものの，2005 年あたりから，いくつかの代表的な物質において集中的な取組みが報告された [6-84〜6-89]．これらの有機物質の特徴は，π 電子系に特有の狭いバンド幅であり，クーロン反発エネルギー (U, V) そのものが大きい $3d$ 遷移金属化合物とはやや事情が異なる．しかし，U や V が，電子の運動エネルギーと拮抗しているという意味では同等であって，さらに，低次元性や電子-格子相互作用の効果とあいまって電荷秩序，モット転移，パイエルス転移など多彩な絶縁体-金属転移が起こる．元素置換が困難である有

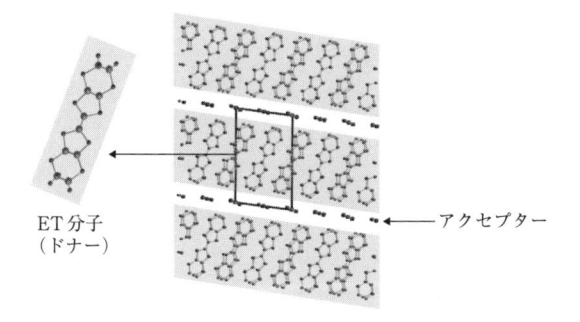

図 6.23　有機伝導体 α-$(ET)_2I_3$ の結晶構造．

[6)]　絶縁体を伝導体と呼ぶのはおかしいが，本書では慣例にしたがってそのまま用いる．

機物質では，超短パルスレーザーによる光励起は有効なキャリアドープの方法であり，物性制御の新たなアプローチとして期待は大きい．また，バンド幅が酸化物に比べ約1桁小さい（～0.1 eV）ため，通常のフェムト秒分光の時間分解能（10～100 fs）によってそのダイナミクスが捉えやすいという利点もある．本節で扱う［bis (ethylenedithio)］-tetrathiafulvalene（BEDT-TTF：以下 ET と略す）分子の錯体 $(ET)_2X$（X は，アクセプター分子）は，text book material と言ってもよい，代表的な2次元の有機伝導体である [6-5~6-8]．2次元系では，1次元系において顕著なパイエルス不安定性が抑えられ，クーロン斥力の効果が支配的になることによって，電荷秩序やモット転移などの金属-絶縁体転移は，より本来の電子的な転移に近づく．

6.7.1　3/4フィリング有機伝導体 $(BEDT-TTF)_2X$

$(ET)_2X$ 錯体は，ドナー（D）である ET 分子のシート（伝導シート）が，X 分子からなるアクセプター（A）のシート（絶縁シート）によって隔てられた層状構造を有している．このような2次元電荷移動錯体の特徴は，ドナーシートの分子配列に多彩なバリエーションが存在し，それらを自由自在に作り分けられることにある [6-5~6-8]．この分子配列の多様性により，ほとんど，あるいは完全に同一な化学組成を持つ物質から異なる現象，異なる電子相を得ることができる．θ-$(ET)_2RbZn(SCN)_4$ [6-90~6-93] と，α-$(ET)_2I_3$ [6-94~6-105] におけるドナーシートの分子配列を図6.24（a）（b）に示す．D_2A 型（2：1組成）の電荷移動錯体においては，D分子（平均価数＝＋0.5/分子）の最高占有軌道（HOMO）は，3/4フィリングである．これらの物質では，低温で，電荷がストライプパターン状に局在した電荷秩序と呼ばれる絶縁体が形成される（T_{co}=190 K(θ-$(ET)_2$RbZn(SCN)$_4$），135 K (α-$(ET)_2I_3$)）．電荷秩序は，基本的に長距離クーロン斥力による電荷の結晶化（ウィグナー結晶）と考えられているが，多かれ少なかれ格子変形による安定化が伴う．θ-$(ET)_2RbZn(SCN)_4$ の金属-絶縁体転移では，近接分子間の二面角の変化によって，図6.24（a）に示すような対称性の低下が観測される [6-90~6-93]．それに対し，α-$(ET)_2I_3$ の場合は，電荷秩序に伴う大きな結晶構造の変化はない [6-100]．ちなみに，α-$(ET)_2I_3$ の電荷秩序状態は，電荷分布の不均一化によって中心対称性が電子的に破れ，強誘電性を示すことが最近の研究からわかっている [6-104]．2次元の $(ET)_2X$ 錯体としては，このほかに，κ 型と呼ばれる物質系がよく知られている．κ 型の $(ET)_2X$ [6-106~6-112] では，平均

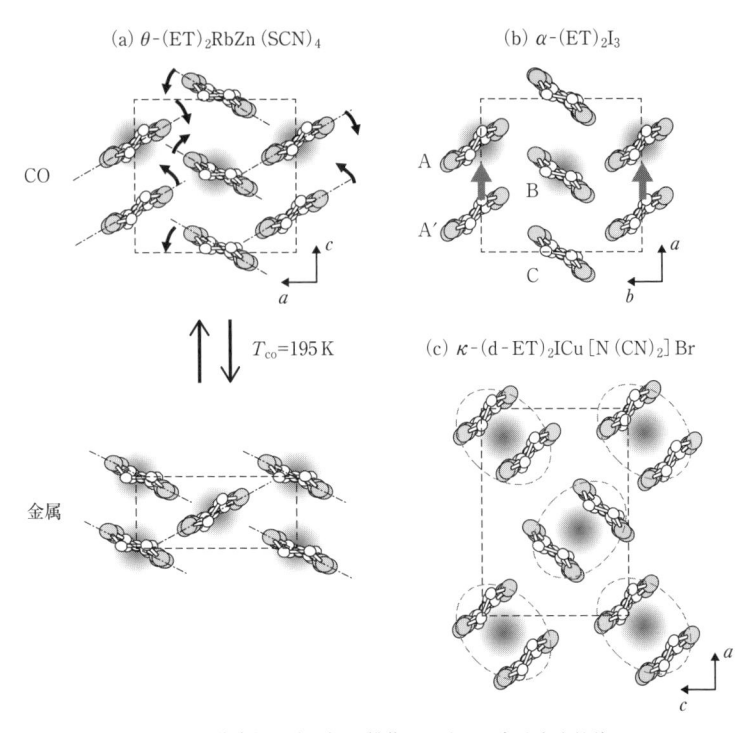

図6.24 代表的な $(ET)_2X$ 錯体における2次元分子配列.

価数+0.5の分子2つが2量体化することによって，（2量体を1サイトとする）擬似的な1/2フィリングのHOMOバンドが形成される（図6.24（c））．この系は，有機物質としては比較的高い転移温度（12.5 K, κ-$(ET)_2Cu[N(CN)_2]Br$）を持つ超伝導体であり，モット絶縁体相と金属，超伝導相が，相図の上で隣接しているという点で，銅酸化物に類似している．われわれの研究の狙いは，こういった異なる分子配列の $(ET)_2X$ における光誘起相転移を比較することによって，その機構を明らかにすることである．電荷秩序 vs. モット絶縁体，熱的転移における格子変位が大きい vs. 小さい，といった異なる性質を示す物質を比較することは，それぞれの系における電子相関と電子-格子相互作用の役割を知るためにきわめて有効である．本節では，代表的な ET 塩における光誘起相転移として，電荷秩序絶縁体（θ-$(ET)_2RbZn(SCN)_4$, α-$(ET)_2I_3$）と，ダイマーモット絶縁体（κ-$(d$-$ET)_2Cu[N(CN)_2]Br$）における例について紹介したい [6-87, 6-113~6-125].

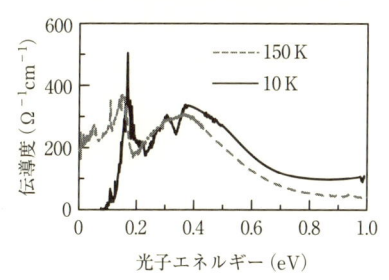

図 6.25 α-$(ET)_2I_3$ の光学伝導度スペクトル. [6-103, 6-115] より改変の上転載.

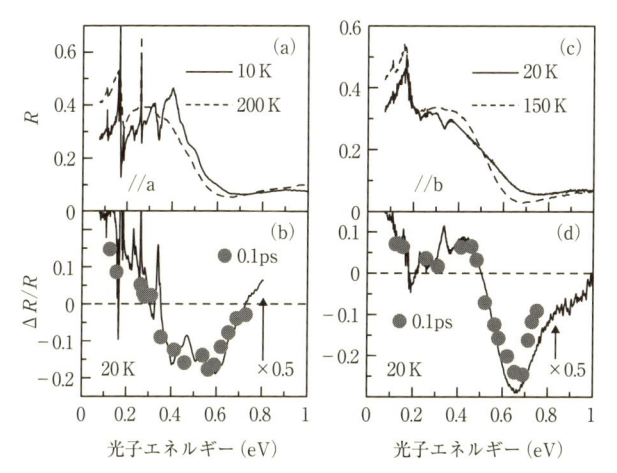

図 6.26 反射スペクトルと過渡反射スペクトル. (a) (b) (θ-$(ET)_2$RbZn(SCN)$_4$2. (c) (d) α-$(ET)_2I_3$. [6-87] より転載.

6.7.2 　θ-$(ET)_2RbZn(SCN)_4$, α-$(ET)_2I_3$ における電荷秩序の超高速光融解

2種類の電荷秩序系物質 θ-$(ET)_2RbZn(SCN)_4$ と α-$(ET)_2I_3$ における,光照射による電子状態の変化を,ポンプ-プローブ分光によって得られる反射スペクトルの過渡的な変化から議論していこう [6-87, 6-113～6-125]. 図 6.25 に α-$(ET)_2I_3$ における,光学伝導度の温度依存性を示す. ～0.4 eV に ET 分子間の電荷移動(CT) 遷移による構造がある. 電荷秩序相 (10 K<T_{co}=135 K) では,0.1 eV 程度の光学ギャップが確認できるが, 金属相 (200 K>T_{co}) ではギャップは閉じている. 図からわかるように,この物質の金属相のスペクトルは,理想的なドルーデ金属とは程遠い形状を示しており,その起源は,いわゆる強相関金属 (不良

金属) と言われている[7]. 図 6.26 (a) (c) のように, 反射率スペクトルで見ても, 実線 (絶縁相 (20 K)) と点線 (金属相 (θ-(ET)$_2$RbZn(SCN)$_4$, 200 K, α-(ET)$_2$I$_3$, 150 K)) で示すように, T_c を挟んで, スペクトルの形状が変化する様子がわかる. すなわち, 絶縁相から金属相への転移に伴って, 高エネルギー側の反射率が減少し, 低エネルギー側では, 逆に反射率が増加する.

図 6.26 (b) (d) の○は, 電荷秩序相 (20 K) を励起した場合の, 光誘起反射率変化 ($\Delta R/R$) スペクトルを示す (励起光とプローブ光の遅延時間：0.1 ps, 励起光子エネルギー：0.89 eV, 時間分解能：～200 fs). ただし, R は, 光励起前の反射スペクトル, ΔR は, 励起光前後の反射率の差分 (R(励起後) $- R$(励起前)) をそれぞれ表す. この反射率スペクトルの変化 $\Delta R/R$ は, 図中実線で示した, 温度差分スペクトル

$$\frac{R(高温相) - R(低温相)}{R(低温相)}$$

ときわめてよく一致している. したがって, 電荷秩序は瞬時に融解して金属的な状態が生成すると考えてよい. しかし, 後で述べるように, これは必ずしも巨視的な金属相の生成を意味するわけではない. 0.1 ps における $\Delta R/R$ の大きさは, 励起強度 $I_{ex} = 0.001$ mJ/cm^2 から 0.1 mJ/cm^2 まで 2 桁にわたってほぼ線形に増加する. 0.1 mJ/cm^2 という光強度は, およそ 200 分子 (θ-(ET)$_2$RbZn(SCN)$_4$) あるいは 500 分子 (α-I$_3$) 当たり 1 光子を注入していることに対応する. 光による転移と熱的転移による反射率変化の大きさを比較することによって, 0.1 ps での光誘起相転移の効率は, 100 分子/光子 (θ-(ET)$_2$RbZn(SCN)$_4$), 250 分子/光子 (α-(ET)$_2$I$_3$) と見積もることができる. これらの結果から, 電荷秩序の融解は, 励起後瞬時に, 微視的 (100～200 分子程度) なクラスター状, あるいはナノドメイン的に始まると予想できる. 前節で紹介した Ni 錯体では, 1 サイト当たり 0.5 個もの光を入れるという超高密度励起が必要であったことと比べると, きわめて高い効率で金属化が可能であることが示されている. 理論計算によれば, この高い転移効率は, 励起エネルギーに関係しているのかもしれない. 図 6.25 に示した電荷秩序相の光学電導度スペクトルは, 幅の広いやや非対称な形状を示すが, ギャップ近傍の低エネルギー側が, 電荷秩序状態の電荷秩序のパターンを変える (たとえば, 電荷リッチなサイトからプアーなサイトへのような)

---

[7] 最近この物質に圧力を印可するとディラックコーン状態が実現されることが注目を集めている [6-105].

局所的な電荷移動励起であるのに対して,高エネルギー側の励起の終状態は,電荷の不均化が解けた(電子雲が広がった状態)であることが指摘されている[6-120, 6-121].後者は金属状態そのものではないにせよ,明らかに金属状態に近いことを考慮するならば,局所的な電荷移動励起ではなく,より高エネルギーの非局所的な電子状態を励起することによって高効率な絶縁体-金属転移が実現している可能性がある.

次節で述べるように,より高い時間分解能($\sim$10 fs)の測定によれば,$\Delta R/R$の初期応答(立ち上がり)は,電子が分子間を移動する時間スケール(20〜40 fs)に匹敵する.このような超高速応答は,電荷秩序の初期融解過程において,ET分子間の格子変位は重要でなく,むしろ電子的な応答が主役を担っていることを予感させる.

6.7.3 θ-$(ET)_2(RbZn)(SCN)_4$とα-$(ET)_2I_3$の光誘起相転移はどこが異なるのか

次に,光生成された金属状態がどのような緩和過程を辿るのかを,反射率変化の時間発展から追っていこう.図6.27に示す$\Delta R/R$の減衰曲線は,光誘起金属状態が緩和し,電荷秩序が回復する様子を反映する.θ-$(ET)_2RbZn(SCN)_4$(図6.27(a))では,光誘起金属状態の時間プロファイルは,2成分の指数関数的な減衰(0.2 ps(83%)および1.2 ps(17%))で表される.この高速な減衰は,

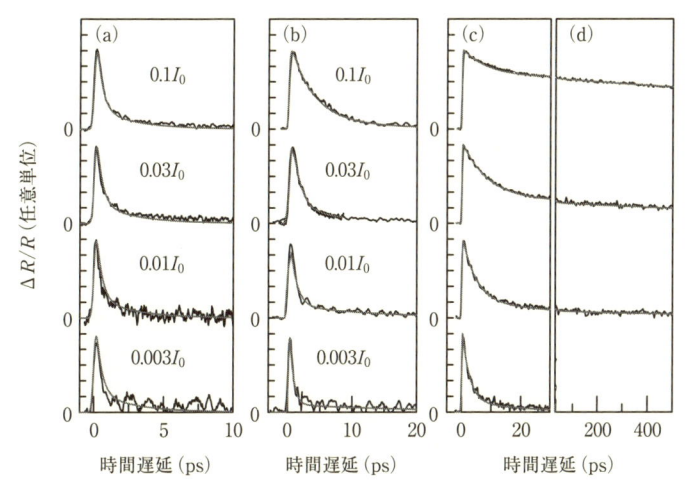

図6.27 0.12 eVにおける反射率変化の時間発展.(a) θ-$(ET)_2RbZn(SCN)_4$ (10 K),(b) α-$(ET)_2I_3$ (10 K),(c) (d) α-$(ET)_2I_3$ (124 K).I_0=1 mJ/cm^2.

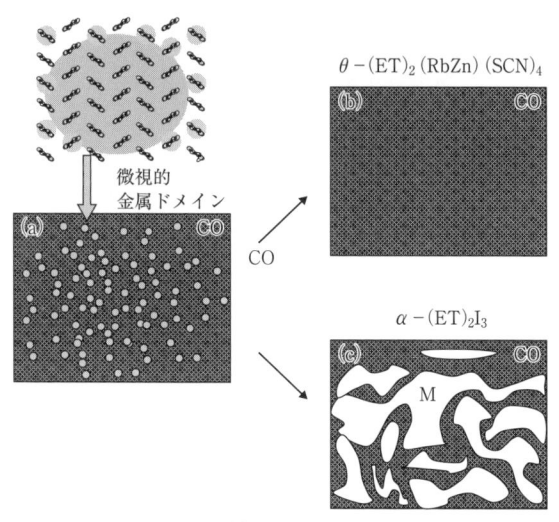

図 6.28 光誘起金属ドメインの模式図

I_{ex} の 2 桁以上にわたる変化にも依存せず,温度依存性 ($T<T_c$) も見られない.一方,α-(ET)$_2$I$_3$ (図 6.27 (b) (c) (d)) では,T_c 以下のいずれの温度においても,I_{ex} の増加に伴って寿命は長くなる.とくに,転移温度近傍 (124 K) では,$I_{ex}=0.003$ mJ/cm^2 から 0.1 mJ/cm^2 への励起強度の変化に対し,緩和の時間スケールは,ピコ秒からナノ秒へ,実に 1000 倍もの増大を示す.このような顕著な励起強度依存性は,図 6.28 に示すような光誘起金属状態の不均一性を用いて説明することができる.すなわち,弱励起下では,微視的な金属ドメインが生成(図 6.28 (a)) した後,ただちに緩和して電荷秩序が回復する(図 6.28 (b)).強励起下では,微視的ドメインは,界面エネルギーの損失を減らすために凝集し,準巨視的なドメインとして安定化すると考えられる(図 6.28 (c)).また,電荷秩序状態が強誘電性を示す α-(ET)$_2$I$_3$ では,第 2 高調波発生 (SHG) が観測されている.強励起下においては,この SHG 強度が,電荷秩序の光融解によって約 50% にまで減少することからも,準巨視的な金属状態の生成が示される.

α-(ET)$_2$I$_3$ における準巨視的なドメインの性質については,次節で述べることにして,ここでは,θ-(ET)$_2$RbZn(SCN)$_4$ と α-(ET)$_2$I$_3$ における緩和ダイナミクスの違いについて考えてみよう.θ-(ET)$_2$RbZn(SCN)$_4$ では,ドメイン凝集によると考えられる顕著な温度依存性,励起強度依存性は見られない.つまり,この物質では,高密度に微視的な金属ドメインが生成しても凝集は起こらないのであ

る．θ-$(ET)_2RbZn(SCN)_4$ において観測される短寿命金属状態の生成は，光誘起相転移というより，その前駆現象と捉えたほうがより一般的かもしれない．このような電荷秩序の光融解ダイナミクスの違いは，前節で述べた両物質における熱的な転移の性質の違いを用いて説明できる．α-$(ET)_2I_3$ の絶縁体-金属転移が，1次転移ではあるものの構造変化の小さな電子的転移とみなせるのに対し，θ-$(ET)_2RbZn(SCN)_4$ では，比較的はっきりした対称性の低下を伴った転移である．比熱測定の結果 [6-126] を考え合わせると，θ-$(ET)_2RbZn(SCN)_4$ の転移は，分子間の2面角の変化に対する比較的大きなポテンシャルバリアを隔てたものであり [6-90～6-93]．このポテンシャルバリアが，準巨視的な光誘起金属ドメインの安定化を妨げていると考えられる．以上のことから，有機伝導体における電荷秩序の光融解は，i) 電子的な応答による，微視的金属ドメインの生成（図 6.28 (a)：θ-$(ET)_2RbZn(SCN)_4$，α-$(ET)_2I_3$）と，その後の ii) 格子の安定化を伴った準巨視的なドメインの形成（図 6.28 (c)：α-$(ET)_2I_3$）の2つのステップからなると予想できる．

6.7.4 光誘起金属状態の臨界現象

光キャリアや励起子態を出発点として，安定相の中に不安定な物質相を強制的に注入しているという事情を考えると，光誘起相転移の初期過程は（バルク全面が瞬時に相転移を起こすのではなく）クラスター状に光誘起相が形成されると考えるのが自然である．前節で述べた，微視的，巨視的なドメインという描像を用いた解釈はこの予想と符合する．光励起直後に観測される反射率変化の大きさから見積もられる初期生成微視的ドメインの大きさは，およそ分子 100 個程度（～10 nm に相当）である．もっとも簡単な解釈では，このドメインの大きさは相関長 ξ に対応し，より安定な巨視的ドメインでは，相関長が増大していると考えることができる[8]．本節では，この電荷秩序絶縁体中に強制的に注入されたナノドメインが示す熱力学的な性質について，その寿命の温度依存性と，励起強度依存性からもう少し詳しく考えてみよう．

前節では，α-$(ET)_2I_3$ を弱励起した場合に観測される速い緩和→微視的金属ド

---

8) 光誘起金属状態が，ドメイン状に成長することはきわめて自然な解釈ではあるが，これらのドメイン描像は，正直なところ，いわば実験結果を説明するためのもっともらしい仮説にすぎない．今後，顕微分光や，散乱実験など不均一なドメイン構造に直接アクセスする実験方法を取り入れることが必要となるだろう．

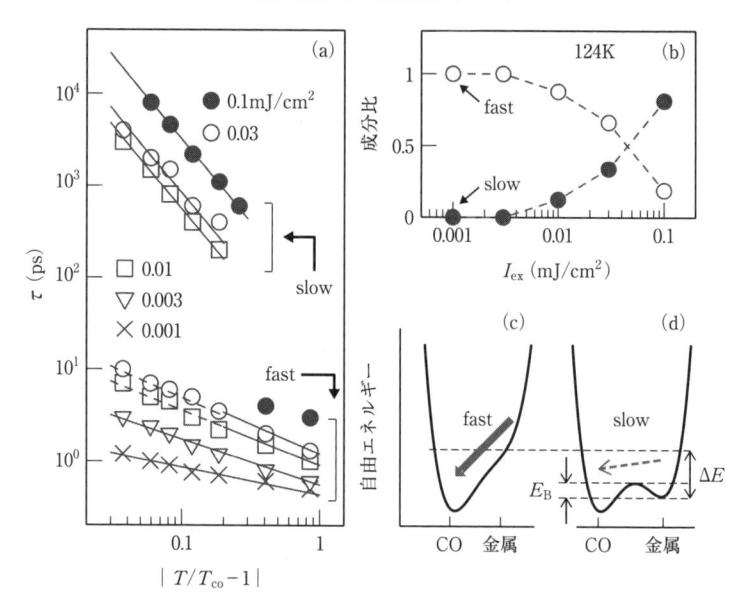

図 6.29 (a) α-$(ET)_2I_3$ において観測される金属状態の寿命 (t_{fast}, t_{slow}) の温度依存性 ($T_{co}=135$ K), (b) t_{fast}, t_{slow} の成分比の温度依存性, (c) 光誘起金属状態の臨界緩和を示す模式図. [6-118] より転載.

メイン, 強励起における緩和時間の増大→準巨視的なドメインの生成と解釈した. これらの金属ドメインの寿命（時定数）をそれぞれ, τ_{fast} と τ_{slow} として減衰曲線を解析し, 換算温度 $|T/T_{co}-1|$ の関数として図 6.29 (a) に示した [6-87, 6-116, 6-118]. 図 6.29 (b) は, それぞれの減衰成分の相対的な成分比を表す. 緩和時間 τ_{fast} と τ_{slow} は, いずれも転移温度近傍で発散的に増大する, いわゆる臨界緩和として理解することができる. すなわち, 光励起によって生成された準安定状態（光誘起金属状態）は, 熱力学的な復元力によって最安定状態（電荷秩序状態）へと緩和するが, T_c 近傍では, 準安定状態と最安定状態の自由エネルギーは拮抗するため復元力が次第に消失する. その結果, 2 次相転移の動的スケーリング則によれば, 緩和時間 τ は式 (6.13) に示したように, $\tau \propto |T/T_{co}-1|^{-\nu z}$ (ν と z はそれぞれ相関長 ξ の臨界指数と, 動的臨界指数) にしたがって増大する. このような緩和時間の増大は, 臨界減速と呼ばれる. 臨界指数 ν と z は, 準安定状態の熱力学的性質を示す指標と考えてよい. われわれの実験結果を見ると, τ_{slow} に対する指数 νz は, 1.8 程度の値を示し, 2 次元イジングモデルに基づくモンテカルロシュミレーションの結果 ($\nu z = 2.1665$) [6-18] と比較的近い.

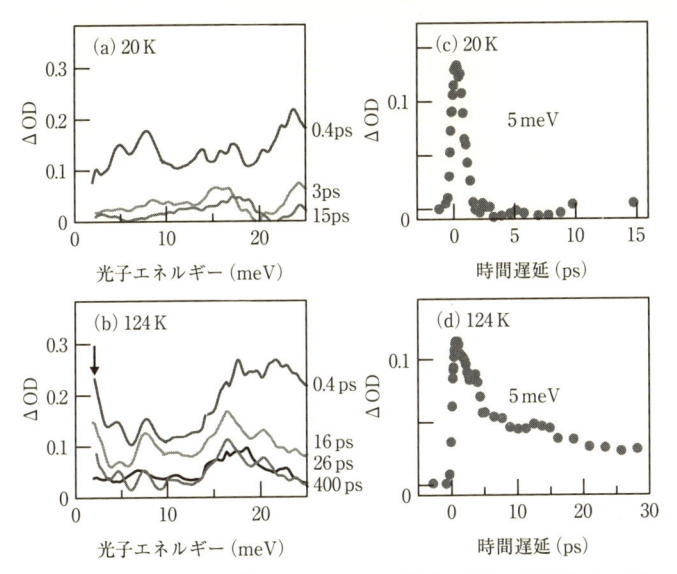

図 6.30 α-$(ET)_2I_3$ の光励起-THz プローブ分光の結果. 過渡吸収スペクトル ((a) 20 K, (b) 124 K) と, 5 meV における時間プロファイル ((c) 20 K, (d) 124 K). [6-117, 6-118] より転載.

しかし, τ_{fast} の温度依存性は τ_{slow} に比べて明らかに小さく, νz は, 0.3 (0.001 mJ/cm^2) 〜 0.65 (0.03 mJ/cm^2) 程度の値を示す. このことは, τ_{slow} は, 高温相と類似の性質を持った準巨視的なドメインの緩和時間と考えられる一方, τ_{fast} を示す微視的なドメインは, 単に小さいというだけでなく, 巨視的な金属状態とは熱力学的に異なる性質を持つことを反映している. さらに静水圧印可における光誘起相転移の実験も行われており, τ_{fast} と τ_{slow} の圧力（静水圧）依存性は明確に異なることからも同様の結論がふたたび導かれる [6-113].

この問題に関して, ごく最近, テラヘルツ領域の過渡スペクトルによって, 微視的ドメインと巨視的ドメインの電子的性質の違いが, より明確に区別できるようになった [6-114, 6-117, 6-118]. 図 6.30 (c) (d) は, (c) 低温 (20 K, τ_{fast} に対応), (d) 高温 (124 K, τ_{slow} に対応) における過渡吸収スペクトル (0.1 ps) を示す ($I_{ex}=0.01$ mJ/cm^2). いずれも, 光学ギャップの消滅を反映した吸収の増加を示すが, 低温では, 平坦な形状が観測されるのに対し, 高温では, 低エネルギー側にスペクトルの重率があってよりドルーデ的に見える. このこともまた, τ_{slow} が, 準巨視的な金属ドメインに対応するという解釈を支持する.

ここでもう一度,臨界緩和の問題に戻ってみよう.「微視的ドメインと巨視的ドメインでは,単に大きさが違うだけでなく,熱力学的な性質が異なる」とは一体どういうことなのだろう? 光誘起相転移における臨界現象は,この研究以前にも観測例があり,光強度に対して寿命が臨界的に変化する様子が観測されている [6-127].その結果は,相関長 ξ が,光強度に応じて変化すると解釈されている.一方,α-$(ET)_2I_3$ で観測された νz の変化は,ξ そのものが異なるだけでなく,その温度依存性も異なっている.つまり,光が強くなったときに起きていることは,単にドメインが大きくなっているだけでは説明できない.この温度依存性(臨界指数)の変化が,微視的な相互作用の世界から,普遍性(ユニバーサリティー)が支配する巨視的な世界への移行を反映していると考えることはできないだろうか?[9] 数百 fs~ps といった,きわめて短い時間にも,電子やスピンはすでに集団として秩序の形成に向かい始めていることを示すさまざまな実験結果を考え合わせるならば,十分に考えられうるシナリオであるが,現在のところはただの仮説に過ぎない.

光誘起相転移の臨界緩和について考えるとき,もう1つ注意しておかなければならないのは,α-$(ET)_2I_3$ における定常状態の絶縁体-金属転移は,(大きな対称性の変化こそないものの) 比熱に飛びのある一次相転移であることである.このことは,臨界緩和が,本来2次相転移の概念であることと矛盾するようにも見える.しかし,以下に述べるように,「温度変化に対しては1次相転移であっても,光誘起相転移において臨界性が現れる」こともまた,光誘起相転移の特徴的な性質と考えられる.図 6.29(c)に示すように,転移温度から遠い温度では準安定な光誘起金属からの復元力が大きく,転移温度の近傍(図 6.29(d))では復元力が弱くなる.これが臨界減速の理由である.転移温度近傍での金属状態の安定化エネルギーを図 6.29(d) のように ΔE としよう.一方,1次相転移では,図 6.29(d) のように,非平衡状態と安定状態の間には(1次転移の起源である)ポテンシャル障壁 E_B がある.しかし,光励起によって平衡から遠く離れた状態に光誘起金属状態をつくったとすると,$\Delta E \gg E_B$ となって,金属状態は実質上バリアの存在を感じない.すなわち,光誘起相の"臨界"緩和は,いわゆる本当の臨界からは遥かに遠く離れた非平衡状態における"臨界性のなごり"と理解することはできないだろうか."微視的な光励起状態(1個,2個,…)から普遍性を

---

9) ただし,仮にそうだとすると,微視的なドメインが示す臨界指数は,本来の熱力学上の定義からは外れるので,臨界指数という言葉で呼ぶのは適切ではない.

持つ相転移（たくさん）へ，どのようにつながるのか？"という問題を解く鍵は，このあたりにありそうである．

6.7.5 ダイマーモット絶縁体（κ-$(ET)_2X$）における光誘起モット転移のメカニズム

ところで，すでに，1次元モット絶縁体の例（6.6節）においても議論されているように，金属状態が励起後瞬時（<0.1 ps）に生成することは，HOMOバンドの価数が，3/4（電荷秩序）や1/2（モット絶縁体）から光励起によってずれると理解することができる．このような光による価数制御というモデルが初期過程においても本当に正しいかどうかは，6.7節でふたたび議論することにして，ここでは一応作業仮説として認めておこう．このメカニズムは，電子的なプロセスであり，物質の構造を大きく変化させる必要がないため，高速応答を可能にするという観点から注目されている．しかし，最近，これとは異なったタイプの光誘起絶縁体 — 金属転移も観測されている [6-88]．本節の始めで紹介したκ-$(ET)_2X$ 錯体（図6.24（c））は，2量体化したET分子の対を1サイトとするダイマーモット絶縁体である．

図6.31（a）は，波長 $1.4\,\mu m$ の励起光（励起強度 $0.1\,mJ/cm^2$）を照射した直後（τ_d=0.1, 2 ps，τ_d は，励起光とプローブ光の遅延時間）に観測される，κ-$(d$-$ET)_2Cu[N(CN)_2]Br$ の光誘起反射率変化（$\Delta R/R$）を示す．励起光エネルギーは，ダイマー内の結合-反結合準位間の遷移エネルギーの少し高エネルギー側に対応する．τ_d=2 ps において 0.5 eV よりも低エネルギー側の領域に金属状態の生成を反映するドルーデ反射が現れる．注目すべきことに，この物質では，電荷秩序系で観測されたような <100 fs の速い初期過程は見られず，金属化は，1〜2 ps のやや遅い過程によって進行する[10]．この"やや遅い"金属化の立ち上がりと，反射率の時間発展プロファイルに，低周波数（<100 cm^{-1}）の分子間振動によるコヒーレントフォノンが観測されることなどから，図6.32に示すような分子配置の変化を伴った機構が予想できる．この物質の重要な特徴は，ダイマーあたりのオンサイトクーロンエネルギ U_{dim} が，ダイマー内の電子の移動積分 t_{dim}（$\propto$ 運動エネルギー）に敏感に依存することが知られている．このことを考慮すると，考えられる光誘起金属化のメカニズムは，結合-半結合軌道間の励起

---

[10] この物質では温度変化による転移は起こらないので，金属への転移は単なるレーザー照射による温度上昇の効果ではない．

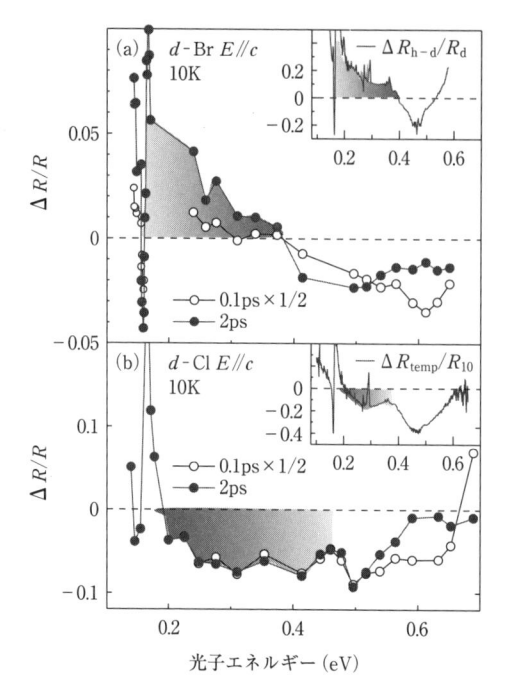

図 6.31 $\kappa\text{-}(d\text{-}ET)_2Cu[N(CN)_2]Br(d\text{-}Br)$ (a) と $\kappa\text{-}(d\text{-}ET)_2Cu[N(CN)_2]Cl(d\text{-}Cl)$ (b) の差分過渡反射スペクトル．それぞれの枠内の挿入図は，(a) d-Br と h-Br の差分反射スペクトルと (b) d-Br の温度差分（10 K と 80 K）スペクトル．[6-88] より転載．

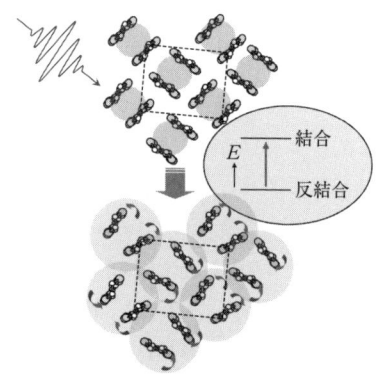

図 6.32 d-Br における光誘起絶縁体-金属転移も模式図．ダイマーの結合軌道-反結合軌道間の励起により，ダイマーが不安定化し，t_{dimer} と U_{dimer} が減少する．

によってダイマーが不安定化し，t_{dim} と U_{dim} の減少（有効バンド幅 t/U_{dim} の増加）によって金属が安定化すると考えられる [6-88, 6-122, 6-123]．

6.7.6 光による秩序の融解から再構築へ：電荷・スピン・格子が織りなす新しい光誘起相転移

　光誘起絶縁体-金属転移を，価数制御やバンド幅制御に類似の機構によってドライブできることには重要な意味がある．なぜなら，電荷秩序やモット絶縁体の近隣には，しばしば超伝導相や強誘電相があり，価数制御やバンド幅制御によって，それらへ転移するからである．本章では，モット絶縁体や電荷秩序の融解（絶縁体-金属転移）に注目したが，強相関電子系における光誘起相転移の魅力は，

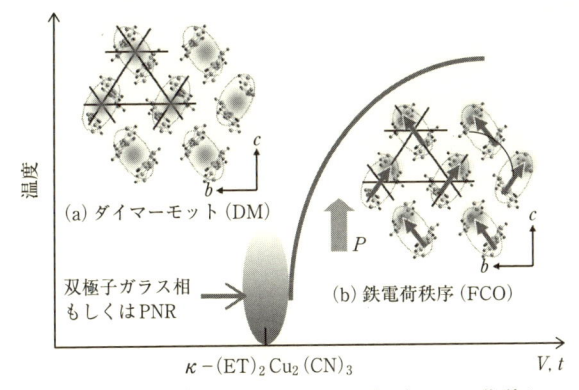

図 6.33 $\kappa\text{-(ET)}_2\text{Cu}_2\text{(CN)}_3$ の相図（模式図）．この物質は，ダイマーモット状態（ダイマーを構成する 2 つの分子上に電荷が均等に分布）と，電荷不均一化状態（電荷がどちらかの分子に偏ってダイマー内に分極を生じた状態）との相境界近傍にあると考えられている．[6-135] より転載．

絶縁体-金属転移の周辺により複雑な電子相が競合していることにある．そのような競合をうまく利用すれば，単なる秩序の融解だけでなく，別の秩序を再構築することも可能になるかもしれない．たとえば，1 次元系の $(\text{EDO-TTF})_2\text{PF}_6$ では，電子相関の効果と電子格子相互作用が協調することによって，通常の 101010… とは異なる電荷秩序のパターン（1001100…）が安定化しているが，この 1001 の電荷秩序相から，もう 1 つの電荷秩序（1010）への光誘起相転移の可能性が議論されている [6-128, 6-129]．一方，ごく最近，$\kappa\text{-}(d\text{-ET})_2\text{Cu}[\text{N(CN)}_2]\text{Br}$ と類似のダイマーモット絶縁体である，$\kappa\text{-(ET)}_2\text{Cu}_2\text{(CN)}_3$ [6-130~6-136] においては，<30 K の低温で光励起を行うと，強誘電性のナノクラスターが成長する様子が捉えられている（第 5 章図 5.31 参照）[6-135]．この現象は，図 6.33 に示すようにダイマーモット状態（ダイマーを構成する 2 つの分子上に電荷が均等に分布）が，電荷不均一化状態（電荷がどちらかの分子に偏ってダイマー内に分極を生じた状態）との相境界近傍にあることによると考えられている．しかし，不思議なことに，この強誘電クラスターの成長は，電荷の有効温度の減少を意味している．つまり，光励起によって，電荷のエネルギーやエントロピーは減少しているように見えるのである．その理由は，現段階では明らかではない．この物質が，スピン液体として注目されていることを考え合わせると [6-135]，電荷の励起エネルギーをスピン系が受け取る（スピン系の温度が上昇して，電荷の温度が

下がる）機構が働いている可能性も示唆される．ある自由度温度が上がることによって，別の自由度の温度が一瞬下がる，という機構は多自由度（電荷・スピン・軌道・格子）を持つ強相関電子系に特有な仕組みといえるかもしれない．

この仕組みは，今後，光励起による超伝導，強誘電，強磁性相など秩序形成へとつながることも期待される[11]．

6.8 光誘起相転移の初期過程

6.8.1 光誘起絶縁体：金属転移の機構

前節までに述べてきたように，遷移金属酸化物や低次元有機伝導体などのいわゆる強相関電子系では，光励起をトリガとする，絶縁体-金属転移や磁気転移などの光誘起電子転移が報告されている．とくに，光誘起絶縁体-金属転移は，強相関系における光応答のもっとも劇的な相転移の例として注目され，マルチフェロイクスや超伝導状態の光応答（あるいは光誘起超伝導の可能性）との関係からも興味が持たれている．その基本的な仕組みは，クーロン反発によって凍結した電荷が，光照射によって"融解"し，動けるようになると理解されている．元素置換によるキャリアドープとのアナロジーから，"光キャリアドープ"描像（光キャリアの生成によって，電子や正孔の軌道占有の度合いが変化する）による議論がしばしば行われてきたが，詳細はわかっていなかった．その理由は，初期過程があまりにも高速なため，一般に用いられる 100 fs のパルスでは，そのダイナミクスを捕捉できなかったためである．ここでは，われわれが最近行っている，光の電場振動の 3 周期に対応する超短赤外パルス（中心波長 $1.5\,\mu m$，パルス幅 12 fs）を用いた，有機物質（電荷秩序型電荷移動錯体 $\alpha\text{-}(ET)_2I_3$）に関する研究 [6-115, 6-117, 6-118] を紹介したい．

6.8.2 見えてきた初期過程：光が物質を変える瞬間の超高速スナップショット

前節でも述べたように，近赤外（$1.5\,\mu m$）光の励起によって電荷秩序が"瞬

---

11) 光誘起相転移を研究対象物質で，スピン自由度を持つ物質は数多くあるなかで，この物質が上記のような特異な現象を引き起こす理由は明らかではない．考えられる理由としては，スピン系とエネルギーと比較的近いところに，電荷の集団応答のエネルギー（〜meV）があるからではないかと考えられている．また，まったく別の解釈としては，三角格子のフラストレーション効果が電荷の長距離秩序をさまたげているということも考えられる．その場合，光励起によって三角格子の等方性が電子的に破られ，秩序化が促進される可能性がある．

6.8 光誘起相転移の初期過程

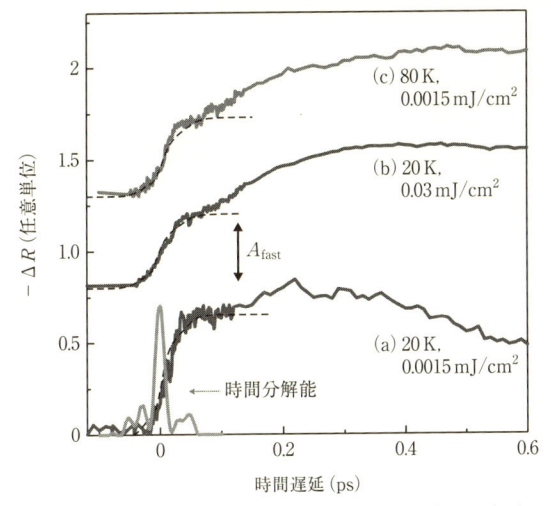

図 6.34 12 fs パルス（中心波長 1.5 μm，パルス幅 12 fs）を用いた $\alpha\text{-}(ET)_2I_3$ のポンプ-プローブ測定の結果．[6-117, 6-118] より転載．

時（<100 fs）に"融解し，金属状態が効率的（～50～100 分子/1 光子）に生成することが，中赤外光領域の過渡反射分光によって明らかにされている．

図 6.34 (a) に，12 fs 赤外パルスを用いて測定した，電荷秩序の融解を反映する光誘起反射率減少の時間発展を示す．この時間プロファイルは時定数 15 fs の超高速成分と，やや遅い～200 fs の成分からなる．図 6.35 (a) は，フーリエフィルターによって時間プロファイルの高周波（>200 cm^{-1}）振動成分のみを抽出したものである．振動の波形には，周期 18, 22, 40 fs の 3 種類の振動が観測される．図 6.35 (b) は，図 6.35 (a) の振動波形をウェーブレット変換を用いた解析によって得たスペクトログラムを示す．このスペクトログラムは，励起直後（<200 fs）において，振動数の分布が，1800 cm^{-1} から 790 cm^{-1} へと，時間の経過に伴って激しく変化していることを示している．詳細は省くが，図 6.35 (b) から，特定の時間で切り出した時間分解振動スペクトルの形状から，

i) 時間の初期（<50 fs）に観測される 1800 cm^{-1} の振動は，電荷秩序ギャップを反映した電荷のコヒーレント振動によるものであること，

ii) 励起後～50 fs に見られるスペクトルのディップは，電荷の振動と，分子内振動（ET 分子の炭素間二重結合の伸縮振動；ν_3 モード [6-137, 6-138] の破壊的干渉によるものであること，

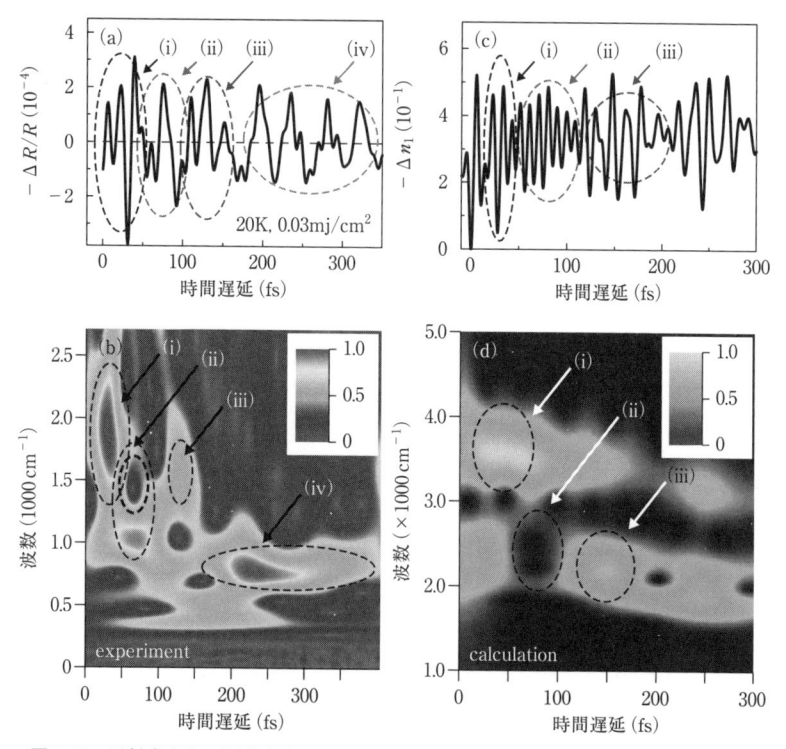

図 6.35 反射率変化の振動成分の時間プロファイル (a)(b) とウェーブレット解析 (b)(d) によって求めたスペクトログラム. (a)(b) 実験, (c)(d) 理論. [6-115] より転載.

などが明らかになった.このような振動波形の解釈と,反射率変化の立ち上がり時間 (15 fs, ～200 fs) を比較することによって,電荷秩序の光による融解は以下のように起こると考えることができる.

すなわち,互いに反発し合って凍結している電子は,励起直後にコヒーレントな振動(周期 18 fs)を始め,この振動によって金属状態への融解が駆動される.さらにこの電子のコヒーレント振動が,50 fs 以内に原子の振動(周期 22 fs)と相互作用し始める様子を,電子と原子の干渉として観測した.このような電子と分子振動の干渉は,定常赤外スペクトルにおいてファノ効果 [6-137] として表れているが,電子のみのコヒーレンスから電子-格子干渉へと移行するダイナミクスをとらえたのはこれが初めてのことだろう.これは,第 5 章で述べた DECP 描像の"向こう側"をのぞいたと言えるのかもしれない.また,電荷秩序の光融

解（光誘起絶縁体-金属転移）の初期過程において，こうした相関電子のコヒーレンスが維持されていることは，少なくとも初期過程に関しては，光ドープによる軌道占有の変化などではなく，むしろ電子の振動というダイナミックな描像によって記述するべきであることを示している．上記のような定性的な解釈とは別に，理論的な解析も行われている．電子の多体効果やC=Cの伸縮振動を，ハバード模型の枠内で取り入れた（パイエルス-ハバード模型）時間依存シュレーディンガー方程式を数値的に説いた実時間シミュレーションも行われている[6-115, 6-120, 6-124, 6-125]．

ところで，光励起の直後に観測された周期18 fsの電子の振動は，励起エネルギー0.8 eVによって直接生成される高周波電子分極の振動数（〜5 fs）よりもはるかに遅い．定常光学伝導度スペクトルに関する理論的な解析の結果によれば，0.8 eVに対応する励起は，個別的な性質を持つキャリアを生成するのに対し，観測された電子の振動は，電荷の相関を強く感じている「相関電子」の振動である．前者を励起した直後数フェムト秒の間に後者が現れるメカニズムに関しては，最近より短い赤外パルス（7 fs, 1.5サイクル）を用いて明らかになりつつあるが，それについてはまた別の機会に紹介することにしよう．

6.8.3 そしてどこへ向かうのか

以上の結果は，光誘起相転移において，光-電子-原子の相互作用の素過程を実時間で捕らえた初めての例と言える．6.7節で述べたように，ET分子を基本単位とする2次元の電荷移動錯体は多数存在し，その分子配列の仕方によって，電荷秩序，モット絶縁体，金属，超伝導など多彩な物質相を示すことはよく知られている．われわれはこれらの物質群においても系統的な探索を始めており，すでに，物質ごとに，異なる初期過程が得られることを明らかにしている．これらの結果は，光励起状態において，電子相関と電子-格子相互作用が，どのように協力，競合しているのか？ という基本的な疑問に答えてくれるはずである．

"強相関電子系の光応答の初期ダイナミクスは，何を測ってもとにかく速い（でもなにもわからない！）"と言われてすでに久しいが，電子の運動エネルギーやクーロン反発エネルギーの逆数に対応するパルス幅のプローブを用いることによって，物質の個性が，ダイナミクスとしてようやく具体的に見えようとしている．

ここでは，図6.35のような実時間振動波形を，図6.36に示すような，強度ス

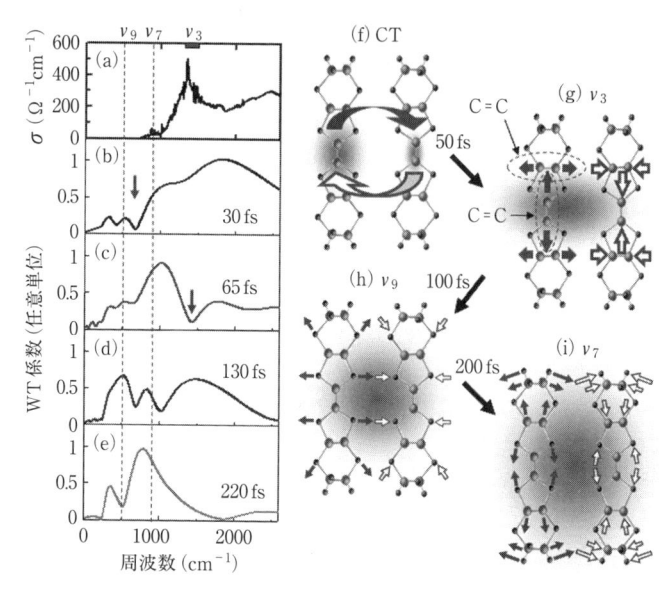

図 6.36　(a) 光学伝導度スペクトル (10 K), (b)-(e) スペクトログラムから切り出した時間分解スペクトル, (f)-(i) 電荷と分子振動モードの変化の模式図. [6-115] より転載.

ペクトルに切り出すことによって議論を進めた. しかし, 図 6.36 の (振動の超高速減衰を反映した) のっぺりしたスペクトルを眺めると, すでに, 周波数軸上のスペクトルで議論する段階ではないことを実感する. すなわち, 電子や原子振動の位相情報をも含んだ実時間波形を直接見る時代が訪れたのである.

最後に, 現在進行中の研究についても触れておきたい. 上に述べたように, われわれは, 光の電場振動 3 周期に匹敵する極超短パルス光を駆使して, ようやく電子の運動を捉えることができた. しかし, これが本当に光励起"直後"の初期過程なのだろうか？ 答えは否である. ここで用いている励起光 (波長 $1.5\,\mu m$) によって物質中に生成される電子分極の 1 周期は約 4 fs であって, しかも, 今測定に用いているレーザーは, パルスごとに CEP (光電場のキャリア振動と包絡関数の相対位相) が固定されていないため, その情報は失われている. 光と物質の相互作用の微視的な描像を得るためには, 光パルスの包絡関数ではなく, 電場の振動波形に対する直接的な非線形応答を時間領域で捉えることが重要となる. そこでは, 瞬時光電場によって駆動される電子の運動が, 位相も含めてあらわになるに違いない. 原子分子物理学の世界では, すでにアト秒 (10^{-18} 秒) 領

域のパルスを用いてそのような試みが行われている．多電子を擁する強相関電子系においても，ごく近い将来，それに対応する実験結果が明らかになるだろう．それらは，最近のフロッケ状態理論 [6-139, 6-140] に対する実験的な答えを与えることも期待される．

さらに，これらの結果は，物質のより精密な光操作（マニピュレーション）への展開を考える上で，より重要な意味を持つとわれわれは考えている．少数原子分子系では，コヒーレント制御と呼ばれる方法によって光化学反応の効率の最適化がおこなわれている．この方法では，複数のフェムト秒パルスによって，物質内に生成した分極や分子振動を干渉効果によって選択的に増大，相殺させることが重要となる．しかし，少数原子分子系の場合と異なり，強相関電子系における光応答は，複雑かつ高速で進行するため，どのモードを制御するべきなのか，これまでわかっていなかった．光誘起相転移へと繋がる初期過程を捉えることによって，光をあてたら後は自然任せ，ではなく真の意味での光操作への道が開けることを期待したい．

6.9 ま と め

光誘起相転移という現象の本質的な問題は，微視（"1個，2個，…"）的な励起状態の生成が，巨視（"たくさん"）的な現象である相転移にどのようにつながるのかという点にある．この問題を解くためのヒントは，光誘起相転移と通常の相転移との類似点や相違点に隠されているだろう，と述べたことを思い出してほしい．そのようなヒントは本当にあったのか？ もう一度考えてみよう．

微視的，巨視的な構造変化が相転移を駆動するスピンクロスオーバー錯体（6.3 節）においては，閾値や孵化時間は，核生成やスピノーダル分解として理解できることが多くの研究によって指摘されている．一方，中性-イオン性転移，絶縁体-金属転移などの電子転移を示す TTF-CA（6.4 節）や α-(ET)$_2$I$_3$（6.7 節）では，光誘起相の寿命の励起強度依存性（弱励起では短寿命，強励起では長寿命）が観測されている．これらも，緩和ダイナミクスの時間スケールや，光誘起ドメインの大きさのスケールの違いこそあれ，やはり同じような現象が起きていることを示唆している．励起直後に生成する微視的な光誘起ドメインの大きさが，分子数個（TTF-CA）〜100 個（θ-(ET)$_2$RbZn(SCN)$_4$, α-(ET)$_2$I$_3$）程度であることがわかっている．これらの微視的なドメインは不安定であり，弱励起では

短寿命で消滅するが，強励起下ではより大きな核へと成長する．α-(ET)$_2$I$_3$で観測された~1 ps（弱励起，低温）から数 ns（強励起，転移温度近傍）まで実に6桁にも及ぶ寿命の変化は，このようなドメインの成長を示すものと考えられる．ただし，この場合，安定な臨界核の形成は，1つのドメインの体積自由エネルギーの利得と界面エネルギーの競合というよりも，強励起下ではたくさんのナノドメインが，界面エネルギーの損失を減らすために凝集すると考えるべきだろう．なぜなら，α-(ET)$_2$I$_3$では励起直後に生成する微視的なドメインは，すでに，分子100個程度の広がりを持っており，この場合の体積増加による自由エネルギーの変化が電子の（最近接サイト間の）運動エネルギーの利得によると考えるならば，凝集してもあまり変化しないはずだからである．

また，α-(ET)$_2$I$_3$（6.7節）で観測された，転移温度近傍での，光誘起金属状態の寿命が発散的に増大したことは，臨界緩和として理解することができる．とくに興味深いのは，弱励起下において観測される寿命の温度依存性が，強励起の場合に比べてかなり弱い（$\nu z=0.3\sim 0.6$）ことである．強励起の場合の結果（$\nu z=1.8$）が，2次元のイジング模型（$\nu z=2.1665$）と類似の値を示していることを考え合わせると，通常の相転移で見られるものよりも弱い臨界性が観測されていると理解することもできる．つまり，"臨界"から遠く離れた非平衡状態においても，ピコ秒やフェムト秒という高速プローブを使えば，臨界的な振る舞いの名残を観測できるのである．このことは，そのようなきわめて短い時間の間に，電荷はすでに集団として秩序の形成に向かう準備を始めているということを示している．想像をたくましくすれば，微視的な電子構造を直接反映する光励起状態（1個，2個，…）と，巨視的な概念である相転移（たくさん）のはざまにある現象が，超高速の世界を通じて見えてきたのではないだろうか．このような光誘起相転移の熱力学的，統計力学的な性質に関しては，理論的アプローチによる展開も期待したい．

もう1つこれらの研究からわかってきた重要なことは，1個，2個，…の微視的状態（光キャリアや励起子）が，相転移へとつながる光誘起相転移の初期過程は，6.6節で述べたような光キャリアドープ，すなわちバンドの占有数の変化によって記述される静的な過程では必ずしもないということである．そもそも光励起の瞬間に起こることは，高周波電子分極の生成であって，静的なキャリアの再配置ではない．6.8節で紹介した電子相関によって凍結した多体電子のコヒーレント振動は，光によって直接駆動された高周波の電子分極が，電荷秩序の融解へ

6.9 ま と め

とつながる一瞬をダイナミックにとらえたものと考えられる．このような新しい動的描像は従来の光誘起絶縁体-金属転移の機構として，あるいは作業仮説として用いられていた，光キャリアドープによる価数制御という概念を揺るがすものである[12]．光と物質の相互作用をスナップショットとして完全にとらえ切るには，もう少し短いパルスが必要だが，われわれはもうその入り口に立っている．10 fs よりも短い極超短パルスを用いた最新の結果については，改めて別の機会に紹介したい．

アト秒，フェムト秒から秒，分，時間という，実に 20 桁以上にもわたる広い時間領域において進行する光誘起相転移という現象の中で，本書ではおもに，ピコ秒よりも速い現象について焦点を当てた．このような時間領域では，限られた自由度だけが平衡状態に達しているに過ぎず，本来の意味での物質相は定義できない．しかし，逆に言えば，そこには定常状態では存在しえない，より新しい物質相が隠されている．今後も多くの非平衡物質相が発見されるだろう．

本書では触れることができなかったが，最近目覚ましい進展を遂げている X 線や電子線の構造解析 [6-36, 6-49, 6-50, 6-141 6-142] や光電子分光 [6-79] の時間分解測技術は，そのような非平衡物質相の実験的な探索において重要な役割を果たすと考えられる．実際，少なくともピコ秒や 100 フェムト秒程度の時間領域に関する限り，レーザー分光は，もはや唯一の超高速測定技術ではない．しかし，10 フェムト秒あるいはそれよりも短い時間領域でのダイナミクスを議論する上では，レーザー分光は今後も，いわば"切り込み隊"としての開拓的役割を果たしていくことは間違いない．さらに，顕微測定も含めて，さまざまな測定法が相補的な役割を果たすことによって，今後数年の間に，光誘起相転移の研究が劇的な展開を迎えることを確信して筆をおきたい．

---

12) もちろん，これは初期過程の記述に限った話である．より遅い時間領域（>100 fs）の実験結果が"光キャリアドープ"という描像で理解できることは，すでに多くの例で示されている．

参 考 文 献

＊和訳のあるものは可能な限り，訳本を載せた．

第 1 章
[1-1]　ソーラボ社カタログ
[1-2]　岸田英夫　私信
[1-3]　K. S. Song, and R. T. Williams, "Self-Trapped Excitons", (Springer, 1993).
[1-4]　Exciton 社レーザー用色素カタログ
[1-5]　砂川重信，理論電磁気学　第三版（紀伊國屋書店，1999）．
[1-6]　E. Hecht, "Optics", 4th edition, Addison Wesley, 2002.
[1-7]　R. Loudon , "Quantum Theory of Light", 3rd edition (Oxford University Press, 2003).
[1-8]　M. Dressel and G. Gruner, "Electrodynamics of Solids: Optical Properties of Electrons in Matter" (Cambridge University Press, 2002).
[1-9]　Y. Toyozawa, "Optical Processes in Solids" (Cambridge University Press, 2003).
[1-10]　櫛田孝司，量子光学（朝倉書店，1981）．
[1-11]　工藤恵栄，光物性の基礎　改訂第二版（オーム社，1990）．
[1-12]　櫛田孝司，光物性物理学（朝倉書店，1991）．
[1-13]　小林浩一，光物性入門（裳華房，1997）．
[1-14]　江馬一弘，光物理学の基礎（朝倉書店，2010）．
[1-15]　早川禮之助，伊藤integer耕三，木村康之，岡野光治，非平衡系のダイナミクス入門（培風館，2006）．
[1-16]　K. -E. Peiponen, E. M. Vartiainen, and T. Asakura, "Dispersion, Complex Analysis and Optical Spectroscopy" (Springer, 1998).
[1-17]　岩井伸一郎，岡本 博，固体物理 38, 677 (2003).

第 2 章
[2-1]　P. W. Atkins and J. De Paula, "Physical Chemistry", 9th edition (Oxford University Press, 2010).
[2-2]　P. Atokins and R. S. Friedman, "Molecular Quantum Mechanics", 3rd edition (Oxford University Press, 2003).
[2-3]　W. A. ハリソン（小島忠宜，小島和子，山田栄三郎訳），固体の電子構造と物性：化学構造の物理（上・下）（現代工学社，1983）．
[2-4]　金森順次郎，米沢富美子，河村 清，寺倉清之，固体：構造と物性，岩波講座現代の物理学 7（岩波書店，2001）．
[2-5]　中島貞雄，豊沢 豊，阿部隆蔵，物性 II：素励起の物理，現代物理学の基礎 7（岩波書店，1978）．
[2-6]　N. F. Mott（小野嘉之，大槻東己訳），モット　金属と非金属の物理　第二版（丸善，1996）．
[2-7]　鹿児島誠一，低次元導体，改訂改題（裳華房，2000）．
[2-8]　斯波弘行，電子相関の物理（岩波書店，2001）．
[2-9]　M. Imada, A. Fujimori, and Y. Tokura, Rev. Mod. Phys. 70, 1039 (1998).
[2-10]　S. Maekawa, T. Tohyama, S. E. Barns, S. Ishihara, W. Koshibae, and G. Khaliullin , "Physics of Transition Metal Oxides" (Springer, 2003).

参　考　文　献

第3章
- [3-1] A. Yariv（多田邦雄，神谷志武監訳），光エレクトロニクス　基礎編　原書五版（丸善，2000）.
- [3-2] R. Boyd, "Nonlinear Optics", 3rd Edition (Elsevier, 2008).
- [3-3] Y. R. Shen , "The Principle of Nonlinear Optics"（Wiley & Sons, 2003）.
- [3-4] P. N. Butcher and D. Cotter, The Elements of Nonlinear Optics (Cambridge University Press, 1990).
- [3-5] G. P. アグラワール（小田垣孝，山田興一訳），非線形ファイバー光学　原書第二版，物理学叢書76（吉岡書店，1997）.
- [3-6] 工藤恵栄，若木守明，基礎量子光学（現代工学社，1998）.
- [3-7] 花村榮一，量子光学，現代物理学叢書（岩波書店，2000）.
- [3-8] 服部利明，非線形光学入門（裳華房，2009）.

第4章
- [4-1] 末田 正，神谷武志，超高速光エレクトロニクス（培風館，1991）.
- [4-2] M. Bass, C. DeCusatics, J. Enoch, V. Lakshminarayanan, G. Li. C. MacDonald, V. Mahajan, and E. Van Stryland, "Handbook of Optics" (MacGraw-Hill , 2009).
- [4-3] Schott 社データシート
- [4-4] Casix 製品カタログ
- [4-5] 川上洋平，東北大学大学院理学研究科博士論文（平成23年3月）.
- [4-6] T. Kobayashi and A. Shirakawa, Appl. Phys. B 70, S239 (2000).
- [4-7] G. Cerullo and S. D. Silvestri, Rev. Sci. Instrum. 74, 1 (2003).
- [4-8] G. Cirmi, D. Brida, C. Manzoni, M. Marangoni, S. De Silvestri and G. Cerullo, Opt. Lett. 32, 2396 (2007).
- [4-9] D. Brida, G. Cirmi, C. Manzoni, S. Bonora, P. Villoresi, S. De Silvestri and G. Cerullo, Opt. Lett. 33, 741 (2008).
- [4-10] D. Brida, M. Marangoni, C. Manzoni, S. De Silvestri and G. Cerullo, Opt. Lett. 33, 2901 (2008).
- [4-11] G. P. アグラワール（小田垣孝，山田興一訳），非線形ファイバー光学　原書第二版，物理学叢書76（吉岡書店，1997）.
- [4-12] M. Nisoli, S. De Silvestri, and O. Svelto, Appl. Phys. Lett. 68, 2793 (1996). M. Nisoli, S. Stagira, S. De Silvestri, O. Svelto, S. Sartania, Z. Cheng, M. Lenzner, Ch. Spielmann, and F. Krausz, Appl. Phys. B65, 189 (1997).
- [4-13] Y. Kawakami, T. Fukatsu, Y. Sakurai, H. Unno, S. Iwai, T. Sasaki, K. Yamamoto, K. Yakushi, and K. Yonemitsu, Phys. Rev. Lett. 105, 246402 (2010).
- [4-14] 石川貴悠，東北大学大学院理学研究科修士論文（平成24年3月）.
- [4-15] Zs. Bor and B. Racz. Optics Comm. 54, 165 (1985).
- [4-16] O. E. Martines, Optis Comm. 59, 229 (1986).
- [4-17] E. Zeek, K. Maginnis, S. Backus, U. Russek, M. Marnane, G. Mourou, H. Kapteyn, and G. Vdovin, Opt Lett. 24, 493 (1999).
- [4-18] R. Trebino, K. W. DeLong, D. N. Fittinghoff, J. N. Sweetser, M. A. Krumbügel, B. A. Richman, and D. J. Kane, Rev. Sci. Instrum. 68, 3277 (1997).

第5章
- [5-1] A. H. Zewail, J. Phys. Chem,. 97, 12427 (1993).
- [5-2] S. Mukamel, "Princeple of Nonlinear Optical Spectroscopy" (Oxford University Press, 1995).
- [5-3] T. Yajima and Y. Taira, J. Phys. Soc. Jpn. 47, 1620 (1979).
- [5-4] M. Yoshizawa, A. Yasuda, and T. Kobayashi, Appl. Phys. B 53, 296 (1991).
- [5-5] M. Yoshizawa, Y. Hattori, T. Kobayashi, Phys. Rev, B 47, 3882 (1993).
- [5-6] S. Sugai, Y. Enomoto, and T. Murakami, Solid State Commun. 75, 975 (1990).
- [5-7] K. Tanaka, H. Otake, and T. Suemoto, Phys. Rev. Lett. 71, 1935(1993)

[5-8] K. Iwata, S. Yamaguchi, and H. Hamaguchi, Rev. Sci. Instrum. 64, 2140 (1993).
[5-9] M. Yoshizawa, Y. Hattori, and T. Kobayashi, Phys. Rev. B 49, 13259R (1994).
[5-10] M. Yoshizawa, and M. Kurosawa, Phys. Rev. A 61, 013808 (2000).
[5-11] J. Shah, IEEE J. QE-24, 276 (1988).
[5-12] J. Takeda, K. Nakajima, S. Kurita, S. Tomimoto, S. Saito and T. Suemoto, Phys. Rev., B 62, 10083-10087 (2000).
[5-13] R. Nakamura and Y. Kanematsu, Rev. Sci. Inst., 75, 636-644 (2004).
[5-14] T. Elsaesser, SJ. G. Fujimoto, D. A. Wiersma, and W. Zinth eds., "Ultrafast Phenomena XI", Springer series in Chemical Physics 63 (Springer, 1998).
[5-15] T. Elsaesser, S. Mukamel, M. M. Murnane, and N. F. Scherer eds., "Ultrafast Phenomena XII", Springer series in Chemical Physics 66 (Springer, 2001).
[5-16] R. Dmiller, M. M. Murnane, N. F. Scherer, and A. M. Weiner eds., "Ultrafast Phenomena XIII", Springer series in Chemical Physics 71 (Springer, 2003).
[5-17] T. Kobayashi, T. Okada, T. Kobayashi, K. Nelson, and S. de Slivestri eds., "Ultrafast Phenomena XIV", Springer series in Chemical Physics 79 (Springer, 2005).
[5-18] P. Corkum, D. M. Jonas, D. R. Miller, A. M. Weiner, and E. Riedle eds., "Ultrafast Phenomena XV", Springer series in Chemical Physics 88 (Springer, 2007).
[5-19] P. Corkum, S. de Silvestri, K. Nelspn, E. Riedle, and R. W. Schoenlein eds., "Ultrafast Phenomena XVI", Springer series in Chemical Physics 92 (Springer, 2008).
[5-20] M. Chergui, D. M. Jonas, E. Riedle, R. W. Schoenlein and A. J. Tayler, "Ultrafast Phenomena XVII" (Oxford University Press, 2011).
[5-21] J. Shah, "Hot Carriers in Semiconductor Nanostructures ; Physics and Applications" (Academic Press, 1992). J. Shah, " Ultrafast Spectroscopy of Semiconductors and Semiconductor Nanostructures" (Springer, 1996).
[5-22] K. S. Song, and R. T. Williams, "Self-Trapped Excitons", Springer series in solid state science 105 (Springer, 1993).
[5-23] 岡本 紘, 超格子構造の光物性と応用 (コロナ社, 1988).
[5-24] 末田 正, 神谷武志, 超高速光エレクトロニクス (培風館, 1991).
[5-25] W. H. Knox, C. HirlimannD. A. B. Miller, J. Shah, D. S. Shemla, and C. V. Shank, Phys. Rev. Lett. 56, 1191(1986).
[5-26] C. V. Shank, R. L. Pork, R. Yen. J. Shah, B. I. Greene, A. C. Grssard, and C. Weisbuch, Solid State Commun. 47, 981 (1983)
[5-27] T. Tokizaki, T. Makimura, H. Akiyama, A. Nakamura, K. Tanimura, and N. Itoh, Phys. Rev. Lett. 67, 2701 (1991). 中村新男, OPTRONICS 4, 75 (1992).
[5-28] C. V. Shank, R. Yen, R. L. Fork, J. Orenstein, and G. L. Baker, Phys. Rev. Lett. 49, 1660 (1982).
[5-29] S. Adachi, V. M. Kobryanskii, and T. Kobayashi, Phys. Rev. Lett. 89, 027401 (2002)
[5-30] S. Tomimoto, S. Saito, T. Suemoto, K. Sakata, J. Takeda, and S. Kurita, Phys. Rev. B 60, 7961 (1990).
[5-31] T. Matsuoka, J. Takeda, S. Kurita, and T. Suemoto, Phys. Rev. Lett. 91, 247402 (2003).
[5-32] A. Sugita, T. Saito, H. Kano, M. Yamashita, and T. Kobayashi, Phys. Rev. Lett. 86, 2158 (2001).
[5-33] S. L. Dexheimer, A. D. Van Pelt, J. A. Brozik, and B. I. Swanson, Phys. Rev. Lett. 84, 4425 (2000).
[5-34] S. D. Brorson, A. Kazeroonian, J. S. Moodera, D. W. Face, T. K. Cheng, E. P. Ippen, M. S. Dresselhaus, and G. Dresselhaus, Phys. Rev. Lett. 64, 2172 (1990). V. Kruglyak, R. Hicken, P. Matousek, and M. Towrie, Phy. Rev. B 75, 035410 (2007).
[5-35] T. Dekorsy, G. C. Cho, and H. Kurz, 4. Coherent Phonon in Condensed Media, In: M. Cardona and G. Guntheorodt eds., "Light scattering in Solid VIII", (Springer 1999).
[5-36] W. A. Kutt, W. Albrecht, and H. Kurz, IEEE J. Quant. Electron. 28, 2434 (1992).
[5-37] K. Mizoguchi, O. Kojima, and M. Nakayama, Proc. SPIE 5725, 246 (2005).
[5-38] R. Ulbricht, W. Hendry, J. Shan, T. F. Heinz, and M. Bonn, Rev. Mod. Phys. 83, 543 (2011).

参 考 文 献

[5-39] H. J. Zeiger, J. Vidal, T. K. Cheng, E. P. Eppen, G. Dresselhaus, and M. S. Dresselhaus, Phys. Rev. 45, 768 (1992).
[5-40] Y. X. Yan, E. B. Gamble, Jr., and K. Nelson, J. Chem. Phys. 83, 6391 (1985).
[5-41] M. Hase, and M. Kitajima, J. Phys. Condens Matter 22, 073201 (2010).
[5-42] L. Leo, J. Shah, T. C. Damen, A. Shulze, T. Meier, S. Shimitt-Rink, P. Thomas, E. O. Gobel, and S. L. Chuang, IEEE J. Quant. Elecron. 28, 2498 (1992).
[5-43] M. S. C. Luo, S. L. Chuang, P. C. M. Planken, I. Brener, H. G. Roskos, and M. C. Nuss, IEEE J. Quant. Elecron. 30, 1478 (1994).
[5-44] M. Hase, M. Kitajima, A. M. Constantinescu and H. Petek, Nature 426, 51 (2003).
[5-45] Y. Kawakami, T. Fukatsu, Y. Sakurai, H. Unno, S. Iwai, T. Sasaki, K. Yamamoto, K. Yakushi, and K. Yonemitsu, Phys. Rev. Lett. 105, 246402 (2010).
[5-46] 岩井伸一郎，固体物理 46「動的光物性の新展開」特集号，651(2011)
[5-47] i) 川上洋平，東北大学大学院理学研究科博士論文（平成 23 年），ii) 柏崎暁光，東北大学理学研究科修士論文（平成 17 年）
[5-48] S. Iwai, M. Ono, A. Maeda, H. Matsuzaki, H. Kishida, H. Okamoto and Y. Tokura, Phys. Rev. Lett. 91, 057401 (2003).
[5-49] S. Iwai and H. Okamoto, J. Phys. Soc. Jpn., 75, 011007 (2006).
[5-50] P. R. Smith, D. H. Auston, and M. C. Nuss, IEEE J. of Quant. Electron. 24, 255 (1988)
[5-51] D. Dragomana, and M. Dragoman, Progress in Quantum Electronics 28, 1 (2004).
[5-52] Y. Cai, I. Brener, J. Lopata, J. Wynn, L. Pfeiffer, and J. Federici, Appl. Phys. Lett. 71, 2076 (1997).
[5-53] H. Auston, K. P. Cheung, and P. R. Smith, Appl. Phys. Lett. 45, 284 (1984).
[5-54] A. J. Taylor, P. K. Benicewicz, and S. M. Young , Opt. Lett. 18, 1340 (1993).
[5-55] S. Gupta, J. F. Whitaker, and G. A. Mourou, IEEE J. Quant. Electron. 28, 2464 (1992).
[5-56] L. Witt, Mater. Sci. Eng. B 22, 9 (1993).
[5-57] A. Nahata, A. S. Weling, and T. F. Heinz, Appl. Phys. Lett. 69, 2321 (1996).
[5-58] レーザー学会編，レーザーハンドブック　第二版（オーム社，2005）.
[5-59] N. Kida, M. Hangyo, and M. Tonouchi, Phys. Rev. B 62, 11965 (2000).
[5-60] 貴田徳明，大阪大学大学院工学研究科博士論文（2002）.
[5-61] 岡崎雄馬，東北大学理学部物理学科卒業論文（2007）.
[5-62] 中屋秀貴，東北大学大学院理学研究科修士論文（平成 22 年）.
[5-63] 伊藤桂介，東北大学大学院理学研究科修士論文（平成 22 年）.
[5-64] R. A. Kaindl, D. Hagele, M. A. Carnahan, and D. S. Chemla, Phys. Rev. B 79, 045320 (2009).
[5-65] T. Suzuki and R. Shimano, Phys. Rev. Lett. 109, 046402 (2012).
[5-66] K. Itoh, H. Itoh, M. Naka, S. Saito, I. Hosako, N. Yoneyama, S. Ishihara, T. Sasaki, and S. Iwai, Phys. Rev. Lett. 110, 106401 (2013).
[5-67] M. Jewariya, M. Nagai, and K. Tanaka, Phys. Rev. Lett. 105, 203003 (2010).
[5-68] M. C. Hoffmann, J. Hebling, H. Y. Hwang, K. L. Yeh, and K. A., Nelson, Phys. Rev. B Phys. Reb. B79, 161201 (2009).
[5-69] M. C. Hoffmann, J. Hebling, H. Y. Hwang, K. L. Yeh, and K. A., Nelson, J. Opt. Soc. Am. B26, A29 (2009).
[5-70] P. Gaal, W. Kuehen, K. Reimann, M. Woerner, T. Elsaesser, and R. Hey, Nature 450, 1210 (2007).
[5-71] M. Jewariya, M. Nagai, and K. Tanaka, Phys. Rev. Lett. 105, 203003 (2010).
[5-72] H. Hirori, K. Shinokita, M. Shirai, S. Tani, Y. Kadoya and K. Tanaka, Nature Commnications 2, 594 (2011).

第 6 章

[6-1] M. Imada, A. Fujimori, and Y. Tokura, Rev. Mod. Phys. 70, 1039 (1998).
[6-2] E. Daggot, Rev. Mod. Phys. 66, 763 (1994).
[6-3] 固体物理 32, 203(1997),「巨大磁気抵抗の新展開」特集号.

[6-4] 固体物理 36, 605(2001),「相関電子系の物質設計」特集号.
[6-5] 津田惟雄, 那須圭一郎, 藤森 淳, 白鳥紀一, 電気伝導性酸化物 改訂版（裳華房, 1993）.
[6-5] T. Ishiguro, K. Yamaji, G. Saito, "Organic Superconductors" (Springer, 1998).
[6-6] P. Batail eds.,"Molecular Conductors" Chem. Rev. 104, 4887 (2004).
[6-7] S. Kagoshima, K. Kanoda, and T. Mori eds., "Special Topic on Organic Conductors" J. Phys. Soc. Jpn. 75, 051001 (2006).
[6-8] 鹿児島誠一, 低次元導体（裳華房, 2000）
[6-9] K. Nasu eds., "Photoinduced Phase Transition" (World Scientific, 2004).
[6-10] M. Gonokami and S. Koshihara eds., "Special Topic on Photo-Induced Phase Transion and Their Dynamics" J. Phys. Soc. Jpn. 75, 011001 (2006).
[6-11] K. Yonemitsu and K. Nasu, Physics Reports 465, 1 (2008).
[6-12] H. Deng, H. Haug, and Y. Yamamoto, Rev. Mod. Phys. 82, 1489 (2010).
[6-13] 鈴木増雄, 統計力学, 現代物理学叢書（岩波書店, 2000）.
[6-14] 土井正男, 小貫 明, 高分子物理・相転移ダイナミクス, 現代物理学叢書（岩波書店, 2000）.
[6-15] W. ゲプハルト, U. クライ（好村滋洋訳）, 相転移と臨界現象（吉岡書店, 1992）.
[6-16] G. R. ストロ―ブル（深尾浩次ほか訳）, 高分子の物理（シュプリンガー・フェアラーク東京, 1998）.
[6-17] 宮下精二, 統計力学 3 相転移・臨界現象, 岩波講座物理の世界（岩波書店, 2002）.
[6-18] N. P. Nietingale and H. W. J. Blote, Phys. Rev. Lett. 76, 4648(1996).
[6-19] P. Gutlich and H. A. Goodwin eds., "Spin Crossover in Transition Metal Coumpounds I " (Springer, 2004).
[6-20] S. Decurtins, P. Gutlich, C. P. Kohler, H. Spiering, and A. Hauser, Chem. Phys. Lett. 105, 1(1984); A. Hauser, J. Phys. Chem. 94, 2741 (1994).
[6-21] S. Koshihara, Y. Tokura, T. Takeda, and T. Koda, Phys. Rev. Lett. 68, 1148 (1992).
[6-22] S. Koshihara, Y. Tokura, T. Mitani, G. Saito, and T. Koda, Phys. Rev. B 42, 6853(1990).
[6-23] G. Yu, C. H. Lee, A. J. Heeger, N. Herron, and E. M. McCarron, Phys. Rev. Lett. 67, 2581 (1991).
[6-24] G. L. Esley, J. Heremans, M. Meyer, G. L. Doll, and S. H. Liou, Phys. Rev. Lett. 65, 3445 (1990).
[6-25] K. Matsuda, I. Hirabayashi, K. Kawamoto, T. Nabatame, T. Tokizaki, and A. Nakamura, Phys. Rev. B 50, 4097 (1994).
[6-26] K. Miyano, T. Tanaka, Y. Tomioka, and Y. Tokura, Phys. Rev. Lett. 78, 4257 (1997).
[6-27] M. Fiebig, K. Miyano, Y. Tomioka, and Y. Tokura., Science 280, 1925 (1998)
[6-28] K. Matsuda, A. Machida, Y. Moritomo, and A. Nakamura, Phys. Rev. B58, 4203R(1998).
[6-29] R. A. Kaindl, M. Woerner, T. Elsaesser, D. C. Smith, J. F. Ryan, G. A. Farnan, M. P. McCurry, and D. G. Walmsley, Sceince 287, 470 (2000).
[6-30] M. Fiebig, K. Miyano, Y. Tomioka, and Y. Tokura. Appl. Phys. B: Lasers Opt. 71, 211 (2000).
[6-31] T. Ogasawara, M. Asida, N. Motoyama, H. Eisaki, S. Uchida, Y. Tokura, H. Gosh, A. Shukula, S. Mazumdar, and M. Kuwara-Gonokami, Phys. Rev. Lett. 85, 2204 (2000).
[6-32] Y. Ogawa, S. Koshihara, K. Koshino, T. Ogawa, C. Urano, and H. Takagi, Phys. Rev. Lett. 84, 3181 (2000).
[6-33] T. Tayagaki and K. Tanaka, Phys. Rev. Lett. 86, 2886 (2001).
[6-34] X. J. Liu, Y. Moritomo, A. Nakamura, T. Hirao, S. Toyozaki, and N. Kojima, J. Phys. Soc. Jpn., 70, 2521(2001).
[6-35] H. Watanabe, H. Hirori, G. Molnar, A. Bousseksou, and K. Tanaka, Phys. Rev. B 79, 180405R (2009).
[6-36] M. Lorenc, J. Hebert, N. Moisan, E. Trzop, M. Servol, M. Buron-Le Cointe, H. Cailleau, M. L. Boillot, E. Pontecorvo, M. Wulff, S. Koshihara, and E. Collet, Phys. Rev. Lett. 103, 028301 (2009).
[6-37] S. Miyashita, P. A. Rikvold, T. Mori, Y. Konishi, M. Nishino, and H. Tokoro, Phys. Rev. B 80, 064414 (2009).
[6-38] J. B. Torrance, J. E. Vazquez, J. J. Mayerle, and V. Y. Lee, Phys. Rev. Lett. 46, 253 (1981).

参考文献

[6-39] J. B. Torrance, A. Girlando, J. J. Mayerle, J. I. Crowley, V. Y. Lee, P. Batail, and S. J. LaPlaca, Phys. Rev. Lett. 47, 1747 (1981).
[6-40] S. Koshihara, Y. Takahashi, H. Sakai, Y. Tokura, and T. Luty, J. Phys. Chem. B 103, 2592 (1999).
[6-41] T. Suzuki, T. Sakamaki, K. Tanimura, S. Koshihara, and Y. Tokura, Phys. Rev. B 60, 6191 (1999).
[6-42] S. Iwai, S. Tanaka, K. Fujinuma, H. Kishida, H. Okamoto, and Y. Tokura, Phys. Rev. Lett. 88, 57402 (2002).
[6-43] H. Okamoto, Y. Ishige, S. Tanaka, H. Kishida, S. Iwai, and Y. Tokura, Phys. Rev. B 70, 165202 (2004).
[6-44] K. Tanimura, Phys. Rev. B 70, 144112 (2004).
[6-45] S. Iwai, Y. Ishige, S. Tanaka, Y. Okimoto, Y. Tokura, and H. Okamoto, Phys. Rev. Lett. 96, 057403 (2006).
[6-46] S. Iwai and H. Okamoto, J. Phys. Soc. Jpn., 75, 011007 (2006).
[6-47] 岩井伸一郎，岡本 博，十倉好紀，表面科学 23, 672 (2002).
[6-48] Y. Tokura, T. Koda, T. Mitani, and G. Saito, Solid State Commun. 43, 757 (1982).
[6-49] E. Collet, M. H. Lemée-Cailleau, M. Le Cointe, H. Cailleau, M. Wulff, T. Luty, S. Koshihara, M. Meyer, L. Toupet, P. Rabiller, and S. Techert, Science 300, 612 (2003).
[6-50] L. Guérin, J. Hébert, M. Buron-Le Cointe, S. Adachi, S. Koshihara, H. Cailleau, and E. Collet, Phys. Rev. Lett. 105, 246101 (2010).
[6-51] H. Uemura and H. Okamoto, Phys. Rev. Lett. 105, 258302 (2010).
[6-52] N. Miyashita, M. Kuwabata, and K. Yonemitsu, J. Phys. Soc. Jpn., 72, 2282 (2003).
[6-53] K. Yonemitsu, J. Phys. Soc. Jpn., 73, 2868 (2004), 73, 2879 (2004), 73, 2887 (2004).
[6-54] N. Maeshima, and K. Yonemitsu, J. Phys. Soc. Jpn, 74, 2671 (2005).
[6-55] K. Iwano, Phys. Rev. Lett., 97, 226404 (2006).
[6-56] K. Ishida and K. Nasu, Phys. Rev. Lett. 100, 116403 (2008).
[6-57] M. Matsubara, Y. Okimoto, T. Ogasawara, Y. Tomioka, H. Okamoto, and Y. Tokura, Phys. Rev. Lett. 99, 207401 (2007).
[6-58] Y. Kanamori, H. Matsueda, and S. Ishihara, Phys. Rev. Lett. 103, 267401 (2009).
[6-59] Y. Kanamori, H. Matsueda, and S. Ishihara, Phys. Rev. B82, 115101 (2010).
[6-60] D. Polli, M. Rini, S. Wall, R. W. Schoenlein, Y. Tomioka, Y. Tokura, G. Cerullo, and A. Cavalleri, Nature Mater. 6, 643 (2007).
[6-61] M. Rini, R. Tobey, N. Dean, J. Itatani, Y. Tomioka, Y. Tokura, R. W. Schoenlein, and A. Cavalleri, Nature 449, 72 (2007).
[6-62] H. Matsuzaki, H. Uemura, M. Matsubara, T. Kimura, Y. Tokura, and H. Okamoto, Phys. Rev. B 79, 235131 (2009).
[6-63] H. Kishida, M. Ono, H. Okamoto, T. Manabe, M. Yamashita, Y. Taguchi, and Y. Tokura, Nature 405, 929 (2000).
[6-64] Y. Mizuno, K. Tsutumi, T. Tohyama, and S. Maekawa, Phys. Rev. B 62, 4769R (2000).
[6-65] H. Kishida, M. Ono, K. Miura, H. Okamoto, M. Izumi, T. Manako, M. Kawasaki, Y. Taguchi, Y. Tokura, T. Tohyama, K. Tsutsui and S. Maekawa, Phys. Rev. Lett. 87, 177401 (2001).
[6-66] M. Ashida, T. Ogasawara, Y. Tokura, S. Uchida, S. Mazumdar, and M. Kuwata-Gonokami, Appl. Phys. Lett. 78, 2831 (2001).
[6-67] Takahashi, H. Gomi, and M. Aihara, Phys. Rev. Lett. 89, 206402 (2002).
[6-68] K. Yonemitsu, and N. Maeshima, Phys. Rev. B 79, 125118 (2009).
[6-69] M. Segawa, A. Takahashi, H. Gomi, and M. Aihara, J. Phys. Soc. Jpn., 084721(2011).
[6-70] S. Uchida, T. Ido, H. Takagi, T. Arima, Y. Tokura, and S. Tajima, Phys. Rev. B 43, 7942 (1991).
[6-71] S. Iwai, M. Ono, A. Maeda, H. Matsuzaki, H. Kishida, H. Okamoto, and Y. Tokura, Phys. Rev. Lett. 91, 57401 (2003).
[6-72] 岩井伸一郎，岡本 博，固体物理 38, 677, (2003).
[6-73] K. Toriumi, Y. Wada, T. Mitani, S. Bandow, M. Yamashita, and Y. Fujii, J. Am. Chem. Soc. 111,

2341 (1989).
- [6-74] H. Okamoto, K. Toriumi, T. Mitani, and M. Yamashita, Phys. Rev. B 42, 10381 (1990).
- [6-75] A. Takahashi, H. Itoh, and M. Aihara, Phys. Rev. B 77, 205105 (2008).
- [6-76] 小林浩一, 固体物理別冊特集号「エキゾティックメタルズ」, 253 (1983).
- [6-77] H. Matsuzaki, M. Yamashita, and H. Okamoto, J. Phys. Soc. Jpn. 75, 123701 (2006).
- [6-78] K. Iwano, Phys. Rev. B 70, 241102R (2004).
- [6-79] L. Perfetti, P. A. Loukakos, M. Lisowski, U. Bovensiepen, H. Berger, S. Biermann, P. S. Cornaglia, A. Georges, and M. Wolf, Phys. Rev. Lett. 97, 067402 (2006).
- [6-80] Y. Wada, T. Mitani, and M. Yamashita, J. Phys. Soc. Jpn. 58, 3013 (1989).
- [6-81] H. Okamoto, and M. Yamashita, Bull Chem. Soc. Jpn., 71, 2023 (1998).
- [6-82] S. Iwai, J. Phys. Soc. Jpn., News and Comments [November 10, 2008].
- [6-83] 那須圭一郎, 強い電子格子相互作用と多体問題, 物理学最前線 27 (共立出版, 1990).
- [6-84] N. Tajima, J. Fujisawa, N. Naka, T. Ishihara, R. Kato, Y. Nishio, and K. Kajita, J. Phys. Soc. Jpn. 74, 511 (2005).
- [6-85] M. Chollet, L. Guerien, N. Uchida, S. Fukaya, H. Shimoda, T. Ishikawa, K. Matsuda, T. Hasegawa. A. Ota, H. Yamochi, G. Saito, R. Tazaki, A. Adachi, and S. Koshihara, Science 7, 86 (2005).
- [6-86] H. Okamoto, K. Ikegami, T. Wakabayashi, Y. Ishige, J. Togo, H. Kishida, and H. Matsuzaki, Phys. Rev. Lett. 96, 037405 (2006).
- [6-87] S. Iwai, K. Yamamoto, A. Kashiwazaki, F. Hiramatsu, H. Nakaya, Y. Kawakami, Y. Yakushi, H. Okamoto, H. Mori, and Y. Nishio, Phys. Rev. Lett. 98, 097402 (2007).
- [6-88] Y. Kawakami, S. Iwai, T. Fukatsu, M. Miura, N. Yoneyama, T. Sasaki, and N. Kobayashi, Phys. Rev. Lett. 103, 066403 (2009).
- [6-89] T. Ishikawa, N. Fukazawa, Y. Matsubara, R. Nakajima, K. Onda, Y. Okimoto, S. Koshihara, M. Lorenc, E. Collet, M. Tamura, and R. Kato, Phys. Rev. B 80, 115108 (2009).
- [6-90] H. Mori, S. Tanaka, and T. Mori, Phys. Rev. B 57, 12023 (1998).
- [6-91] M. Watanabe, Y. Noda, Y. Nogami, and H. Mori, J. Phys. Soc. Jpn. 73, 116 (2004).
- [6-92] M. Watanabe, Y. Noda, Y. Nogami, and H. Mori, J. Phsy. Soc. Jpn. 76, 124602 (2007).
- [6-93] S. Miyashita and K. Yonemitsu, Phys. Rev. B 75, 245112 (2007).
- [6-94] K. Bonder, K. Dietz, H. Endres, H. W. Helberg, I. Henning, H. J. Keller, H. W. Schafer, and D. Schweitzer, Mol, Cryst., Liq. Cryst. 107, 45 (1984).
- [6-95] K. Bonder, I. Henning, D. Schweitzer, K. Dietz, H. Endres, and H. J. Keller, H. W. Schafer, and D. Schweitzer, Mol, Cryst., Liq. Cryst. 108, 359 (1984).
- [6-96] V. Zelezny, J. Petzelt, R. Swietlik, B. P. Gorshunov, A. A. Volkov, G. V. Kozlov, D. Schweitzer, and H. J. Keller, J. Phys. France 51, 869 (1990).
- [6-97] M. Dressel, G. Gruner, J. P. Pouget, A. Breining, and D. Schweitzer, J. Phys. I 4, 579 (1994).
- [6-98] H. Kino and H. Fukuyama, J. Phys. Soc. Jpn. 65, 2158 (1996).
- [6-99] Y. Takano, K. Hiraki, H. M. Yamamoto, T. Nakamura, and T. Takahashi, Symth. Met. 120, 1081 (2001).
- [6-100] T. Kakiuchi, Y. Wakabayashi, H. Sawa, T. Takahashi, and T. Nakamura, J. Phys. Soc. Jpn. 76, 113702 (2007).
- [6-101] Y. Tanaka and K. Yonemitsu, J. Phys. Soc. Jpn. 77, 034708 (2008).
- [6-102] N. Tajima, S. Sugawara, M. Tamura, Y. Nishio, and K. Kajita, J. Phys. Soc. Jpn. 75, 051010 (2006).
- [6-103] Y. Yue, K. Yamamoto, M. Uruichi, C. Nakano, K. Yakushi, S. Yamada, T. Hiejima, and A. Kawamoto, Phys. Rev. B 82, 075134 (2010).
- [6-104] K. Yamamoto, S. Iwai, S. Boyko, A. Kashiwazaki, F. Hiramatsu, C. Okabe, N. Nishi, and K. Yakushi, J. Phys. Soc. Jpn. 77, 074709 (2008). K. Yamamoto, A. Kowalska, and K. Yakushi, Appl. Phys. Lett. 96. 122901 (2010).
- [6-105] N. Tajima, S. Sugawara, R. Kato, Y. Nishio, and K. Kajita, Phys. Rev. Lett. 102, 176403 (2009).
- [6-106] R. H. Mckenzie, Science 278, 820 (1997).

[6-107]　K. Kanoda, Hyperfine Interact. 104, 235 (1997).
[6-108]　K. Kanoda, J. Phys. Soc. Jpn. 75, 051007 (2006).
[6-109]　N. Yoneyama, T. Sasaki, and T. Kobatashi, J. Phys. Soc. Jpn. 73, 1434 (2004).
[6-110]　F. Kagawa, K. Miyagawa, K. Kanoda, Nature 436, 534 (2005).
[6-111]　D. Faltermeier, J. Braz, M. Dumm, M. Dressel, N. Drichiko, B. Petrov, V. Semkin, R. Vlasova, C. Mezire, and P. Batail, Phys. Rev. B 76, 165113 (2007).
[6-112]　M. Dumm, D. Faltrtmeier, N. Drichiko, and M. Dressel, Phys. Rev. B 79, 195106 (2009).
[6-113]　S. Iwai, K. Yamamoto, F. Hiramatsu, H. Nakaya, Y. Kawakami, and K. Yakushi, Phys. Rev. B 77, 125131 (2008).
[6-114]　H. Nakaya, K. Itoh, Y. Takahashi, H. Itoh, S. Iwai, S. Saito, K. Yamamoto, and K. Yakushi, Phys. Rev. B 81, 155111 (2010).
[6-115]　Y. Kawakami, T. Fukatsu, Y. Sakurai, H. Unno, S. Iwai, T. Sasaki, K. Yamamoto, K. Yakushi, and K. Yonemitsu, Phys. Rev. Lett. 105, 246402 (2010).
[6-116]　岩井伸一郎, 日本物理学会誌 63, 361 (2008).
[6-117]　岩井伸一郎, 固体物理 46「動的光物性の新展開」特集号, 651 (2011).
[6-118]　S. Iwai, Crystal 2, 560 (2012).
[6-119]　Y. Tanaka and K. Yonemitsu, J. Phys. Soc. Jpn. 79, 024712 (2010).
[6-120]　N. Miyashita, Y. Tanaka, S. Iwai, and K. Yonemitsu, J. Phys. Soc. Jpn. 79, 034708 (2010).
[6-121]　H. Gomi, A. Takahashi, T. Tastumi, S. Kobayashi, K. Miyamoto, J. D. Lee, and M. Aihara, J. Phys. Soc. Jpn. 80, 034709 (2011).
[6-122]　K. Yonemitsu, S. Miyashita, N. Maeshima, J. Phys. Soc. Jpn. 80, 084710 (2011).
[6-123]　T. Tatsumi, H. Gomi, A. Takahashi, Y. Hirao, and M. Aihara, J. Phys. Soc. Jpn. 81, 034712 (2012).
[6-124]　K. Yonemitsu, Crystal 2, 56 (2012).
[6-125]　米満賢治, 固体物理, 48, 1 (2013).
[6-126]　西尾豊 私信
[6-127]　X. J. Liu, Y. Moritomo, A. Nakamura, H. Tanaka, and K. Kawai, Phys. Rev. B 64, 100401R (2001).
[6-128]　K. Onda, S. Ogiwara, K. Yonemitsu, N. Maeshima, T. Ishikawa, Y. Okimoto, X. Shao, Y. Nakano, H. Yamochi, G. Saito, and S. Koshihara, Phys. Rev. Lett. 101, 067403 (2008).
[6-129]　K. Iwano and Y. Shimoi, Phys. Rev. B 77, 075120 (2008).
[6-130]　M. Abdel-Jawad, I. Terasaki, T. Sasaki, N. Yoneyama, N. Kobayashi, Y. Uesu, and C. Hotta, Phys. Rev. B 82, 125119 (2010).
[6-131]　M. Naka and S. Ishihara, J. Phys. Soc. Jpn. 79, 063707 (2010).
[6-132]　C. Hotta, Phys. Rev. B 82, 241104R (2010).
[6-133]　M. Naka, and S. Ishihara, J. Phys. Soc. Jpn. 82, 023701 (2013).
[6-134]　石原純夫, 中惇, 固体物理 46, 337 (2011).
[6-135]　K. Itoh, H. Itoh, M. Naka, S. Saito, I. Hosako, N. Yoneyama, S. Ishihara, T. Sasaki, and S. Iwai, Phys. Rev. Lett. 110, 106401 (2013).
[6-136]　Y. Kurosaki, T. Shimizu, K. Miyagawa, K. Kanoda, and G. Saito, Phys. Rev. Lett. 95, 177001 (2005).
[6-137]　K. Yamamoto, A. A. Kowalska, Y. Yue, and K. Yakushi, Phys. Rev. B 84, 064306 (2011).
[6-138]　M. E. Kozlov, K. I. Pokhidina, and A. A. Yurchenko, Spectrochim. Acta, Part A, 437 (1989).
[6-139]　N. Tsuji, T. Oka, and H. Aoki, Phys. Rev. Lett. 103, 047403 (2009).
[6-140]　N. Tsuji, T. Oka, and H. Aoki, Phys. Rev. Lett. 106, 236401 (2011).
[6-141]　A. Cavalleri, Cs. Tóth, C. W. Siders, J. A. Squier, F. Ráksi, P. Forget, and J. C. Kieffer, Phys. Rev. Lett. 87, 237401 (2001).
[6-142]　M. Gao, C. Lu, H. Jean-Ruel, L. C. Liu, A. Marx, K. Onda, S. Koshihara, Y. Nakano, X. Shao, T. Hiramatsu, G. Saito, H. Yamochi, R. R. Cooney, G. Sciaini, and R. J. D. Miller, Nature 496, 343 (2013).

索引

欧数字

1/2 フィリング　43
1/4 フィリング　44
1 軸性結晶　54
2 温度モデル　125
2 光子吸収　73
2 軸性結晶　54
2 準位系　61
4 光波混合　111

α-(ET)$_2$I$_3$　187
β-BBO 結晶　89
CARS　74
CEP　78, 200
CT 錯体　166
DAST　146
DECP　126
DFG　47
EO 効果サンプリング法　145
FT-IR 分光　141
GaAs　117
GaAs/AlGaAs 量子井戸　118
GaP　146
GaSe　146
GD　79
GDD　79
GL の自由エネルギー　158
ISRS　126
κ-(d-ET)$_2$Cu[N(CN)$_2$]Br　195
κ-(ET)$_2$Cu$_2$(CN)$_3$　195
La$_2$CuO$_4$　44
LIESST　161
Nd$_2$CuO$_4$　44
OPA　47
OPW 近似　30
OR　47
π 共役分子　21

PS　78
Q スイッチ　84
RNiO$_3$　44
SCF-HF 法　27
SCF 法　27
SF56　82
SFG　47
SHG　47
SHG-FROG　103
SHG 強度自己相関　102
TDS　141
θ-(ET)$_2$(RbZn)(SCN)$_4$　187
THz 時間領域分光　141
TL パルス　77
(TMTSF)$_2$AsF$_6$　41
(TMTSF)$_2$PF$_6$　41
TTF-CA　41
TTF-TCNQ　40
ZnTe　146

ア行

アイドラー光　53
アップコンバージョン　115
アブラミ理論　165
アルカリハライド　3
イオン化ポテンシャル　166
閾値　162
異常光線　55
イジング模型　156
位相シフト（PS）　78
位相整合条件　52, 54
イットリウム　44
移動積分　32
色中心　118
エキシトン　34
エチレン　21
エントロピー　154

オーストンスイッチ　141
オンサイトクーロン反発エネルギー　43

カ行

回折格子対　100
核生成　160
カテキンの重合体　2
価電子帯　25
下部ハバードバンド　45
過飽和吸収体　87
カーレンズ効果　87
関係
　クラマース-クローニッヒの――　12
　分散――　107
　マンリー-ローの――　51
希土類イオン　44
キャビティダンプ　84
吸収飽和　73
強磁性　155
強磁性金属　173
強相関金属　186
強相関電子系　172
強束縛近似　17
共役ポリマー　123
強誘電転移　155
強誘電リラクサー　151
巨大磁気抵抗効果　44, 172
近似
　OPW――　30
　ハートリー-フォック――　27
　ヒュッケル――　21
　断熱――　18
電気双極子――　62
金属光沢　1
ギンツブルグ-ランダウ（GL）

索引

の自由エネルギー 158
空格子 28
屈折率 147
屈折率楕円体 55
クマリン 27
クラマース-クローニッヒの関係 12
クーロン反発 44
群速度分散（GDD） 79
群遅延時間（GD） 79

形状可変鏡 101
結合軌道 21
結晶場 32
ゲルマニウム 82
原子価結合法 18

高温超伝導 172
光学型格子振動 119
光学ギャップ 17
光学定数 15,146
光学伝導度 11,147
交換相互作用エネルギー 46
交互積層型の電荷移動（CT）錯体 166
合成石英 81
コーシーの積分定理 13
コヒーレントアーティファクト 113
コヒーレント反ストークスラマン散乱（CARS） 74
コヒーレントフォノン 126

サ 行

最高占有分子軌道 25
最低非占有分子軌道 25
差周波発生（DFG） 47
サファイア 82

色素レーザー 87
シグナル光 53
自己位相変調 96
自己捕獲励起子 121
周期分極反転 $LiTaO_3$ 94
自由エネルギー
　ギンツブルグ-ランダウ（GL）

の―― 158
　ヘルムホルツの―― 154
自由誘導減衰 113
縮退4光波混合 73,113
受動モード同期 86
瞬時誘導ラマン過程（ISRS） 126
常光線 55
消衰係数 147
シリコン 82

スピンクロスオーバー錯体 165
スピン転移 162
スピン-パイエルス機構 167
スレーター行列式 27

絶縁体
　ダイマーモット―― 193
　電荷移動型―― 43
　電荷秩序型―― 43
　パイエルス―― 38
　反強磁性―― 173
　モット―― 38,41
　モット-ハバード型―― 43
絶縁体-金属転移 155
セルマイヤ方程式 82
セレン化亜鉛 81
遷移金属カルコゲナイド 40
遷移金属酸化物 182
遷移双極子モーメント 62
選択則 62

相関長 157,190
双極子-双極子相互作用 35
双極子放射 5

タ 行

第1ブリルアン域 29
第3高調波発生 73
第2高調波発生（SHG） 47
ダイマーモット絶縁体 193
畳み込み積分 109
ダブルファインマンダイアグラム 67
ダブロン 180
断熱近似 18

ボルン-オッペンハイマーの―― 18

チタンサファイアレーザー 85,87
チャープ 79
チャープミラー 101
中心対称性の破れ 48
中性-イオン性転移 162
超伝導 155

定数
　光学―― 15,146
　マーデルング―― 166
　リュードベルグ―― 37
鉄系ピコリルアミン錯体 163
テトラシアフルバレンパラクロラニル 162
デバイモデル 6
テラヘルツ時間領域分光（TDS） 141
電荷移動型絶縁体 43
電荷移動（CT）錯体 166
　交互積層型の―― 166
電荷秩序 38,41
電荷秩序型絶縁体 43
電気感受率 5
電気光学（EO）サンプリング法 145
電気双極子 155
電気双極子近似 62
電子間相互作用 118
電子-格子相互作用 118
電子親和力 166
伝導帯 25
伝搬方程式 10,50

動的臨界指数 159,190
ドルーデモデル 8

ナ 行

内部エネルギー 154

二重交換相互作用 173

熱力学の第2法則 154

214　　　　　　　　　索　引

能動モード同期　86

ハ 行

パイエルス絶縁体　38,39
ハートリー-フォック近似　27
ハバードギャップ　43
ハバードバンド　45
ハバードモデル　42
ハロゲン架橋白金錯体　123
反強磁性絶縁体　173
反結合軌道　21
反転対称性　48
バンドギャップ　26
バンド理論　17

光エコー　113
光カーシャッター　115
光整流（OR）　47
光伝導アンテナ　143
光パラメトリック増幅（OPA）　47
光誘起相転移　154
ヒステリシス　162
非線形分極　107
非同軸角　92
ヒュッケル近似　21

ファイバーレーザー　85,87
ファノ干渉　136
ファンホープ理論　158
フェムト秒レーザー　75
フェルベー転移　44
フェルミの黄金律　61
フェルミ面のネスティング　40
孵化時間　162
複屈折　53
ブタジエン　21
フッ化カルシウム　81
フッ化バリウム　81
プラズマ振動数　8
フランクコンドン因子　117
フランクコンドン状態　116
プランクの黒体輻射の式　1
フーリエ変換　76
フーリエ変換限界パルス　77
フーリエ変換赤外（FT-IR）分光　141

不良金属　186
ブルーブロンズ　40
フレンケル型励起子　34
ブロッホ状態　17,31
ブロッホの定理　28
フローレセイン　27
分極ナノドメイン　151
分極反転　48
分散関係　107
分散プリズム対　99
分子軌道法　17
フント結合　163

ヘルムホルツの自由エネルギー　154
変位励起機構（DECP）　126
ベンゼン　23
変分原理　19

ボーア半径　37
方程式
　伝搬――　10,50
　マクスウェル――　50
　リウヴィル-フォン・ノイマン――　53
包絡線　76
ポーラロン　121
ポリジアセチレン　162
ボルン-オッペンハイマーの断熱近似　18
ホロン　180
ポンプ-プローブ測定　108

マ 行

マクスウェル方程式　50
マグネタイト　44
マーデルングエネルギー　166
マーデルング定数　166
マルチフェロイクス　196
マンリー-ローの関係　51

密度演算子　62
密度行列　61

モット-ワニエ型励起子　34
モット絶縁体　38,41
モット-ハバード型絶縁体　43

モデル
　ドルーデ――　8
　デバイ――　6
　ハバード――　42
　ローレンツ――　6
モード同期　85

ヤ 行

ヤン-テラーひずみ　174

有機色素　3
有機伝導体　182
誘電関数　6
誘電体多層膜鏡　101
誘電率　147
誘導ラマン過程　113

溶融石英　3

ラ 行

リウヴィル-フォン・ノイマン方程式　63
リュードベルグ定数　37
量子井戸構造　118
理論
　アブラミ――　165
　バンド――　17
臨界減速　190
臨界指数　157,190
　相関長 ξ の――　190
　動的――　159,190
リンドハート関数　40

励起子　34
レーザー
　色素――　87
　チタンサファイア――　85,87
　ファイバー――　85,87
レート方程式　109

ローレンツモデル　6

ワ 行

和周波発生（SFG）　47

著者略歴

いわい しんいちろう
岩井 伸一郎

1965 年 愛知県に生まれる
1988 年 東京理科大学理学部物理学科卒業
1995 年 名古屋大学大学院工学研究科博士課程修了
現　在 東北大学大学院理学研究科教授
　　　　博士（工学）

現代物理学［展開シリーズ］7
超高速分光と光誘起相転移　　　　　　　定価はカバーに表示

2014 年 3 月 25 日　初版第 1 刷

著者　岩　井　伸　一　郎
発行者　朝　倉　邦　造
発行所　株式会社　朝倉書店
　　　　東京都新宿区新小川町 6-29
　　　　郵便番号　162-8707
　　　　電話　03(3260)0141
　　　　FAX　03(3260)0180
　　　　http://www.asakura.co.jp

〈検印省略〉

ⓒ 2014〈無断複写・転載を禁ず〉　　　　真興社・渡辺製本

ISBN 978-4-254-13787-3　C 3342　　　　Printed in Japan

JCOPY　〈(社)出版者著作権管理機構 委託出版物〉

本書の無断複写は著作権法上での例外を除き禁じられています。複写される場合は，そのつど事前に，(社)出版者著作権管理機構（電話 03-3513-6969，FAX 03-3513-6979，e-mail: info@jcopy.or.jp）の許諾を得てください。

倉本義夫・江澤潤一 [編集]

現代物理学［基礎シリーズ］

1	量子力学	倉本義夫・江澤潤一	本体 3400 円
2	解析力学と相対論	二間瀬敏史・綿村 哲	本体 2900 円
3	電磁気学	須藤彰三・中村 哲	本体 3400 円
4	統計物理学	川勝年洋	本体 2900 円
5	量子場の理論 素粒子物理から凝縮系物理まで	江澤潤一	本体 3300 円
6	基礎固体物性	齋藤理一郎	本体 3000 円
7	量子多体物理学	倉本義夫	本体 3200 円
8	原子核物理学	滝川 昇	本体 3800 円
9	宇宙物理学	二間瀬敏史	本体 3000 円
10	素粒子物理学	日笠健一	

現代物理学［展開シリーズ］

1	ニュートリノ物理学	井上邦雄	
2	ハイパー核と中性子過剰核	小林俊雄・田村裕和	
3	光電子固体物性	髙橋 隆	本体 2800 円
4	強相関電子物理学	青木晴善・小野寺秀也	本体 3900 円
5	半導体量子構造の物理	平山祥郎・山口浩司・佐々木 智	
6	分子性ナノ構造物理学	豊田直樹・谷垣勝己	本体 3400 円
7	超高速分光と光誘起相転移	岩井伸一郎	
8	生物物理学	大木和夫・宮田英威	本体 3900 円

上記価格（税別）は 2014 年 2 月現在